農業経営統計調査報告

平成３０年度

畜 産 物 生 産 費

大臣官房統計部

令 和 ４ 年 ３ 月

農林水産省

目　　次

利 用 者 の た め に

1 調査の概要

(1) 調査の目的

　農業経営統計調査の畜産物生産費統計は、牛乳、子牛、乳用雄育成牛、交雑種育成牛、去勢若齢肥育牛、乳用雄肥育牛、交雑種肥育牛及び肥育豚の生産費の実態を明らかにするとともに、畜産物価格の安定をはじめとする畜産行政及び畜産経営の改善に必要な資料の整備を行うことを目的としている。

(2) 調査の沿革

　わが国の畜産物生産費調査は、昭和26年に農林省統計調査部において牛乳生産費調査を実施したのが始まりで、その後、国民の食料消費構造の変化から畜産物の需要が増加する中で、昭和29年に酪農及び肉用牛生産の振興に関する法律（昭和29年法律第182号）が施行されたことに伴い、牛乳生産費調査を拡充した。昭和33年に食肉価格が急騰し、食肉の需給安定対策が緊急の課題となったことに伴い、昭和34年から子牛、肥育牛、子豚及び肥育豚の生産費調査を開始し、翌35年に養鶏振興法（昭和35年法律第49号）が制定されたことを契機に鶏卵生産費調査を開始した。

　昭和36年には畜産物の価格安定等に関する法律（昭和36年法律第183号）が、昭和40年には加工原料乳生産者補給金等暫定措置法（昭和40年法律第112号）がそれぞれ施行されたことにより、価格安定対策の資料としての必要性から各種畜産物生産費調査の規模を大幅に拡充し、昭和42年にはブロイラー生産費調査、昭和48年には乳用雄肥育牛生産費調査をそれぞれ開始した。

　昭和63年には、牛肉の輸入自由化に関連した国内対策として肉用子牛生産安定等特別措置法（昭和63年法律第98号）が施行され、肉用子牛価格安定制度が抜本的に強化拡充されたことに伴い、乳用雄育成牛生産費調査を開始した。

　その後の農業・農山村・農業経営の実態変化は著しく、こうした実態を的確に捉えたものとするため、平成2年から3年にかけて生産費調査の見直し検討を行い、その結果を踏まえ、平成3年には農業及び農業経営の著しい変化に対応できるよう一部改正を行った。

　その後は、ブロイラー生産費調査は平成4年まで、鶏卵生産費調査は平成6年まで実施し、それ以降は調査を廃止し、また、養豚経営において、子取り経営農家及び肥育経営農家の割合が低下し、子取りから肥育までを一貫して行う養豚経営農家の割合が高まっている状況に鑑み、平成5年から肥育豚生産費調査対象農家を、これまでの肥育経営農家から一貫経営農家に変更した。これに伴い、子豚生産費調査を廃止した。

　平成6年には、農業経営の実態把握に重点を置き、多面的な統計作成が可能な調査体系とすることを目的に、従来、別体系で実施していた農家経済調査と農畜産物繭生産費調査を統合し「農業経営統計調査」（指定統計第119号）として、農業経営統計調査規則（平成6年農林水産省令第42号）に基づき実施されることとなった。

　畜産物生産費については、平成7年から農業経営統計調査の下「畜産物生産費統計」として取りまとめることとなり、同時に間接労働の取扱い等の改正を行い、また、平成10年から家族労働費について、それまでの男女別評価から男女同一評価（当該地域で男女を問わず実際に支払われた平均賃金による評価）に改定が行われた。

1

平成11年度からは、多様な肉用牛経営について畜種別に把握するため「交雑種肥育牛生産費統計」及び「交雑種育成牛生産費統計」の取りまとめをそれぞれ開始した。また、畜産物価格算定時期の変更に伴い調査期間を変更し、全ての畜種について当年4月から翌年3月とした。

平成16年には、食料・農業・農村基本計画等の新たな施策の展開に応えるため農業経営統計調査を、営農類型別・地域別に経営実態を把握する営農類型別経営統計に編成する調査体系の再編・整備等の所要の見直しを行った。

これに伴って畜産物生産費についても、平成16年度から農家の農業経営全体の農業収支、自家農業投下労働時間の把握の取りやめ、自動車費を農機具費から分離・表章する等の一部改正を行った。

平成19年度から平成19年度税制改正における減価償却計算の見直しを行い、平成21年度には、平成20年度税制改正における減価償却計算の見直しを行った。

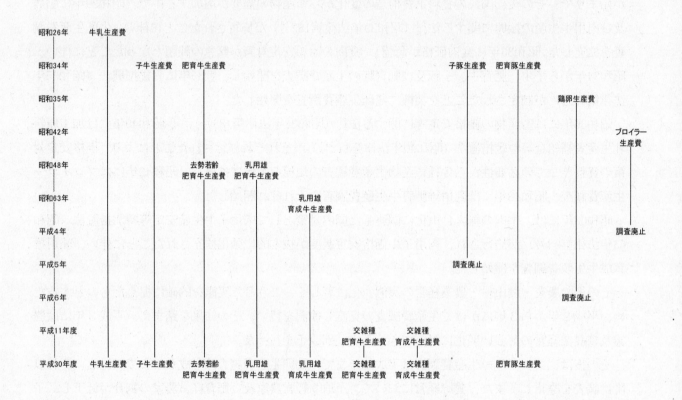

(3) 調査の根拠

調査は、統計法（平成19年法律第53号）第9条第1項に基づく総務大臣の承認を受けて実施した基幹統計調査である。

(4) 調査の機構

調査は、農林水産省大臣官房統計部及び地方組織（地方農政局、北海道農政事務所、内閣府沖縄総合事務局及び内閣府沖縄総合事務局の農林水産センター）を通じて実施した。

(5) 調査の体系

調査の体系は、次のとおりである。

農 業 経 営 統 計 調 査 の 体 系

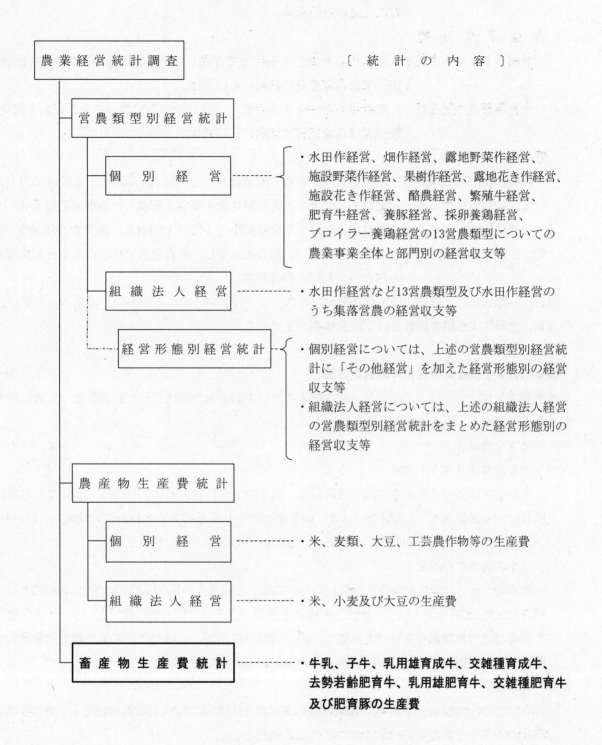

〔 統 計 の 内 容 〕

営農類型別経営統計

個 別 経 営
・水田作経営、畑作経営、露地野菜作経営、施設野菜作経営、果樹作経営、露地花き作経営、施設花き作経営、酪農経営、繁殖牛経営、肥育牛経営、養豚経営、採卵養鶏経営、ブロイラー養鶏経営の13営農類型についての農業事業全体と部門別の経営収支等

組 織 法 人 経 営
・水田作経営など13営農類型及び水田作経営のうち集落営農の経営収支等

経 営 形 態 別 経 営 統 計
・個別経営については、上述の営農類型別経営統計に「その他経営」を加えた経営形態別の経営収支等
・組織法人経営については、上述の組織法人経営の営農類型別経営統計をまとめた経営形態別の経営収支等

農 産 物 生 産 費 統 計

個 別 経 営
・米、麦類、大豆、工芸農作物等の生産費

組 織 法 人 経 営
・米、小麦及び大豆の生産費

畜 産 物 生 産 費 統 計
・牛乳、子牛、乳用雄育成牛、交雑種育成牛、去勢若齢肥育牛、乳用雄肥育牛、交雑種肥育牛及び肥育豚の生産費

(6) 調査対象

調査対象は、次のとおりである。

牛 乳 生 産 費： 搾乳牛を1頭以上飼養し、生乳を販売する経営体

子 牛 生 産 費： 肉用種の繁殖雌牛を2頭以上飼養して子牛を生産し、販売又は自家肥育に仕向ける経営体

育 成 牛 生 産 費

乳用雄育成牛生産費： 肥育用もと牛とする目的で育成している乳用雄牛を5頭以上飼養し、販売又は自家肥育に仕向ける経営体

交雑種育成牛生産費： 肥育用もと牛とする目的で育成している交雑種牛を5頭以上飼養し、販売又は自家肥育に仕向ける経営体

肥 育 牛 生 産 費

去勢若齢肥育牛生産費： 肥育を目的とする去勢若齢和牛を1頭以上飼養し、販売する経営体

乳用雄肥育牛生産費： 肥育を目的とする乳用雄牛を1頭以上飼養し、販売する経営体

交雑種肥育牛生産費： 肥育を目的とする交雑種牛を1頭以上飼養し、販売する経営体

肥 育 豚 生 産 費： 肥育豚を年間20頭以上販売し、肥育用もと豚に占める自家生産子豚の割合が7割以上の経営体

なお、「経営体」とは、2015年農林業センサス（以下「センサス」という。）に基づく農業経営体のうち、世帯による農業経営を行う経営体のことである。

(7) 調査の対象と調査対象経営体の選定方法

生産費統計作成の畜種ごとに、センサス結果において調査対象に該当した経営体を一覧表に整理してリストを編成し、調査対象経営体を抽出した。

ア 牛乳生産費統計

(ア) 対象経営体リストの作成

センサスに基づく乳用牛（24か月齢以上。以下同じ。）を飼養する経営体について、都道府県別及び飼養頭数規模（規模区分は「3 調査結果の取りまとめ方法と統計表の編成」の(3)のイのとおり。以下、他の畜種において同じ。）別に区分したリストを作成した。

(イ) 標本の大きさの算出

標本の大きさ（調査対象経営体数）については、北海道及び都府県の別に生乳100kg当たり（乳脂肪分3.5%換算）資本利子・地代全額算入生産費（以下「全算入生産費」という。）を指標とした目標精度（標準誤差率）（北海道：1.0%、都府県2.0%）に基づき、必要な調査対象経営体数を北海道239経営体、都府県196経営体（全国で435経営体）と算出した。

(ウ) 標本配分

(イ)で定めた北海道、都府県の調査対象経営体数を飼養頭数規模別に最適配分し、更に各都道府県別の乳用牛を飼養する経営体数に応じて比例配分した。

(エ) 標本抽出

(ア)で作成した対象経営体リストにおいて、乳用牛の飼養頭数の小さい経営体から順に並べた上で、(ウ)で配分した当該規模階層の調査対象経営体数で等分し、等分したそれぞれの区分から1経営体ずつ無作為に抽出した。

イ　子牛生産費統計

（ア）　対象経営体リストの作成

　　センサスに基づく和牛などの肉用種（子取り用雌牛）（以下「繁殖雌牛」という。）を飼養する経営体について、都道府県別及び飼養頭数規模別に区分したリストを作成した。

（イ）　標本の大きさの算出

　　標本の大きさ（調査対象経営体数）については、全国の子牛1頭当たり全算入生産費を指標とした目標精度（標準誤差率）2.0%に基づき、必要な調査対象経営体数を全国で192経営体と算出した。

（ウ）　標本配分

　　（イ）で定めた調査対象経営体数を飼養頭数規模別に最適配分し、更に各都道府県別の繁殖雌牛を飼養する経営体数に応じて比例配分した。

（エ）　標本抽出

　　（ア）で作成した対象経営体リストにおいて、繁殖雌牛の飼養頭数の小さい経営体から順に並べた上で、（ウ）で配分した当該規模階層の調査対象経営体数で等分し、等分したそれぞれの区分から1経営体ずつ無作為に抽出した。

ウ　育成牛生産費統計

（ア）　対象経営体リストの作成

　　センサスに基づく乳用雄育成牛又は交雑種育成牛（以下「育成牛」という。）を飼養する経営体について、都道府県別及び飼養頭数規模別に区分したリストを作成した。

（イ）　標本の大きさの算出

　　標本の大きさ（調査対象経営体数）については、全国の育成牛1頭当たり全算入生産費を指標とした目標精度（標準誤差率）3.0%に基づき、必要な調査対象経営体数を全国で乳用雄育成牛52経営体、交雑種育成牛58経営体と算出した。

（ウ）　標本配分

　　（イ）で定めた調査対象経営体数を飼養頭数規模別に最適配分し、更に各都道府県別の調査該当育成牛を飼養する経営体数に応じて比例配分した。

（エ）　標本抽出

　　（ア）で作成した対象経営体リストにおいて、調査該当育成牛の飼養頭数の小さい経営体から順に並べた上で、（ウ）で配分した当該規模階層の調査対象経営体数で等分し、等分したそれぞれの区分から1経営体ずつ無作為に抽出した。

エ　肥育牛生産費統計

（ア）　対象経営体リストの作成

　　センサスに基づく去勢若齢肥育牛、乳用雄肥育牛又は交雑種肥育牛（以下「肥育牛」という。）を飼養する経営体について、都道府県別及び飼養頭数規模別に区分したリストを作成した。

（イ）　標本の大きさの算出

　　標本の大きさ（調査対象経営体数）については、全国の肥育牛1頭当たり全算入生産費を指標とした目標精度（標準誤差率）2.0%に基づき、必要な調査対象経営体数を全国で去勢若齢肥育牛

310経営体、乳用雄肥育牛91経営体、交雑種肥育牛101経営体と算出した。

(ウ) 標本配分

(イ)で定めた調査対象経営体数を飼養頭数規模別に最適配分し、更に各都道府県別の調査該当育成牛を飼養する経営体数に応じて比例配分した。

(エ) 標本抽出

(ア)で作成した対象経営体リストにおいて、調査該当育成牛の飼養頭数の小さい経営体から順に並べた上で、(ウ)で配分した当該規模階層の調査対象経営体数で等分し、等分したそれぞれの区分から1経営体ずつ無作為に抽出した。

オ 肥育豚生産費

(ア) 対象経営体リストの作成

センサスに基づく肥育豚を飼養する経営体について、都道府県別及び飼養頭数規模別に区分したリストを作成した。

(イ) 標本の大きさの算出

標本の大きさ（調査対象経営体数）については、全国の肥育豚1頭当たり全算入生産費を指標とした目標精度（標準誤差率）2.0%に基づき、必要な調査対象経営体数を全国で173経営体と算出した。

(ウ) 標本配分

(イ)で定めた調査対象経営体数を飼養頭数規模別に最適配分し、更に各都道府県別に肥育豚を飼養する経営体数に応じて比例配分した。

(エ) 標本抽出

(ア)で作成した対象経営体リストにおいて、肥育豚の飼養頭数の小さい経営体から順に並べた上で、(ウ)で配分した当該規模階層の調査対象経営体数で等分し、等分したそれぞれの区分から1経営体ずつ無作為に抽出した。

(8) 調査の時期

ア 調査期間

調査期間は、平成30年4月1日から31年3月31日までの1年間である。

イ 調査票の配布時期

現金出納帳・作業日誌については平成30年3月及び8月に各半年分を配布し、経営台帳については平成30年3月に配布した。

ウ 調査票の回収時期

現金出納帳・作業日誌については随時、経営台帳については平成31年4月。

(9) 調査事項

ア 世帯員の性別、年齢、続柄、農業従事状況など

イ 農業用財産に関する次の事項

(ア) 経営耕地の地目別及び所有地及び借入地の別の面積

(イ) 自給牧草（飼料作物）の種類別作付面積

（ｳ）　畜産用地の用途別及び所有地及び借入地の別の面積

（ｴ）　建物、自動車、農機具及び生産管理機器などの固定資産の所有状況

（ｵ）　家畜の飼養状況

ウ　調査対象畜の飼養、自給牧草の生産に必要な土地及びその土地の地代に関する次の事項

（ｱ）　調査対象畜の飼養に要した土地の所有地及び借入地の別及び用途別の面積

（ｲ）　自給牧草の生産に要した土地の所有地及び借入地の別の作付面積

（ｳ）　地代

エ　調査対象畜の飼養、自給牧草の生産及び生産管理のために投下した作業種類別、家族雇用別及び
　　男女別の労働時間

オ　調査対象畜の飼養、自給牧草の生産のための資材等に関する次の事項

（ｱ）　もと畜及び飼料等資材の使用量並びにその価額

（ｲ）　光熱水料及び動力費

（ｳ）　獣医師料及び医薬品費

（ｴ）　賃借料及び料金（地代を除く。）

（ｵ）　物件税及び公課諸負担

（ｶ）　生産管理のための事務用備品等の価額並びに研修等の受講料及び交通費など

カ　調査対象畜の飼養及び自給牧草の生産に必要な建物、自動車、農機具、生産管理機器及び搾乳牛
　　等に関する次の事項

（ｱ）　建物の構造、面積、建築年月、取得価額、修繕費用、廃棄・売却価額など

（ｲ）　自動車、農機具及び生産管理機器の種類、型式、数量、購入年月、取得価額、修繕費用、廃棄・
　　売却価額など

（ｳ）　生産手段としての搾乳牛及び繁殖雌牛の購入年月、年齢、購入価額、評価額、売却価額など

キ　生産物に関する次の事項

　　調査対象畜の主産物及び副産物の販売・自家消費別の数量並びにその価額

ク　調査対象畜の生産のための借入金の額及びその支払利息

ケ　その他アからクまでに掲げる事項に関連する事項

(10)　調査対象畜となるものの範囲

　　この調査において、生産費を把握する対象とする家畜の種類は、次のとおりである。

ア　牛乳生産費統計

　　搾乳牛及び調査期間中にその搾乳牛から生まれた子牛。ただし、子牛については、生後10日齢ま
　でを調査の対象とし、副産物として取り扱っている（調査開始時以前に生まれた子牛、調査期間中
　に生まれ10日齢を超えた子牛等は対象外とした。）。

イ　子牛生産費統計

　　繁殖雌牛及びその繁殖雌牛から生まれた子牛（肥育牛（育成が終了した牛）あるいは使役専用の
　牛、種雄牛等は対象外とした。）。

ウ　育成牛生産費統計

　　肥育用もと牛とする目的で育成している牛（肉用種の子牛、搾乳牛に仕向けるために育成している牛、育成が終了した牛は対象外とした。）。

エ　肥育牛生産費統計

　　肉用として販売する目的で肥育している牛（繁殖雌牛及びその繁殖雌牛から生まれた子牛は対象外とした。ただし、育成が終了し肥育中のものは対象とした。）。

オ　肥育豚生産費統計

　　肉用として販売する目的で飼養されている豚及びその生産にかかわる全ての豚（肉豚、子豚生産のための繁殖雌豚、種雄豚、繁殖用後継豚として育成中の豚、繁殖用豚生産のための原種豚及び繁殖能力消滅後肥育されている豚）。

(11)　調査方法

ア　現金出納帳、作業日誌

　　現金出納帳、作業日誌については、職員または統計調査員が調査対象経営体に配布（協力が得られる調査対象経営体については、電子化した現金出納帳、作業日誌を配布する。）し、原則として、調査対象経営体が記入し、郵送、職員または統計調査員が訪問、若しくはオンラインにより回収した。

イ　経営台帳

　　経営台帳については、原則として職員または統計調査員が調査対象経営体に対して面接し、聞き取る方法により行った。

　　協力が得られる調査対象経営体に対しては、職員または統計調査員が調査票を配布し、調査対象経営体が記入し、郵送、職員または統計調査員が訪問、若しくはオンラインにより回収した。

　　また、希望する調査対象経営体においては、牛資産の異動状況等の把握に当たり、（独）家畜改良センター所管の牛個体識別台帳データを活用した。

　　なお、調査対象経営体が決算書類を整備しており、協力が得られる場合は、当該書類により把握できる情報に限り、調査票（現金出納帳、作業日誌及び経営台帳）の報告に代えて、当該書類を郵送、職員または統計調査員が訪問、若しくはオンラインにより提供を受けた。

2　調査上の主な約束事項

(1)　畜産物生産費の概念

　　畜産物生産費統計において、「生産費」とは、畜産物の一定単位量の生産のために消費した経済費用の合計をいう。ここでいう費用の合計とは、具体的には、畜産物の生産に要した材料（種付料、飼料、敷料、光熱動力、獣医師料及び医薬品、その他の諸材料）、賃借料及び料金、物件税及び公課諸負担、労働費（雇用・家族（生産管理労働も含む。））、固定資産（建物、自動車、農機具、生産管理機器、家畜）の財貨及び用役の合計をいう。

　　なお、これらの各項目の具体的事例は、23ページの別表1を参照されたい。

(2) 主な約束事項

ア 生産費の種別（生産費統計においては、「生産費」を次の３種類に区分する。）

(ｱ) 「生産費（副産物価額差引）」

調査対象畜産物の生産に要して費用合計から副産物価額を控除したもの

(ｲ) 「支払利子・地代算入生産費」

「生産費（副産物価額差引）」に支払利子及び支払地代を加えたもの

(ｳ) 「資本利子・地代全額算入生産費」

「支払利子・地代算入生産費」に自己資本利子及び自作地地代を擬制的に計算して算入したもの

イ 物財費

生産費を構成する各費用のうち、流動財費及び固定財費を合計したものである。

なお、流動財費は、購入したものについてはその支払額、自給したものについてはその評価額により算出した。

(ｱ) 種付料

牛乳生産費統計、子牛生産費統計及び肥育豚生産費統計における種付料は、搾乳牛、繁殖雌牛及び繁殖雌豚に、計算期間中に種付けに要した精液代、種付料金等を計上した。

なお、自家で種雄牛を飼養し、種付けに飼養している場合の種付料は、その地方の１回の受精に要する種付料で評価した。ただし、肥育豚生産費統計では、自家で飼養している種雄豚により種付けを行った場合は「種雄豚費」を計上しているので、種付料は計上しない。

(ｲ) もと畜費

育成牛生産費統計、肥育牛生産費統計及び肥育豚生産費統計におけるもと畜費は、もと畜そのものの価額に、もと畜を購入するために要した諸経費も計上した。自家生産のもと畜は、その地方の市価により評価した。

なお、肥育豚生産費統計における自家生産のもと畜については、その育成に要した費用を各費目に計上しているため、もと畜費としては計上しない。

(ｳ) 飼料費

a 流通飼料費

(a) 購入飼料費

実際の飼料の購入価額、購入付帯費及び委託加工料を計上した。

なお、生産費調査では、配合飼料価格安定基金の積立金及び補てん金は計上しない。

(b) 自給飼料費

飼料作物以外の自給の生産物を飼料として給与した場合は、その地方の市価（生産時の経営体受取価格）によって評価して計上した。

b 牧草・放牧・採草費（自給）

牧草等の飼料作物の生産に要した費用及び野生草・野乾草・放牧場・採草地に要した費用を、費用価計算により計上した。

なお、費用のうち労働については、平成７年から費用価には含めず労働費のうちの間接労働費として計上している。

注： 費用価とは、自給物の生産に要した材料、固定財、労働等に係る費用を計算し評価したものである。

(エ) 敷料費

稲わら、麦わら、おがくず、野草など畜舎内の敷料として利用した費用を計上した。

なお、自給敷料はその地方の市価（生産時の経営体受取価格）によって評価して計上し、市価がない場合は、採取に要した費用を費用価計算によって求めた価額を計上した。

(オ) 光熱水量及び動力費

購入又は自家生産した動力材料、燃料、水道料、電気料等を計上した。

(カ) その他の諸材料費

縄、ひも、ビニールシート等の消耗材料など、他の費目に計上できない材料を計上した。

(キ) 獣医師料及び医薬品費

獣医師に支払った料金及び使用した医薬品、防虫剤、殺虫剤、消毒剤等の費用のほか、家畜共済掛金のうちの疾病傷害分を計上した。

(ク) 賃借料及び料金

建物・農機具等の借料、生産のために要した共同負担費、削てい料、きゅう肥を処理するために支払った引取料等を計上した。

(ケ) 物件税及び公課諸負担

畜産物の生産のための装備に賦課される物件税（建物・構築物の固定資産税、自動車税等。ただし、土地の固定資産税は除く。）、畜産物の生産を維持・継続する上で必要不可欠な公課諸負担（集落協議会費、農業協同組合費、自動車損害賠償責任保険等）を計上した。

(コ) 家畜の減価償却費

生産物である牛乳、子牛の生産手段としての搾乳牛、繁殖雌牛の取得に要した費用を減価償却計算を行い計上した。牛乳生産費統計では乳牛償却費、子牛生産費統計では繁殖雌牛償却費という。

また、搾乳牛、繁殖雌牛を廃用した場合は、廃用時の帳簿価額から廃用時の評価額（売却した場合は売却額）を差し引いた額を処分差損益として償却費に加算した（ただし、処分差益が減価償却費を上回った場合は、統計表上においては減価償却費を負数「△」として表章している。）。

なお、肥育豚生産費統計における繁殖雌豚費及び種雄豚費については、後述(サ)のとおり。

a 償却費

減価償却費

平成19年３月31日以前に取得した資産で償却中の資産

＝（取得価額－残存価額）×耐用年数に応じた償却率

平成19年３月31日以前に取得した資産で償却済みの資産

＝（残存価額－１円（備忘価額））÷５年

ただし、平成20年１月１日から適用した。

平成19年４月１日以降に取得した資産

＝（取得価額－１円（備忘価額））×耐用年数に応じた償却率

b 取得価額

搾乳牛及び繁殖雌牛の取得価額は初回分べん以降（繁殖雌牛の場合、初回種付け以降）に購入したものは購入価額とし、自家育成した場合にはその地方における家畜市場の取引価格又は

実際の売買価格等を参考として、搾乳牛については初回分べん時、繁殖雌牛は初回種付時で評価した。

また、購入した場合は、購入価額に購入に要した費用を含めて計上した。

 c 残存価額

  搾乳牛及び繁殖雌牛の残存価額は、平成19年3月31日以前に取得したものについて、取得価額に減価償却資産の耐用年数等に関する省令（昭和40年大蔵省令第15号）に定められている残存割合（以下「法定残存割合」という。）を乗じて求めた。

 d 耐用年数に応じた償却率

  搾乳牛及び繁殖雌牛の耐用年数に応じた償却率は、減価償却資産の耐用年数等に関する省令（昭和40年大蔵省令第15号）に定められている耐用年数（以下「法定耐用年数」という。）に対応する償却率をそれぞれ用いている。

(サ) 繁殖雌豚費及び種雄豚費

 繁殖雌豚及び種雄豚の購入に要した費用を計上した。

 なお、自家育成の繁殖畜については、それの生産に要した費用を生産費の各費目に含めているので本費目には計上しない。

(シ) 建物費

 建物・構築物の償却費と修繕費を計上した。

 また、建物・構築物を廃棄又は売却した場合は、処分時の帳簿価額から処分時の評価額（売却した場合は売却額）を差し引いた額を処分差損益として償却費に加算した（ただし、処分差益が減価償却費を上回った場合は、統計表上においては減価償却費を負数「△」として表章している。）。

 a 償却費

  減価償却費

   平成19年3月31日以前に取得した資産で償却中の資産

    ＝（取得価額－残存価額）×耐用年数に応じた償却率

   平成19年3月31日以前に取得した資産で償却済みの資産

    ＝（残存価額－1円（備忘価額））÷5年

   ただし、平成20年1月1日から適用した。

   平成19年4月1日以降に取得した資産

    ＝（取得価額－1円（備忘価額））×耐用年数に応じた償却率

  (a) 取得価額

   取得価額は取得に要した価額により評価した。ただし、国及び地方公共団体から補助金を受けて取得した場合は、取得価額から補助金部分を差し引いた残額で、償却費の計算を行った。

  (b) 残存価額

   取得価額に法定残存割合を乗じて求めた。

  (c) 耐用年数に応じた償却率

   法定耐用年数に対応した償却率を用いた。

 b 修繕費

  建物・構築物の維持修繕について、購入又は支払の場合、購入材料の代金及び支払労賃を計上した。

また、建物火災保険、建物損害共済掛金も、負担割合を乗じた額を計上した。

　(ス)　自動車費

　　　　自動車の減価償却費及び修繕費を計上した。

　　　　なお、自動車の償却費と修繕費の計算方法は、建物と同様である。

　(セ)　農機具費

　　　　農機具の減価償却費及び修繕費を計上した。

　　　　なお、農機具の償却費と修繕費の計算方法は、建物と同様である。

　(ソ)　生産管理費

　　　　畜産物の生産を維持・継続するために使用したパソコン、ファックス、複写機等の生産管理機器の購入費、償却費及び集会出席に要した交通費、技術習得に要した受講料などを計上した。

　　　　なお、生産管理機器の償却費の計算方法は、建物と同様である。

ウ　労働費

　　調査対象畜の生産のために投下された家族労働の評価額と雇用労働に対する支払額の合計である。

　(ア)　家族労働評価

　　　　調査対象畜の生産のために投下された家族労働については、「毎月勤労統計調査」（厚生労働省）（以下「毎月勤労統計」という。）の「建設業」、「製造業」及び「運輸業，郵便業」に属する５～29人規模の事業所における賃金データ（都道府県単位）を基に算出した単価を乗じて計算したものである。

　(イ)　労働時間

　　　　労働時間は、直接労働時間と間接労働時間に区分した。

　　　　直接労働時間とは、食事・休憩などの時間を除いた調査対象畜の生産に直接投下された労働時間（生産管理労働時間を含む。）であり、間接労働時間とは、自給牧草及び自給肥料の生産、建物や農機具の自己修繕等に要した労働時間の調査対象畜の負担部分である。

　　　　なお、作業分類の具体的事例は、24ページの別表２を参照されたい。

エ　費用合計

　　調査対象畜を生産するために消費した物財費と労働費の合計である。

オ　副産物価額

　　副産物とは、主産物（生産費集計対象）の生産過程で主産物と必然的に結合して生産される生産物である。生産費においては、主産物生産に要した費用のみとするため、副産物を市価で評価（費用に相当すると考える。）し、費用合計から差し引くこととしている。

　　各畜産物生産費の副産物価額については、次のものを計上した。

　①　牛乳生産費統計：子牛（生後10日齢時点）及びきゅう肥

　②　子牛生産費統計：きゅう肥

　③　育成牛生産費統計：事故畜、４か月齢未満で販売された子畜及びきゅう肥

　④　肥育牛生産費統計：事故畜及びきゅう肥

　⑤　肥育豚生産費統計：事故畜、販売された子豚、繁殖雌豚、種雄豚及びきゅう肥

なお、牛乳生産費統計における子牛については、10日齢以前に販売されたものはその販売価額、10日齢時点で育成中のものは10日齢時点での市価評価額、各畜種のきゅう肥については、販売されたものはその販売価額、自家用に仕向けられたものは費用価計算で評価し、その他の副産物については、販売価額とした。

カ　資本利子
（ア）　支払利子
　　調査対象畜の生産のために調査期間内に支払った利子額を計上した。
（イ）　自己資本利子
　　調査対象畜の生産のために投下された総資本額から、借入資本額を差し引いた自己資本額に年利率４％を乗じて計算した。

キ　地代
（ア）　支払地代
　　調査対象畜の飼養及び飼料作物の生産に利用された土地のうち、借入地について実際に支払った賃借料及び支払地代を計上した。
（イ）　自作地地代
　　調査対象畜の飼養及び飼料作物の生産に利用された土地のうち、所有地について、その近傍類地（調査対象畜の生産に利用される所有地と地力等が類似している土地）の賃借料又は支払地代により評価した。

3 調査結果の取りまとめ方法と統計表の編成

(1) 調査結果の取りまとめ方法

ア 集計対象（集計経営体）

集計経営体は、調査対象経営体から次の経営体を除いた経営体とした。

- ・調査期間途中で調査対象畜の飼養を中止した経営体
- ・記帳不可能等により調査ができなくなった経営体
- ・調査期間中の家畜の飼養実績が調査対象に該当しなかった経営体

イ 平均値の算出方法

平均値は、各集計経営体について取りまとめた個別の結果（様式は巻末の「個別結果表」に示すとおり。）を用いて、全国又は規模階層別等の集計対象とする区分ごとに、計算単位当たり及び1経営体当たりの平均値を算出した。

(ア) 全国平均値

全国平均値は、「畜産統計調査」（平成31年2月1日現在）による飼養戸数に基づいて設定したウエイトによる加重平均により算出した。

この場合のウエイトとは、牛乳生産費統計、子牛生産費統計及び去勢若齢肥育牛生産費統計については、飼養頭数規模別及び都道府県別の区分ごと、乳用雄育成牛生産費統計、交雑種育成牛生産費統計、乳用雄肥育牛生産費統計、交雑種肥育牛生産費統計及び肥育豚生産費統計については、飼養頭数規模別及び全国農業地域別の区分ごとの標本抽出率（畜産統計調査結果における当該区分の大きさ（飼養戸数）に対する集計経営体数の比率）の逆数とし、集計経営体ごとに定めた。

$$標本抽出率 = \frac{調査結果において当該区分に該当する畜産物生産費取りまとめ経営体数}{畜産統計調査結果における当該区分の大きさ}$$

(イ) 全国農業地域別平均値

牛乳及び肥育豚の全国農業地域別平均値については、(ア)と同様に加重平均（ウエイトは飼養頭数規模別及び全国農業地域別の標本抽出率の逆数）により算出した。

また、子牛、育成牛及び肥育牛については、単純平均により算出しており、全ての集計対象経営体のウエイトを「1」とした。

ウ 計算単位当たり生産費及び原単位量の算出方法

生産費は、一定数量の主産物の生産のために要した費用及び原単位量（生産に用いた機械や資材等の数量）として計算されるものであり、その「計算単位」はできるだけ取引単位に一致させるため、次のとおり主産物の単位数量を生産費及び原単位量の計算単位とした。

(ア) 牛乳生産費統計

牛乳生産費統計における主産物は、調査期間中に搾乳された生乳の全量（販売用、自家用、子牛の給与用）であって、計算の単位は生乳100kg当たりである。

生乳100kg当たりの生産費の算出方法は、次のとおりである。

$$生乳100kg当たりの生産費 = \frac{1頭当たり生産費}{1頭当たり搾乳量（kg）} \times 100$$

この調査では、分母となる搾乳量として乳脂肪分3.5%換算乳量又は実搾乳量を用いている。乳脂肪分3.5%換算乳量の算出方法は、次のとおりである。

$$乳脂肪分3.5\%換算乳量 = \frac{乳脂肪量（実搾乳量 \times 乳脂肪分）}{0.035}$$

(ｲ)　子牛生産費統計

子牛生産費統計における主産物は、調査期間中に販売又は自家肥育に仕向けられた子牛であって、計算の単位は子牛１頭当たりである。

(ｳ)　育成牛生産費統計

育成牛生産費統計における主産物は、ほ育・育成が終了し、肥育用もと牛として調査期間中に販売又は自家肥育に仕向けられたものであって、計算の単位は育成牛１頭当たりである。

(ｴ)　肥育牛生産費統計

肥育牛生産費統計における主産物は、肥育過程を終了し、調査期間中に肉用として販売された肥育牛であって、計算の単位は肥育牛の生体100kg当たりである。

なお、肥育過程の終了とは、肥育用もと牛を導入し、満肉の状態まで肥育することであるが、肥育牛の場合は、肥育用もと牛の性質（導入時の月齢及び生体重、性別など）、肥育期間、肥育程度等により肥育過程の終了が異なりその判定も困難である。このため、本調査では、その肥育牛が販売された時点をもって肥育終了とし、その肥育牛を主産物とした。

(ｵ)　肥育豚生産費統計

肥育豚生産費統計における主産物は、調査期間中に肉用として販売された肥育豚（子豚を除く。）であって、計算の単位は肥育豚の生体100kg当たりである。

また、単位頭数当たりの投下費用、あるいは生産費、収益も重要であることから、主産物の単位数量当たり生産費及び原単位量とともに、飼養する家畜１頭当たりの生産費及び原単位量を計算している。

具体的に、これらの平均値については、次の式により算出した。

計算単位当たり平均値

$$\overline{X} = \frac{\displaystyle\sum_{i=1}^{n} W_i X_i}{\displaystyle\sum_{i=1}^{n} W_i V_i}$$

$\overline{X}$　：　当該集計対象区分のXの平均値の推定値

X_i　：　調査結果において当該集計対象区分に属するi番目の集計経営体の生産費又は原単位量の調査結果

W_i　：　調査結果において当該集計対象区分に属するi番目の集計経営体のウエイト

V_i　：　調査結果において当該集計対象区分に属するi番目の集計経営体の主産物生産量又は飼養頭数の調査結果（計算単位に対応した値を用いる。）

n　：　調査結果において当該集計対象区分に属する集計経営体数

エ　1経営体当たり平均値の算出方法

　　農業従事者数や、経営土地面積、建物等の所有状況などの1経営体当たり平均値については、次の式により算出した。

　　1経営体当たりの平均値

$$\overline{X} = \frac{\sum_{i=1}^{n} W_i X_i}{\sum_{i=1}^{n} W_i}$$

$\overline{X}$　：　当該集計対象区分のXの平均値の推定値

X_i　：　調査結果において当該集計対象区分に属するi番目の集計経営体の生産費又は原単位量の調査結果

W_i　：　調査結果において当該集計対象区分に属するi番目の集計経営体のウエイト

n　：　調査結果において当該集計対象区分に属する集計経営体数

オ　収益性指標（所得及び家族労働報酬）の計算

　　畜産物生産費統計では、収益性を示す指標として、次のものを計算した。

　　収益性指標は本来、農業経営全体の経営計算から求めるべき性格のものであるが、ここでは調査対象畜と他の家畜との収益性を比較する指標として該当対象畜部門についてのみ取りまとめているので、利用に当たっては十分留意されたい。

(ｱ)　所得

　　生産費総額から家族労働費、自己資本利子及び自作地地代を控除した額を粗収益から差し引いたものである。

　　なお、所得には配合飼料価格安定基金及び肉用子牛生産者補給金等の補助金は含まない。

　　　所得＝粗収益－｛生産費総額－（家族労働費＋自己資本利子＋自作地地代）｝

　　　　ただし、生産費総額＝費用合計＋支払利子＋支払地代＋自己資本利子＋自作地地代

(ｲ)　1日当たり所得

　　所得を家族労働時間で除し、これに8（1日を8時間とみなす。）を乗じて算出したものである。

　　　1日当たり所得＝所得÷家族労働時間×8時間（1日換算）

(ｳ)　家族労働報酬

　　生産費総額から家族労働費を控除した額を粗収益から差し引いて求めたものである。

　　　家族労働報酬＝粗収益－（生産費総額－家族労働費）

(ｴ)　1日当たり家族労働報酬

　　家族労働報酬を家族労働時間で除し、これに8（1日を8時間とみなす。）を乗じて算出したものである。

　　　1日当たり家族労働報酬＝家族労働報酬÷家族労働時間×8時間（1日換算）

(2) 統計表の編成

全ての統計表について、全国・飼養頭数規模別、全国農業地域別に編成した。

なお、牛乳生産費統計については、北海道及び都府県の飼養頭数規模別の統計表を編成した。

(3) 統計の表章

統計表章に用いた全国農業地域及び階層区分は次のとおりである。

ア 全国農業地域区分

全 国 農 業 地 域 名	所 属 都 道 府 県 名
北 海 道	北海道
東 北	青森、岩手、宮城、秋田、山形、福島
北 陸	新潟、富山、石川、福井
関 東 ・ 東 山	茨城、栃木、群馬、埼玉、千葉、東京、神奈川、山梨、長野
東 海	岐阜、静岡、愛知、三重
近 畿	滋賀、京都、大阪、兵庫、奈良、和歌山
中 国	鳥取、島根、岡山、広島、山口
四 国	徳島、香川、愛媛、高知
九 州	福岡、佐賀、長崎、熊本、大分、宮崎、鹿児島
沖 縄	沖縄

注: 子牛及び交雑種育成牛生産費統計の「北陸」については、調査を行っていないため全国農業地域としての表章を行っていない。

子牛及び肥育豚生産費統計以外の「沖縄」については、調査を行っていないため全国農業地域としての表章を行っていない。

イ 階層区分

調 査 名	牛 乳	子 牛	育 成 牛	肥 育 牛	肥 育 豚
階層区分の指標	搾 乳 牛 飼 養 頭 数	繁 殖 雌 牛 飼 養 月 平 均 頭 数	育 成 牛 飼 養 月 平 均 頭 数	肥 育 牛 飼 養 月 平 均 頭 数	肉 豚 飼 養 月 平 均 頭 数
I	1～20頭未満	2～5頭未満	5～20頭未満	1～10頭未満	1～100頭未満
II	20～30	5～10	20～50	10～20	100～300
III	30～50	10～20	50～100	20～30	300～500
IV	50～80	20～50	100～200	30～50	500～1,000
V	80～100	50頭以上	200頭以上	50～100	1,000～2,000
VI	100頭以上	—	—	100～200	2,000頭以上
VII	—	—	—	200頭以上	—

4 利用上の注意

(1) 畜産物生産費調査の見直しに基づく調査項目の一部改正

畜産物生産費調査は、農業・農山村・農業経営の著しい実態変化を的確に捉えたものとするため、平成2～3年にかけて見直し検討を行い、その検討結果を踏まえ調査項目の一部改正を行った（ブロイラー生産費を除き、平成4年から適用。）。

したがって、平成4年以降の生産費及び収益性等に関する数値は、厳密な意味で平成3年以前とは接続しないので、利用に当たっては十分留意されたい。

なお、改正の内容は次のとおりである。

ア　家族労働の評価方法を、「毎月勤労統計」により算出した単価によって評価する方法に変更した。

イ　「生産管理労働時間」を家族労働時間に、「生産管理費」を物財費に新たに計上した。

ウ　土地改良に係る負担金の取り扱いを変更し、草地造成事業及び草地開発事業の負担金のうち、事業効果が個人の資産価値の増加につながるもの（整地、表土扱い）を除きすべて飼料作物の生産費用（費用価）として計上した。

エ　減価償却費の計上方法を変更し、更新、廃棄等に伴う処分差損益を計上した。乳牛償却費については、農機具等と同様の法定に即した償却計算に改めるとともに、売却等に伴う処分差損益を新たに計上し、繁殖雌牛の耐用年数についても、法定耐用年数に改めた。

オ　物件税及び公課諸負担のうち、調査対象畜の生産を維持・継続していく上で必要なものを新たに計上した。

カ　きゅう肥を処分するために処理（乾燥、脱臭等）を加えて販売した場合の加工経費を新たに計上した。

キ　資本利子を支払利子と自己資本利子に、地代を支払地代と自作地地代に区分した。

ク　統計表章において、「第1次生産費」を「生産費（副産物価額差引）」に、「第2次生産費」を「資本利子・地代全額算入生産費」にそれぞれ置き換え、「生産費（副産物価額差引）」と「資本利子・地代算入生産費」の間に、新たに、実際に支払った利子・地代を加えた「支払利子・地代算入生産費」を新設した。

(2) 農業経営統計調査への移行に伴う調査項目の一部変更

平成6年7月、農業経営の実態把握に重点を置き、農業経営収支と生産費の相互関係を明らかにするなど多面的な統計作成が可能な調査体系とすることを目的に、従来、別体系で実施していた農家経済調査と農畜産物繭生産費調査を統合し、農業経営統計調査へと移行した。

畜産物生産費は、平成7年から農業経営統計調査の下「畜産物生産費統計」として取りまとめることとなり、同時に、畜産物の生産に係る直接的な労働以外の労働（購入付帯労働及び建物・農機具等

18

の修繕労働等）を間接労働として関係費目から分離し、「労働費」及び「労働時間」に含め計上することとした。

(3) 家族労働評価方法の一部改正

平成10年から従来の男女別評価を男女同一評価（当該地域で男女を問わず実際に支払われた平均賃金による評価）に改正した。

(4) 調査期間の変更について

平成11年度調査から調査期間を変更し、全ての畜種について調査年4月から翌年3月とした。

なお、それまでの調査期間については、畜種ごとに次のとおりである。

ア　牛乳生産費統計

前年9月1日から調査年8月31日までの1年間

イ　子牛生産費統計、育成牛生産費統計及び肥育牛生産費統計

前年8月1日から調査年7月31日までの1年間

ウ　肥育豚生産費統計

前年7月1日から調査年6月30日までの1年間

(5) 農業経営統計調査の体系整備（平成16年）に伴う調査項目の一部変更等

平成16年には、食料・農業・農村基本計画等の新たな施策の展開に応えるため、農業経営統計調査を、営農類型別・地域別に経営実態を把握する営農類型別経営統計に編成する調査体系の再編・整備等の所要の見直しを行った。

これに伴って畜産物生産費についても、平成16年度から農家の農業経営全体の農業収支、自家農業投下労働時間の把握の取りやめ、自動車費を農機具費から分離・表章する等の一部改正を行った。

(6) 税制改正における減価償却計算の見直し

ア　平成19年度税制改正における減価償却費計算の見直しに伴い、農業経営統計調査における1か年の減価償却額は償却資産の取得時期により次のとおり算出した。

(ア)　平成19年4月以降に取得した資産

1か年の減価償却額＝（取得価額－1円（備忘価額））×耐用年数に応じた償却率

(イ)　平成19年3月以前に取得した資産

a　平成20年1月時点で耐用年数が終了していない資産

1か年の減価償却額＝（取得価額－残存価額）×耐用年数に応じた償却率

b　上記aにおいて耐用年数が終了した場合、耐用年数が終了した翌年調査期間から5年間

1か年の減価償却額＝（残存価額－1円（備忘価額））÷5年

c　平成19年12月時点で耐用年数が終了している資産の場合、20年1月以降開始する調査期間から5年間

1か年の減価償却額＝（残存価額－1円（備忘価額））÷5年

イ　平成20年度税制改正における減価償却費計算の見直し（資産区分の大括化、法定耐用年数の見直し）を踏まえて算出した。

(7) 全国農業地域別や規模別及び目標精度を設定していない調査結果について

全国農業地域別や規模別の結果及び目標精度を設定していない結果については、集計対象数が少ないほか、一部の表章項目によってはごく少数の経営体にしか出現しないことから、相当程度の誤差を含んだ値となっており、結果の利用に当たっては十分留意されたい。

(8) 実績精度

計算単位当たり（注）全算入生産費を指標とした実績精度を標準誤差率（標準誤差の推定値÷推定値×100）により示すと、次のとおりである。

区　　　分	単位	牛　　　乳			子牛	乳用雄育成牛
		全　国	北海道	都府県		
集 計 経 営 体 数	経営体	417	224	193	189	28
標 準 誤 差 率	％	0.9	1.2	1.2	2.1	2.2

区　　　分	単位	交雑種育成牛	去勢若齢肥育牛	乳用雄肥育牛	交雑種肥育牛	肥育豚
集 計 経 営 体 数	経営体	44	288	57	93	161
標 準 誤 差 率	％	3.3	1.3	2.1	1.9	1.3

注：　牛乳生産費：生乳100kg当たり（乳脂肪分3.5％換算）、子牛生産費：子牛1頭当たり
　　　乳用雄育成牛生産費：育成牛1頭当たり、交雑種育成牛生産費：育成牛1頭当たり
　　　去勢若齢肥育牛生産費：肥育牛1頭当たり、乳用雄肥育牛生産費：肥育牛1頭当たり
　　　交雑種肥育牛生産費：肥育牛1頭当たり、肥育豚生産費：肥育豚1頭当たり

○　実績精度（標準誤差率）の推定式

　　　N　　　　：　母集団の農業経営体数
　　　Ni　　　：　i番目の階層の農業経営体数
　　　L　　　　：　階層数
　　　ni　　　：　i番目の階層の標本数
　　　xij　　　：　i番目の階層のj番目の標本のx（生産費）の値
　　　yij　　　：　i番目の階層のj番目の標本のy（計算単位生産量）の値
　　　$\overline{x}$i　　　：　i番目の階層のxの1農業経営体当たり平均の推定値
　　　$\overline{y}$i　　　：　i番目の階層のyの1農業経営体当たり平均の推定値
　　　$\overline{x}$　　　　：　xの1農業経営体当たり平均の推定値
　　　$\overline{y}$　　　　：　yの1農業経営体当たり平均の推定値
　　　Six　　　：　i番目の階層のxの標準偏差の推定値
　　　Siy　　　：　i番目の階層のyの標準偏差の推定値
　　　Sixy　　：　i番目の階層のxとyの共分散の推定値
　　　r　　　　：　計算単位当たりの生産費の推定値
　　　S　　　　：　rの標準誤差の推定値

　　とするとき、

$$\overline{x} = \sum_{i=1}^{L} \frac{Ni}{N} \cdot \overline{xi} \qquad \overline{y} = \sum_{i=1}^{L} \frac{Ni}{N} \cdot \overline{yi} \qquad r = \frac{\overline{x}}{\overline{y}}$$

$$S \doteqdot \left(\frac{\overline{x}}{\overline{y}}\right)^2 \cdot \sum_{i=1}^{L} \left(\frac{Ni}{N}\right)^2 \cdot \frac{Ni-ni}{Ni-1} \cdot \frac{1}{ni} \cdot \left(\frac{Six^2}{\overline{x}^2} + \frac{Siy^2}{\overline{y}^2} - 2 \cdot \frac{Sixy}{\overline{x}\,\overline{y}}\right)$$

$$\text{標準誤差率の推定値} = \frac{S}{r}$$

(9) 統計表に使用した記号

統計表中に使用した記号は、次のとおりである。

「0」 ： 単位に満たないもの（例：0.4円→0円）

「0.0」、「0.00」 ： 単位に満たないもの（例：0.04頭→0.0頭）又は増減がないもの

「－」 ： 事実のないもの

「…」 ： 事実不詳又は調査を欠くもの

「x」 ： 個人又は法人その他の団体に関する秘密を保護するため、統計数値を公表しないもの

「△」 ： 負数又は減少したもの

「nc」 ： 計算不能

(10) 秘匿措置について

統計調査結果について、調査対象経営体数が2以下の場合には調査結果の秘密保護の観点から、当該結果を「x」表示とする秘匿措置を施している。

(11) ホームページ掲載案内

本統計の累年データについては、農林水産省ホームページの統計情報に掲載している分野別分類「農家の所得や生産コスト、農業産出額など」の「畜産物生産費統計」で御覧いただけます。

なお、公表した数値の正誤情報は、ホームページでお知らせします。

【 https://www.maff.go.jp/j/tokei/kouhyou/noukei/seisanhi_tikusan/index.html#1 】

(12) 転載について

この統計表に掲載された数値を他に転載する場合は、「農業経営統計調査　平成30年度畜産物生産費」（農林水産省）による旨を記載してください。

5 農業経営統計調査報告書一覧

(1) 農業経営統計調査報告　営農類型別経営統計（個別経営、第1分冊、水田作・畑作経営編）

(2) 農業経営統計調査報告　営農類型別経営統計

（個別経営、第2分冊、野菜作・果樹作・花き作経営編）

(3) 農業経営統計調査報告　営農類型別経営統計（個別経営、第3分冊、畜産経営編）

(4) 農業経営統計調査報告　営農類型別経営統計（組織法人経営編）（併載：経営形態別経営統計）

(5) 農業経営統計調査報告　経営形態別経営統計（個別経営）

(6) 農業経営統計調査報告　農産物生産費（個別経営）

(7) 農業経営統計調査報告　農産物生産費（組織法人経営）

(8) 農業経営統計調査報告　畜産物生産費

6 お問合せ先

農林水産省　大臣官房統計部　経営・構造統計課　畜産物生産費統計班

電話：（代表）03-3502-8111（内線　3630）

（直通）03-3591-0923

FAX：　　　　03-5511-8772

※ 本調査に関するご意見・ご要望は、上記問い合わせ先のほか、農林水産省ホームページでも受け付けております。

【 https://www.contactus.maff.go.jp/j/form/tokei/kikaku/160815.html 】

別表1　生産費の費目分類

費目	費目の内容	牛乳	肉用牛 子牛	肉用牛 乳育用成雄牛	肉用牛 交育雑成種牛	肉用牛 去肥勢育若齢牛	肉用牛 乳肥用育雄牛	肉用牛 交肥雑育育種牛	肥育豚
種付料	精液、種付けに要した費用。自給の場合は、その地方の市価評価額（肥育豚生産費は除く。）	○	○						○
もと畜費	肥育材料であるもと畜の購入に要した費用。自家生産の場合は、その地方の市価評価額（肥育豚生産費は除く。）			○	○	○	○	○	○
飼料費　流通飼料費	購入飼料費と自給の飼料作物以外の生産物を飼料として給与した自給飼料費（市価）	○	○	○	○	○	○	○	○
飼料費　牧草・放牧・採草費（自給）	牧草等の飼料作物の生産に要した費用及び野生草、野乾草、放牧場、採草地に要した費用	○	○	○	○	○	○	○	○
敷料費	敷料として畜房内に搬入された材料費	○	○	○	○	○	○	○	○
光熱水料及び動力費	電気料、水道料、燃料、動力運転材料等	○	○	○	○	○	○	○	○
その他諸材料費	縄、ひも等の消耗材料のほか、他の費目に該当しない材料費	○	○	○	○	○	○	○	○
獣医師料及び医薬品費	獣医師料、医薬品、疾病傷害共済掛金	○	○	○	○	○	○	○	○
賃借料及び料金	賃借料（建物、農機具など）、きゅう肥の引取料、登録・登記料、共同放牧地の使用料、検査料（結核検査など）、その他材料と労賃が混合したもの	○	○	○	○	○	○	○	○
物件税及び公課諸負担	固定資産税（土地を除く。）、自動車税、軽自動車税、自動車取得税、自動車重量税、都市計画税等集落協議会費、農業協同組合費、農事実行組合費、農業共済組合賦課金、自動車損害賠償責任保険等	○	○	○	○	○	○	○	○
家畜の減価償却費	搾乳牛、繁殖雌牛の減価償却費	○	○						
繁殖雌豚費及び種雄豚費	繁殖雌豚、種雄豚の購入に要した費用								○
建物費　建物	住宅、納屋、倉庫、畜舎、作業所、農機具置場等の減価償却費及び修繕費	○	○	○	○	○	○	○	○
建物費　構築物	浄化槽、尿だめ、サイロ、牧さく等の減価償却費及び修繕費	○	○	○	○	○	○	○	○
自動車費	減価償却費及び修繕費　なお、車検料、任意車両保険費用も含む。	○	○	○	○	○	○	○	○
農機具費　大農具	大農具の減価償却費及び修繕費	○	○	○	○	○	○	○	○
農機具費　小農具	大農具以外の農具類の購入費及び修繕費	○	○	○	○	○	○	○	○
生産管理費	集会出席に要する交通費、技術習得に要する受講料及び参加料、事務用机、消耗品、パソコン、複写機、ファックス、電話代等の生産管理労働に伴う諸材料費、減価償却費	○	○	○	○	○	○	○	○
労働費　家族	「毎月勤労統計調査」（厚生労働省）により算出した賃金単価で評価した家族労働費（ゆい、手間替え受け労働の評価額を含む。）	○	○	○	○	○	○	○	○
労働費　雇用	年雇、季節雇、臨時雇の賃金（現物支給を含む。）　なお、住み込み年雇、手伝受及び共同作業受けの評価は家族労働費に準ずる。	○	○	○	○	○	○	○	○
資本利子　支払利子	支払利子額	○	○	○	○	○	○	○	○
資本利子　自己資本利子	自己資本額に年利率4％を乗じて得た額	○	○	○	○	○	○	○	○
地代　支払地代	実際に支払った建物敷地、運動場、牧草栽培地、採草地の賃借料及び支払地代	○	○	○	○	○	○	○	○
地代　自作地地代	所有地の見積地代（近傍類地の賃借料又は支払地代により評価）	○	○	○	○	○	○	○	○

注：○印は該当するもの

別表2　労働の作業分類

作業	作業の内容	牛乳	肉用牛 子牛	肉用牛 乳用育成雄牛	肉用牛 交雑育成種牛	肉用牛 去勢肥育若齢牛	肉用牛 乳用肥育雄牛	肉用牛 交雑肥育種牛	肥育豚
飼料の調理・給与・給水	飼料材料の裁断、粉砕、引割煮炊き、麦・豆類の水浸及び芽出し、飼料の混配合などの調理・給与・給水などの作業	○	○	○	○	○	○	○	○
敷料の搬入、きゅう肥の搬出	敷わら、敷くさの畜房への投入、ふんかき、きゅう肥（尿を含む。）の最寄りの場所（たい積所・尿だめなど）までの搬出作業	○	○	○	○	○	○	○	○
搾乳及び牛乳処理・運搬	乳房の清拭・搾乳準備・搾乳・搾乳後のろ過・冷却などの作業、搾乳関係器具の消毒・殺菌などの後片付け作業、販売のため最寄りの集乳所までの運搬作業	○							
その他の畜産管理作業　手入・運動・放牧	皮ふ・毛・ひづめなどの手入れ及び追い運動・引き運動などの運動を目的とした作業、放牧場までの往復時間	△	△	△	△	△	△	△	△
その他の畜産管理作業　きゅう肥の処理	きゅう肥の処理作業	△	△	△	△	△	△	△	△
その他の畜産管理作業　飼育管理　種付関係	種付け場への往復・保定・補助などの手伝い作業	△	△						△
その他の畜産管理作業　飼育管理　分べん関係	分べん時における助産作業	△	△						△
その他の畜産管理作業　飼育管理　防疫関係	防虫剤・殺虫剤などの散布作業	△	△	△	△	△	△	△	△
その他の畜産管理作業　飼育管理　その他の作業	その他上記に含まれない飼育関係作業	△	△	△	△	△	△	△	△
その他の畜産管理作業　生産管理労働	畜産物の生産を維持・継続する上で必要不可欠とみられる集会出席（打合せ等）、技術習得、簿記記帳	△	△	△	△	△	△	△	△

注：1　○印は該当するもの、△印は「その他の畜産管理作業」に一括するもの。
　　2　牛乳生産費について、平成9年調査より、「飼育管理」に含めていた「きゅう肥の処理」を分離するとともに、それまで分類していた「牛乳運搬」と「搾乳及び牛乳処理」を「搾乳及び牛乳処理・運搬」に結合した。
　　3　平成29年度調査より、それまで分類していた肉用牛の「手入・運動・放牧」並びに全ての畜産物生産費の「きゅう肥の処理」、「飼育管理」及び「生産管理労働」を「その他の畜産管理作業」に結合した。

I 調査結果の概要

1 牛乳生産費

(1) 全国

ア 搾乳牛を飼養し、生乳を販売する経営における平成30年度の搾乳牛1頭当たり資本利子・地代全額算入生産費（以下「全算入生産費」という。）は78万2,435円で、前年度に比べ3.4%増加した。

イ 生乳100kg当たり（乳脂肪分3.5％換算乳量）全算入生産費は8,068円で、前年度に比べ1.2％増加した。

図1 主要費目の構成割合（全国）（搾乳牛1頭当たり）

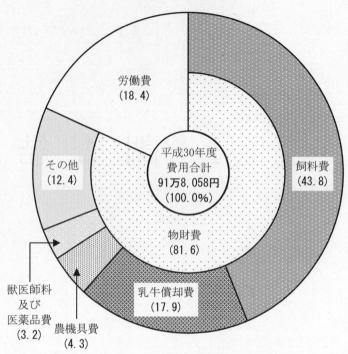

注： 飼料費には、配合飼料価格安定制度の補てん金は含まない（以下、同じ。）。

表1 牛 乳 生 産 費 （全 国）

区　　　分	単位	平成29年度	30 実　数	30 構成割合	対前年度 増減率
搾 乳 牛 1 頭 当 た り				%	%
物　　　財　　　費	円	708,017	749,211	81.6	5.8
うち 飼　　　料　　　費	〃	392,155	402,009	43.8	2.5
乳 牛 償 却 費	〃	143,674	164,315	17.9	14.4
農 機 具 費	〃	37,852	39,632	4.3	4.7
獣 医 師 料 及 び 医 薬 品 費	〃	28,209	29,510	3.2	4.6
労　　　働　　　費	〃	169,255	168,847	18.4	△ 0.2
費　　用　　合　　計	〃	877,272	918,058	100.0	4.6
副　産　物　価　額	〃	165,191	181,622	－	9.9
生 産 費 （ 副 産 物 価 額 差 引 ）	〃	712,081	736,436		3.4
支 払 利 子 ・ 地 代 算 入 生 産 費	〃	720,406	743,903		3.3
全　算　入　生　産　費	〃	757,043	782,435		3.4
生乳100kg当たり（乳脂肪分3.5％換算乳量）					
全　算　入　生　産　費	円	7,972	8,068		1.2
1 経 営 体 当 た り 搾 乳 牛 飼 養 頭 数	頭	55.5	56.4		1.6
1 頭 当 た り 投 下 労 働 時 間	時間	104.02	101.48	－	△ 2.4

(2) 北海道

ア 搾乳牛を飼養し、生乳を販売する経営における平成30年度の搾乳牛1頭当たり全算入生産費72万3,629円で、前年度に比べ6.9％増加した。

イ 生乳100kg当たり（乳脂肪分3.5％換算乳量）全算入生産費は7,485円で、前年度に比べ4.8％増加した。

図2 主要費目の構成割合（北海道）
（搾乳牛1頭当たり）

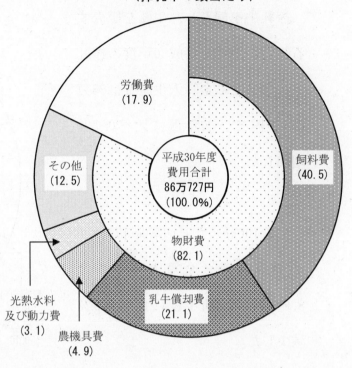

労働費
(17.9)

その他
(12.5)

平成30年度
費用合計
86万727円
(100.0%)

飼料費
(40.5)

物財費
(82.1)

光熱水料
及び動力費
(3.1)

乳牛償却費
(21.1)

農機具費
(4.9)

表2 牛乳生産費（北海道）

区 分	単位	平成29年度	30 実 数	30 構成割合	対前年度増減率
				%	%
搾乳牛1頭当たり 物財費	円	659,545	706,982	82.1	7.2
うち 飼料費	〃	341,323	348,342	40.5	2.1
乳牛償却費	〃	153,696	181,644	21.1	18.2
農機具費	〃	38,721	42,335	4.9	9.3
光熱水料及び動力費	〃	24,424	26,445	3.1	8.3
労働費	〃	150,801	153,745	17.9	2.0
費用合計	〃	810,346	860,727	100.0	6.2
副産物価額	〃	185,119	190,597	－	3.0
生産費（副産物価額差引）	〃	625,227	670,130	－	7.2
支払利子・地代算入生産費	〃	634,346	678,104	－	6.9
全算入生産費	〃	676,649	723,629	－	6.9
生乳100kg当たり（乳脂肪分3.5％換算乳量） 全算入生産費	円	7,145	7,485	－	4.8
1経営体当たり搾乳牛飼養頭数	頭	78.6	80.1	－	1.9
1頭当たり投下労働時間	時間	90.12	87.35	－	△ 3.1

(3)　都府県

ア　搾乳牛を飼養し、生乳を販売する経営における平成30年度の搾乳牛1頭当たり全算入生産費は85万6,426円で、前年度に比べ0.1％増加した。

イ　生乳100kg当たり（乳脂肪分3.5％換算乳量）全算入生産費は8,806円で、前年度に比べ1.9％減少した。

図3　主要費目の構成割合（都府県）
（搾乳牛1頭当たり）

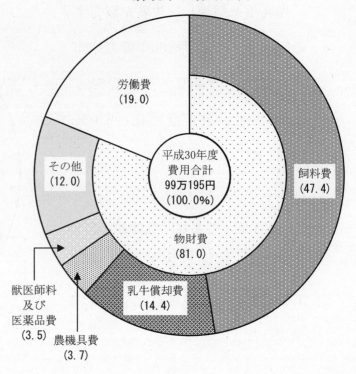

労働費
（19.0）

その他
（12.0）

平成30年度
費用合計
99万195円
（100.0％）

飼料費
（47.4）

物財費
（81.0）

獣医師料
及び
医薬品費
（3.5）

農機具費
（3.7）

乳牛償却費
（14.4）

表3　牛乳生産費（都府県）

区　　　　　　分	単位	平成29年度	30 実　数	構成割合	対前年度増減率
搾乳牛1頭当たり				％	％
物　　財　　費	円	767,334	802,347	81.0	4.6
うち飼　料　費	〃	454,360	469,526	47.4	3.3
乳牛償却費	〃	131,411	142,515	14.4	8.4
農機具費	〃	36,782	36,230	3.7	△ 1.5
獣医師料及び医薬品費	〃	33,776	34,969	3.5	3.5
労　　働　　費	〃	191,835	187,848	19.0	△ 2.1
費　用　合　計	〃	959,169	990,195	100.0	3.2
副産物価額	〃	140,803	170,329	－	21.0
生産費（副産物価額差引）	〃	818,366	819,866	－	0.2
支払利子・地代算入生産費	〃	825,716	826,691	－	0.1
全算入生産費	〃	855,417	856,426	－	0.1
生乳100kg当たり（乳脂肪分3.5％換算乳量）					
全算入生産費	円	8,979	8,806	－	△ 1.9
1経営体当たり搾乳牛飼養頭数	頭	40.8	41.2	－	1.0
1頭当たり投下労働時間	時間	121.03	119.25	－	△ 1.5

2 子牛生産費

繁殖雌牛を飼養し、子牛を販売する経営における平成30年度の子牛1頭当たり全算入生産費は65万969円で、前年度に比べ3.5%増加した。

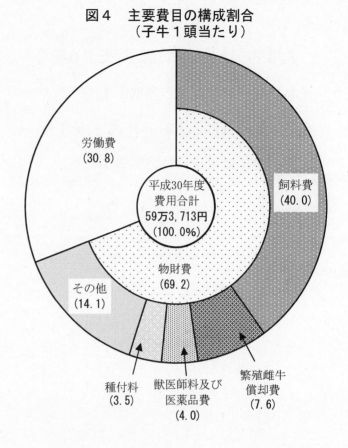

図4　主要費目の構成割合
（子牛1頭当たり）

平成30年度
費用合計
59万3,713円
（100.0%）

労働費
（30.8）

飼料費
（40.0）

物財費
（69.2）

その他
（14.1）

種付料
（3.5）

獣医師料及び
医薬品費
（4.0）

繁殖雌牛
償却費
（7.6）

表4　子牛生産費

区　　　　分	単位	平成29年度	30 実　数	30 構成割合	対前年度 増　減　率
子　牛　1　頭　当　た　り				%	%
物　　　　財　　　　費	円	390,050	410,599	69.2	5.3
うち　飼　　　料　　　費	〃	228,586	237,620	40.0	4.0
繁　殖　雌　牛　償　却　費	〃	38,266	45,300	7.6	18.4
獣　医　師　料　及　び　医　薬　品　費	〃	22,511	24,000	4.0	6.6
種　　　付　　　料	〃	21,115	20,957	3.5	△　0.7
労　　　　働　　　　費	〃	185,902	183,114	30.8	△　1.5
費　　用　　合　　計	〃	575,952	593,713	100.0	3.1
生　産　費（副産物価額差引）	〃	551,100	571,349	-	3.7
支　払　利　子・地　代　算　入　生　産　費	〃	561,774	582,776	-	3.7
全　算　入　生　産　費	〃	628,773	650,969	-	3.5
1　経　営　体　当　た　り　子　牛　販　売　頭　数	頭	11.3	12.1	-	7.1
1　頭　当　た　り　投　下　労　働　時　間	時間	127.83	126.45	-	△　1.1

3　乳用雄育成牛生産費

乳用種の雄牛を育成し、販売する経営における平成30年度の育成牛1頭当たり全算入生産費は24万3,087円で、前年度に比べ前年度に比べ13.2%増加した。

図5　主要費目の構成割合
（育成牛1頭当たり）

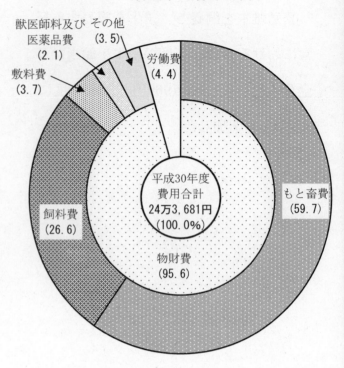

獣医師料及び医薬品費（2.1）
敷料費（3.7）
その他（3.5）
労働費（4.4）
平成30年度費用合計24万3,681円（100.0%）
もと畜費（59.7）
飼料費（26.6）
物財費（95.6）

表5　乳用雄育成牛生産費

区　　　分	単位	平成29年度	30 実　数	30 構成割合	対前年度 増　減　率
育　成　牛　1　頭　当　た　り				%	%
物　　　　財　　　　費	円	204,775	233,042	95.6	13.8
うち　も　　と　　畜　費	〃	116,405	145,356	59.7	24.9
飼　　　料　　　費	〃	64,396	64,840	26.6	0.7
敷　　　料　　　費	〃	8,744	9,038	3.7	3.4
獣医師料及び医薬品費	〃	5,507	5,103	2.1	△　7.3
労　　　　働　　　　費	〃	11,257	10,639	4.4	△　5.5
費　　　用　　　合　　　計	〃	216,032	243,681	100.0	12.8
生　産　費（副産物価額差引）	〃	212,121	240,513	－	13.4
支　払　利　子・地　代　算　入　生　産　費	〃	212,934	241,249	－	13.3
全　算　入　生　産　費	〃	214,738	243,087	－	13.2
1　経　営　体　当　た　り　販　売　頭　数	頭	425.2	425.8	－	0.1
1　頭　当　た　り　投　下　労　働　時　間	時間	6.64	6.12	－	△　7.8

4　交雑種育成牛生産費

交雑種の牛を育成し、販売する経営における平成30年度の育成牛１頭当たり全算入生産費は34万7,053円で、前年度に比べ6.6%減少した。

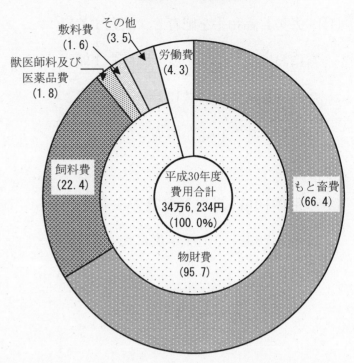

図６　主要費目の構成割合
（育成牛１頭当たり）

表６　交雑種育成牛生産費

区　　　　　分	単位	平成29年度	30 実　数	30 構成割合	対前年度増減率
育 成 牛 1 頭 当 た り				%	%
物　　　　　財　　　　　費	円	354,754	331,266	95.7	△ 6.6
う ち も と 畜 費	〃	258,486	229,783	66.4	△ 11.1
飼　　　料　　　費	〃	74,167	77,717	22.4	4.8
獣 医 師 料 及 び 医 薬 品 費	〃	5,417	6,166	1.8	13.8
敷　　　料　　　費	〃	5,327	5,539	1.6	4.0
労　　　　　働　　　　　費	〃	15,293	14,968	4.3	△ 2.1
費　　　用　　　合　　　計	〃	370,047	346,234	100.0	△ 6.4
生 産 費 (副 産 物 価 額 差 引)	〃	366,353	341,024		△ 6.7
支 払 利 子 ・ 地 代 算 入 生 産 費	〃	367,386	342,911	－	△ 6.7
全　算　入　生　産　費	〃	371,457	347,053	－	△ 6.6
1 経 営 体 当 た り 販 売 頭 数	頭	182.2	202.7	－	11.3
1 頭 当 た り 投 下 労 働 時 間	時間	9.90	9.28	－	△ 6.3

5 去勢若齢肥育牛生産費

(1) 去勢若齢和牛を肥育し、販売する経営における平成30年度の肥育牛1頭当たり全算入生産費は138万9,314円で、前年度に比べ10.8%増加した。

(2) 生体100kg当たり全算入生産費は17万4,783円で、前年度に比べ9.0%増加した。

図7　主要費目の構成割合
（肥育牛1頭当たり）

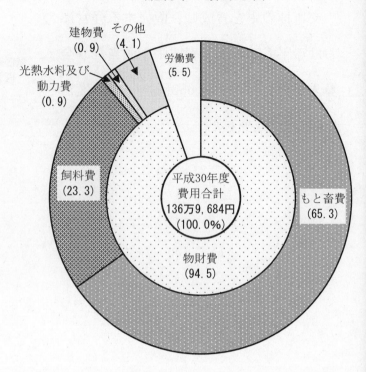

表7　去勢若齢肥育牛生産費

区　　　分	単位	平成29年度	30 実数	30 構成割合	対前年度増減率
肥 育 牛 1 頭 当 た り				%	%
物　　　　　財　　　　　費	円	1,165,338	1,293,885	94.5	11.0
うち　も　　と　　畜　　費	〃	780,702	894,275	65.3	14.5
飼　　　　　料　　　　　費	〃	306,403	319,345	23.3	4.2
光 熱 水 料 及 び 動 力 費	〃	12,272	12,978	0.9	5.8
建　　　　　物　　　　　費	〃	12,702	12,804	0.9	0.8
労　　　　　働　　　　　費	〃	76,059	75,799	5.5	△ 0.3
費　　　用　　　合　　　計	〃	1,241,397	1,369,684	100.0	10.3
生 産 費（副 産 物 価 額 差 引）	〃	1,231,811	1,361,086	－	10.5
支 払 利 子・地 代 算 入 生 産 費	〃	1,244,392	1,379,845	－	10.9
全　算　入　生　産　費	〃	1,253,930	1,389,314	－	10.8
生 体 100kg 当 た り 全 算 入 生 産 費	円	160,302	174,783	－	9.0
1 経 営 体 当 た り 販 売 頭 数	頭	42.5	42.3	－	△ 0.5
1 頭 当 た り 投 下 労 働 時 間	時間	49.82	49.72	－	△ 0.2

6 乳用雄肥育牛生産費

(1) 乳用種の雄牛を肥育し、販売する経営における平成30年度の肥育牛1頭当たり全算入生産費は53万3,596円で、前年度に比べ0.4%増加した。

(2) 生体100kg当たり全算入生産費は6万8,437円で、前年度に比べ0.1%減少した。

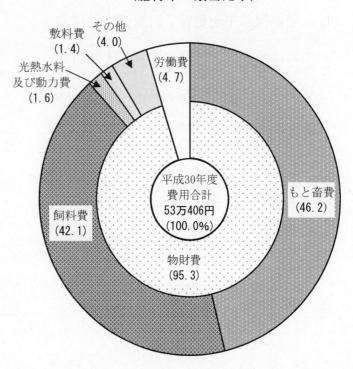

図8 主要費目の構成割合
（肥育牛1頭当たり）

表8 乳用雄肥育牛生産費

区　　　　分	単位	平成29年度	30 実　数	30 構成割合	対前年度増減率
肥育牛1頭当たり				%	%
物　　　　　財　　　　　費	円	503,803	505,466	95.3	0.3
うち　も　　と　　畜　　費	〃	246,398	244,943	46.2	△ 0.6
飼　　　　料　　　　費	〃	221,695	223,292	42.1	0.7
光熱水料及び動力費	〃	7,871	8,532	1.6	8.4
敷　　　　料　　　　費	〃	7,592	7,535	1.4	△ 0.8
労　　　　　働　　　　　費	〃	23,926	24,940	4.7	4.2
費　　用　　合　　計	〃	527,729	530,406	100.0	0.5
生産費（副産物価額差引）	〃	523,150	524,006	－	0.3
支払利子・地代算入生産費	〃	524,544	525,983	－	0.3
全　算　入　生　産　費	〃	531,513	533,596	－	0.4
生体100kg当たり全算入生産費	円	68,500	68,437	－	△ 0.1
1経営体当たり販売頭数	頭	120.5	121.4	－	0.7
1頭当たり投下労働時間	時間	15.37	15.76	－	2.5

7　交雑種肥育牛生産費

(1)　交雑種の牛を肥育し、販売する経営における平成30年度の肥育牛1頭当たり全算入生産費は82万9,119円で、前年度に比べ1.3%増加した。

(2)　生体100kg当たり全算入生産費は10万534円で、前年度に比べ1.5%増加した。

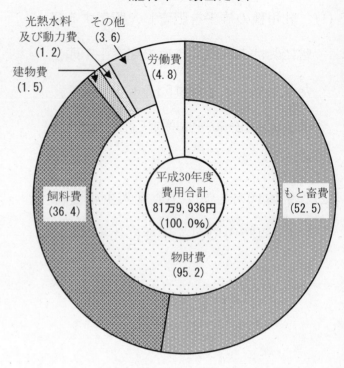

図9　主要費目の構成割合
（肥育牛1頭当たり）

表9　交　雑　種　肥　育　牛　生　産　費

区　　　　　　分	単位	平成29年度	30 実　数	30 構成割合	対前年度 増　減　率
肥　育　牛　1　頭　当　た　り				%	%
物　　　　　　財　　　　　　費	円	767,256	780,187	95.2	1.7
うち　も　　　と　　　畜　　　費	〃	416,488	430,702	52.5	3.4
飼　　　　料　　　　費	〃	298,304	298,560	36.4	0.1
建　　　　物　　　　費	〃	13,980	12,382	1.5	△　11.4
光　熱　水　料　及　び　動　力　費	〃	9,788	9,807	1.2	0.2
労　　　　　　働　　　　　　費	〃	39,235	39,749	4.8	1.3
費　　　用　　　合　　　計	〃	806,491	819,936	100.0	1.7
生　産　費（副産物価額差引）	〃	800,730	813,250	－	1.6
支　払　利　子・地　代　算　入　生　産　費	〃	804,882	819,596	－	1.8
全　　算　　入　　生　　産　　費	〃	818,456	829,119	－	1.3
生体100kg当たり全算入生産費	円	99,014	100,534	－	1.5
1　経　営　体　当　た　り　販　売　頭　数	頭	83.5	94.7	－	13.4
1　頭　当　た　り　投　下　労　働　時　間	時間	25.16	24.81	－	△　1.4

8　肥育豚生産費

（1）　平成30年度の肥育豚1頭当たり
　　全算入生産費は3万2,943円で、
　　前年度に比べ0.6％増加した。

（2）　生体100kg当たり全算入生産費
　　は2万8,947円で、前年度に比べ
　　0.9％増加した。

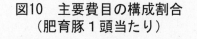

図10　主要費目の構成割合
（肥育豚1頭当たり）

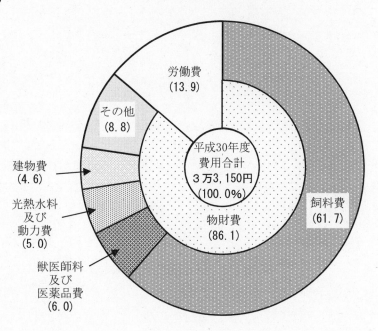

表10　肥　育　豚　生　産　費

区　　　　分	単位	平成29年度	30		対前年度増減率
			実　　数	構成割合	
肥　育　豚　1　頭　当　た　り				％	％
物　　　　　財　　　　　費	円	28,619	28,540	86.1	△　0.3
うち　飼　　　料　　　費	〃	20,541	20,451	61.7	△　0.4
獣医師料及び医薬品費	〃	2,116	1,992	6.0	△　5.9
光　熱　水　料　及　び　動　力　費	〃	1,592	1,661	5.0	4.3
建　　　物　　　費	〃	1,392	1,510	4.6	8.5
労　　　　　働　　　　　費	〃	4,265	4,610	13.9	8.1
費　　　用　　　合　　　計	〃	32,884	33,150	100.0	0.8
生産費（副産物価額差引）	〃	32,001	32,187	－	0.6
支払利子・地代算入生産費	〃	32,081	32,270	－	0.6
全　算　入　生　産　費	〃	32,760	32,943	－	0.6
生体100kg当たり全算入生産費	円	28,698	28,947	－	0.9
1経営体当たり販売頭数	頭	1,580.8	1,399.0	－	△　11.5
1頭当たり投下労働時間	時間	2.71	2.91	－	7.4

II　統　計　表

1　牛　乳　生　産　費

1 牛乳生産費

(1) 経営の概況（1経営体当たり）

区　　　　　分	集　計 経営体数	世　帯　員			農　業　就　業　者			経	耕
		計	男	女	計	男	女	計	小　計
	(1) 経営体	(2) 人	(3) 人	(4) 人	(5) 人	(6) 人	(7) 人	(8) a	(9) a
全　　　　　国　(1)	417	4.6	2.3	2.3	2.5	1.5	1.0	4,167	2,920
1 ～ 20頭未満　(2)	53	3.6	1.8	1.8	1.8	1.1	0.7	955	621
20 ～ 30　(3)	47	3.9	1.8	2.1	2.2	1.3	0.9	1,610	1,134
30 ～ 50　(4)	115	4.5	2.4	2.1	2.6	1.6	1.0	2,936	2,016
50 ～ 80　(5)	104	4.7	2.4	2.3	2.7	1.6	1.1	6,387	4,101
80 ～ 100　(6)	53	5.5	2.8	2.7	2.9	1.8	1.1	6,567	4,917
100頭以上　(7)	45	5.8	2.7	3.1	3.1	1.9	1.2	9,190	6,989
北　　海　　道　(8)	224	4.7	2.4	2.3	2.8	1.7	1.1	9,006	6,225
1 ～ 20頭未満　(9)	9	3.8	2.3	1.5	2.2	1.6	0.6	2,741	2,080
20 ～ 30　(10)	13	3.6	1.8	1.8	2.4	1.3	1.1	5,859	3,802
30 ～ 50　(11)	58	4.0	2.1	1.9	2.4	1.5	0.9	6,111	3,999
50 ～ 80　(12)	73	4.6	2.4	2.2	2.7	1.6	1.1	9,603	6,002
80 ～ 100　(13)	38	5.0	2.6	2.4	2.8	1.7	1.1	9,920	7,462
100頭以上　(14)	33	6.1	2.9	3.2	3.2	2.0	1.2	12,663	9,547
都　　府　　県　(15)	193	4.4	2.2	2.2	2.3	1.4	0.9	1,043	787
1 ～ 20頭未満　(16)	44	3.6	1.8	1.8	1.8	1.1	0.7	758	459
20 ～ 30　(17)	34	3.9	1.8	2.1	2.1	1.3	0.8	922	701
30 ～ 50　(18)	57	4.8	2.6	2.2	2.6	1.6	1.0	1,064	846
50 ～ 80　(19)	31	4.9	2.5	2.4	2.8	1.7	1.1	1,547	1,237
80 ～ 100　(20)	15	6.2	3.0	3.2	3.0	1.9	1.1	1,003	691
100頭以上　(21)	12	5.4	2.3	3.1	2.7	1.6	1.1	1,553	1,365
東　　　　　北　(22)	45	4.8	2.4	2.4	2.4	1.4	1.0	1,956	1,323
北　　　　　陸　(23)	5	4.9	2.5	2.4	2.2	1.4	0.8	601	474
関　東　・　東　山　(24)	60	4.0	2.0	2.0	2.0	1.3	0.7	871	710
東　　　　　海　(25)	15	4.3	1.9	2.4	2.7	1.5	1.2	765	525
近　　　　　畿　(26)	11	4.1	2.0	2.1	2.4	1.5	0.9	641	366
中　　　　　国　(27)	14	5.0	2.3	2.7	2.5	1.6	0.9	524	400
四　　　　　国　(28)	5	5.3	2.8	2.5	2.0	1.3	0.7	763	623
九　　　　　州　(29)	38	4.7	2.3	2.4	2.7	1.5	1.2	921	764

営			土		地		山 林	
地			畜 産 用 地				その他	
田	畑	牧 草 地	小 計	畜 舎 等	放 牧 地	採 草 地		
(10)	(11)	(12)	(13)	(14)	(15)	(16)	(17)	
a	a	a	a	a	a	a	a	
156	369	2,395	330	75	246	9	917	(1)
261	142	218	40	14	20	6	294	(2)
260	252	622	154	54	100	-	322	(3)
116	298	1,602	408	45	344	19	512	(4)
107	384	3,610	580	95	481	4	1,706	(5)
174	493	4,250	520	130	357	33	1,130	(6)
47	864	6,078	322	185	137	-	1,879	(7)
37	568	5,620	767	136	624	7	2,014	(8)
303	640	1,137	176	29	147	-	485	(9)
135	763	2,904	774	56	718	-	1,283	(10)
12	368	3,619	1,003	76	927	-	1,109	(11)
8	416	5,578	934	127	801	6	2,667	(12)
70	690	6,702	797	174	571	52	1,661	(13)
7	856	8,684	430	231	199	-	2,686	(14)
235	241	311	48	36	2	10	208	(15)
256	87	116	26	13	6	7	273	(16)
280	169	252	54	54	-	-	167	(17)
177	256	413	57	27	-	30	161	(18)
257	335	645	52	48	-	4	258	(19)
348	166	177	61	58	3	-	251	(20)
135	881	349	84	84	-	-	104	(21)
419	219	685	42	39	3	-	591	(22)
199	12	263	32	32	-	-	95	(23)
158	427	125	34	29	-	5	127	(24)
80	92	353	63	40	23	-	177	(25)
314	25	27	30	30	-	-	245	(26)
177	201	22	22	22	-	-	102	(27)
170	231	222	58	15	-	43	82	(28)
232	58	474	91	42	-	49	66	(29)

1 牛乳生産費（続き）
(1) 経営の概況（1経営体当たり）（続き）

区　　　　　分	家畜の飼養状況（調査開始時）		建　物　・　設　備　の　所　有　状　況　（　1　経　営　体　当　た　り　）				
	搾乳牛	育成牛	畜　舎	納屋・倉　庫	乾牧草収納庫	サイロ	ふん尿貯留槽
	(18)　頭	(19)　頭	(20)　m²	(21)　m²	(22)　m²	(23)　m³	(24)　基
全　　　　　　国 (1)	56.5	30.2	1,146.0	273.9	81.9	252.4	4.4
1 ～ 20頭未満 (2)	13.0	4.7	305.7	102.5	10.7	31.6	0.3
20 ～ 30 (3)	26.3	8.4	955.1	224.8	23.8	79.8	0.4
30 ～ 50 (4)	39.7	19.2	793.3	223.9	76.7	168.0	4.3
50 ～ 80 (5)	60.9	35.0	1,194.1	336.9	147.2	313.5	0.8
80 ～ 100 (6)	87.1	41.7	1,569.4	420.6	142.7	495.0	1.2
100頭以上 (7)	158.9	95.7	2,933.7	502.0	126.5	691.8	20.9
北　　海　　道 (8)	79.7	49.6	1,373.4	474.9	173.8	525.1	1.3
1 ～ 20頭未満 (9)	15.7	7.9	219.4	227.5	18.4	26.4	0.5
20 ～ 30 (10)	28.0	13.4	619.5	435.7	119.4	225.9	0.5
30 ～ 50 (11)	41.6	21.8	626.3	370.4	153.8	282.9	1.5
50 ～ 80 (12)	61.9	37.8	1,137.0	437.4	232.3	450.8	1.1
80 ～ 100 (13)	85.1	46.0	1,511.0	589.0	220.6	744.5	1.3
100頭以上 (14)	161.7	109.7	2,752.5	638.9	142.3	932.8	1.6
都　　府　　県 (15)	41.6	17.6	999.0	144.1	22.5	76.1	6.4
1 ～ 20頭未満 (16)	12.7	4.3	315.3	88.6	9.9	32.2	0.3
20 ～ 30 (17)	26.1	7.6	1,009.5	190.6	8.4	56.1	0.4
30 ～ 50 (18)	38.7	17.7	891.6	137.7	31.3	100.3	6.0
50 ～ 80 (19)	59.4	31.0	1,280.0	185.5	19.1	106.9	0.4
80 ～ 100 (20)	90.6	34.6	1,666.5	141.1	13.5	80.7	1.1
100頭以上 (21)	152.8	65.1	3,332.0	201.2	91.7	162.0	63.3
東　　　　　　北 (22)	29.8	12.9	572.1	85.9	22.1	44.3	0.8
北　　　　　　陸 (23)	28.5	9.4	753.2	86.5	3.2	14.0	1.4
関　東　・　東　山 (24)	40.8	16.9	814.3	138.0	8.9	98.5	11.8
東　　　　　　海 (25)	70.6	22.1	1,452.7	114.2	60.8	59.0	0.4
近　　　　　　畿 (26)	35.9	17.7	608.4	239.7	6.5	77.8	0.7
中　　　　　　国 (27)	37.0	18.3	2,053.0	218.3	3.0	56.6	0.4
四　　　　　　国 (28)	・ 34.2	19.3	505.2	327.0	－	9.8	0.5
九　　　　　　州 (29)	48.7	23.2	1,256.8	162.5	15.7	120.2	10.0

| 貨物自動車 | ミルカー | | バルククーラー | 牛乳冷却機(バルククーラーを除く。) | バーンクリーナー | トラクター | は種機 | |
	バケット	パイプライン						
(25)	(26)	(27)	(28)	(29)	(30)	(31)	(32)	
台	台	台	台	台	台	台	台	
25.1	2.6	10.9	10.3	0.6	9.7	34.4	1.9	(1)
21.0	4.4	6.5	9.4	0.7	4.6	21.9	1.0	(2)
23.8	2.5	9.0	9.4	0.4	9.0	30.6	1.9	(3)
25.8	1.3	11.6	11.0	0.5	11.2	33.7	2.9	(4)
26.8	2.5	12.1	10.1	0.4	13.4	39.8	1.2	(5)
28.0	1.5	11.3	9.2	1.0	9.7	44.1	1.5	(6)
27.2	3.1	16.1	11.8	1.1	9.5	44.9	2.8	(7)
20.5	2.2	13.7	10.9	0.2	13.4	44.8	0.9	(8)
17.4	4.1	9.6	9.6	1.1	3.3	37.8	1.1	(9)
19.2	3.8	11.5	9.2	-	10.8	38.5	1.0	(10)
16.9	1.5	12.3	10.1	-	14.6	38.8	0.8	(11)
19.7	1.7	13.3	10.6	0.3	15.0	43.7	0.5	(12)
23.9	0.8	13.2	10.7	0.7	14.4	51.3	2.0	(13)
24.7	3.5	17.0	12.7	-	12.5	52.2	0.9	(14)
28.0	2.8	9.2	9.9	0.9	7.3	27.6	2.6	(15)
21.4	4.4	6.2	9.4	0.6	4.7	20.1	1.0	(16)
24.5	2.3	8.5	9.4	0.5	8.7	29.4	2.0	(17)
31.0	1.2	11.2	11.5	0.8	9.2	30.6	4.1	(18)
37.3	3.7	10.4	9.5	0.5	11.0	34.0	2.4	(19)
34.6	2.6	8.2	6.8	1.4	1.9	32.1	0.6	(20)
32.5	2.0	14.0	9.7	3.6	2.9	28.8	7.1	(21)
23.1	1.7	6.9	10.1	0.2	8.1	30.9	1.4	(22)
31.1	3.8	6.0	6.0	-	6.2	32.3	-	(23)
29.2	3.4	9.9	9.7	1.0	8.6	26.0	3.4	(24)
31.1	0.5	11.6	10.9	2.1	9.3	11.7	1.1	(25)
20.4	0.6	11.1	7.5	2.0	8.4	22.6	2.1	(26)
26.4	7.1	9.7	11.4	0.4	9.6	31.0	0.9	(27)
33.7	3.2	5.5	11.0	-	1.9	42.5	5.0	(28)
30.7	3.9	9.9	9.2	0.8	2.8	29.2	4.0	(29)

自動車・農機具の所有状況（10経営体当たり）

1 牛乳生産費（続き）
(1) 経営の概況（１経営体当たり）（続き）

区　　　　分	自動車・農機具の所有状況（ 10 経営体当たり ）							
	マニュア スプレッダー	プ ラ ウ	ハ ロ ー	モ ア ー	集 草 機	カッター	ベーラー	その他の 牧　草 収穫機
	(33) 台	(34) 台	(35) 台	(36) 台	(37) 台	(38) 台	(39) 台	(40) 台
全　　　　　国　(1)	7.8	4.5	6.1	11.7	11.4	1.7	8.3	7.7
1 〜 20頭未満　(2)	5.1	3.1	4.8	9.2	6.9	2.5	6.2	4.0
20 〜 30　(3)	7.9	3.1	4.6	9.8	8.2	0.7	7.1	7.0
30 〜 50　(4)	7.9	5.1	6.4	11.8	11.8	2.4	9.4	9.4
50 〜 80　(5)	8.0	6.1	6.2	13.5	16.0	1.1	9.6	8.4
80 〜 100　(6)	9.4	6.3	7.8	14.3	14.5	2.2	10.8	7.9
100頭以上　(7)	10.6	3.8	8.2	13.3	12.0	1.1	7.6	9.4
北　　海　　道　(8)	10.4	6.0	9.7	15.4	19.4	0.7	11.6	9.8
1 〜 20頭未満　(9)	7.5	6.7	11.3	15.2	17.8	1.1	9.3	5.6
20 〜 30　(10)	12.3	7.7	6.9	13.1	17.7	−	13.8	8.5
30 〜 50　(11)	10.6	5.8	11.6	14.6	20.1	0.7	12.2	11.6
50 〜 80　(12)	9.2	7.2	7.6	15.1	22.3	0.8	12.3	10.2
80 〜 100　(13)	11.9	8.4	11.4	20.2	20.7	1.1	15.0	9.2
100頭以上　(14)	11.6	3.2	9.9	15.2	15.0	0.3	8.7	8.9
都　　府　　県　(15)	6.1	3.6	3.8	9.4	6.2	2.4	6.2	6.3
1 〜 20頭未満　(16)	4.9	2.7	4.0	8.6	5.7	2.7	5.8	3.8
20 〜 30　(17)	7.2	2.3	4.2	9.3	6.7	0.8	6.0	6.8
30 〜 50　(18)	6.3	4.6	3.3	10.2	6.9	3.4	7.7	8.1
50 〜 80　(19)	6.2	4.5	4.2	11.0	6.5	1.5	5.6	5.6
80 〜 100　(20)	5.3	2.8	1.7	4.4	4.3	3.9	3.8	5.8
100頭以上　(21)	8.4	5.2	4.5	9.2	5.3	2.9	5.3	10.5
東　　　　　北　(22)	9.3	4.8	5.9	12.4	11.3	1.7	9.3	7.1
北　　　　　陸　(23)	4.9	3.0	6.0	7.0	6.7	−	5.8	−
関　東　・　東　山　(24)	4.8	4.4	3.6	7.6	5.4	1.3	4.8	7.1
東　　　　　海　(25)	1.0	1.0	1.3	3.6	0.3	2.0	0.5	2.1
近　　　　　畿　(26)	4.9	−	1.6	5.6	0.6	2.7	8.9	4.3
中　　　　　国　(27)	10.1	2.3	2.9	8.7	2.5	2.0	4.3	6.6
四　　　　　国　(28)	4.2	3.6	1.9	7.4	4.2	4.5	11.1	1.9
九　　　　　州　(29)	6.0	3.6	3.9	13.0	7.8	4.6	7.1	7.3

（続き）搬送・吹上機	トレーラー	運搬用機具	搾乳牛飼養頭数（1経営体当たり通年換算頭数）	搾乳牛の成畜時評価額（関係頭数1頭当たり）	
(41)	(42)	(43)	(44)	(45)	
台	台	台	頭	円	
1.1	2.7	5.7	56.4	661,629	(1)
0.3	1.2	3.8	12.5	558,675	(2)
1.1	2.3	7.0	25.1	586,335	(3)
1.4	2.2	5.7	39.1	621,832	(4)
1.4	2.9	6.1	61.5	647,167	(5)
2.6	4.1	4.1	88.8	641,631	(6)
0.6	5.1	7.0	159.9	713,973	(7)
1.7	4.4	4.4	80.1	704,706	(8)
1.1	-	4.4	15.2	678,192	(9)
5.4	1.5	3.8	26.3	614,053	(10)
2.0	2.8	5.6	40.9	681,517	(11)
1.3	4.5	5.2	62.6	683,450	(12)
3.3	5.7	4.7	87.3	701,542	(13)
0.8	6.8	2.1	162.6	724,193	(14)
0.7	1.6	6.5	41.2	606,428	(15)
0.2	1.3	3.7	12.2	541,515	(16)
0.4	2.5	7.5	24.9	581,586	(17)
1.0	1.8	5.8	38.0	584,259	(18)
1.6	0.5	7.6	59.8	590,190	(19)
1.3	1.6	2.9	91.2	549,338	(20)
-	1.3	17.6	154.0	689,304	(21)
0.5	2.0	3.9	29.5	613,631	(22)
-	3.0	8.2	27.1	588,407	(23)
0.5	1.8	6.0	40.2	598,752	(24)
0.9	-	11.7	69.8	744,401	(25)
0.5	3.1	16.5	34.1	447,598	(26)
2.1	0.5	8.6	38.5	424,870	(27)
-	-	2.7	34.7	536,380	(28)
1.0	1.4	4.2	48.0	630,353	(29)

1 牛乳生産費（続き）
(2) 生産物（搾乳牛1頭当たり）

区　　　　分	生					乳			
	実　　搾　　乳　　量					乳脂肪生産量	乳脂肪分	無脂乳固形分	乳脂肪分3.5％換算乳量
	計	出荷量	小売量	子牛給与量	家計消費量				
	(1) kg	(2) kg	(3) kg	(4) kg	(5) kg	(6) kg	(7) %	(8) %	(9) kg
全　　　　　　国 (1)	8,683	8,641	0	36	6	339	3.91	8.73	9,696
1 ～ 20頭未満 (2)	7,593	7,472	0	63	58	299	3.94	8.72	8,547
20 ～ 30 (3)	7,989	7,959	－	22	8	309	3.87	8.73	8,839
30 ～ 50 (4)	8,429	8,395	0	30	4	328	3.90	8.76	9,385
50 ～ 80 (5)	8,646	8,606	－	36	4	339	3.92	8.74	9,683
80 ～ 100 (6)	8,558	8,530	－	25	3	336	3.93	8.80	9,602
100頭以上 (7)	9,078	9,037	－	40	1	354	3.90	8.68	10,127
北　　海　　道 (8)	8,507	8,457	0	46	4	338	3.98	8.72	9,669
1 ～ 20頭未満 (9)	6,599	6,536	1	44	18	255	3.87	8.71	7,292
20 ～ 30 (10)	6,837	6,779	－	43	15	272	3.98	8.65	7,781
30 ～ 50 (11)	7,976	7,929	－	40	7	316	3.97	8.70	9,042
50 ～ 80 (12)	8,344	8,288	－	51	5	330	3.95	8.72	9,428
80 ～ 100 (13)	8,315	8,286	－	26	3	332	3.99	8.81	9,489
100頭以上 (14)	8,852	8,801	－	49	2	353	3.99	8.71	10,092
都　　府　　県 (15)	8,906	8,874	0	24	8	341	3.82	8.73	9,730
1 ～ 20頭未満 (16)	7,731	7,601	0	66	64	305	3.95	8.72	8,721
20 ～ 30 (17)	8,186	8,161	－	18	7	316	3.86	8.74	9,021
30 ～ 50 (18)	8,716	8,690	0	23	3	336	3.86	8.80	9,601
50 ～ 80 (19)	9,123	9,107	－	13	3	353	3.87	8.78	10,086
80 ～ 100 (20)	8,944	8,918	－	24	2	342	3.83	8.78	9,782
100頭以上 (21)	9,603	9,583	－	20	0	357	3.72	8.63	10,207
東　　　　　　北 (22)	8,256	8,224	0	24	8	321	3.88	8.70	9,161
北　　　　　　陸 (23)	8,754	8,738	－	9	7	344	3.93	8.90	9,836
関　東　・　東　山 (24)	8,912	8,855	0	39	18	340	3.82	8.74	9,714
東　　　　　　海 (25)	9,511	9,473	－	34	4	362	3.81	8.78	10,345
近　　　　　　畿 (26)	8,743	8,727	－	14	2	335	3.83	8.82	9,578
中　　　　　　国 (27)	10,067	10,030	－	34	3	359	3.57	8.15	10,263
四　　　　　　国 (28)	8,289	8,273	－	11	5	320	3.86	8.73	9,137
九　　　　　　州 (29)	8,564	8,553	－	10	1	334	3.90	8.79	9,535

価　額	計	副　産　物							参　考		
		子　牛				きゅう肥			3.5%換算乳量100kg当たり乳価	乳飼比	
		頭　数	雌	価　額	搬出量		利用量	価　額（利用分）			
(10)　円	(11)　円	(12)　頭	(13)　頭	(14)　円	(15)　kg		(16)　kg	(17)　円	(18)　円	(19)　%	
895,672	181,622	0.90	0.48	164,028	16,938		11,106	17,594	9,237	36.5	(1)
828,699	170,197	0.77	0.39	137,518	16,062		9,675	32,679	9,695	45.3	(2)
870,537	169,992	0.76	0.37	150,329	16,051		10,026	19,663	9,848	43.9	(3)
892,235	174,944	0.86	0.45	154,701	15,685		10,837	20,243	9,508	37.7	(4)
881,981	182,758	0.90	0.48	163,413	15,867		11,269	19,345	9,109	34.0	(5)
880,520	189,379	0.95	0.50	171,753	16,906		11,367	17,626	9,170	39.3	(6)
920,224	185,043	0.96	0.52	171,665	18,351		11,393	13,378	9,087	34.7	(7)
818,714	190,597	0.96	0.51	169,341	16,927		13,886	21,256	8,467	30.2	(8)
617,133	243,915	0.90	0.50	177,853	16,360		16,360	66,062	8,464	32.7	(9)
657,328	189,719	0.84	0.43	153,912	14,331		13,992	35,807	8,448	24.7	(10)
763,359	198,640	0.91	0.46	169,595	14,761		13,256	29,045	8,442	28.9	(11)
800,831	194,230	0.96	0.50	168,629	15,201		14,032	25,601	8,494	27.9	(12)
799,334	196,038	0.96	0.49	172,051	16,670		14,858	23,987	8,424	30.5	(13)
854,813	184,539	0.99	0.53	169,336	18,474		13,700	15,203	8,470	31.5	(14)
992,489	170,329	0.84	0.46	157,343	16,953		7,609	12,986	10,200	43.1	(15)
857,922	160,015	0.75	0.38	131,946	16,022		8,752	28,069	9,838	46.5	(16)
907,007	166,617	0.75	0.36	149,716	16,345		9,347	16,901	10,055	46.3	(17)
973,919	159,925	0.82	0.44	145,261	16,269		9,303	14,664	10,144	42.1	(18)
1,009,965	164,662	0.81	0.45	155,186	16,915		6,910	9,476	10,014	41.7	(19)
1,009,611	178,790	0.90	0.49	171,278	17,280		5,815	7,512	10,321	50.3	(20)
1,072,116	186,214	0.88	0.50	177,073	18,065		6,035	9,141	10,503	40.7	(21)
873,348	141,230	0.79	0.43	120,782	15,748		9,907	20,448	9,533	41.5	(22)
1,059,992	129,813	0.73	0.35	109,182	15,193		12,130	20,631	10,777	53.0	(23)
1,011,121	187,012	0.85	0.44	174,173	16,811		7,945	12,839	10,409	42.1	(24)
1,071,395	195,103	0.84	0.50	187,577	17,482		6,939	7,526	10,357	45.6	(25)
1,036,483	142,242	0.73	0.41	128,713	14,994		5,081	13,529	10,821	45.9	(26)
1,070,563	169,353	0.85	0.47	158,612	20,960		5,623	10,741	10,431	48.2	(27)
936,322	139,850	0.68	0.40	131,135	17,446		11,254	8,715	10,248	38.6	(28)
936,672	154,321	0.82	0.43	142,303	16,895		8,192	12,018	9,823	39.4	(29)

1 牛乳生産費（続き）

(3) 作業別労働時間（搾乳牛1頭当たり）

区　　　　分	合　計	男	女	直接 計	飼　　育 飼料の調理・給与・給水 小　計	飼　　育 飼料の調理・給与・給水 男	飼　　育 飼料の調理・給与・給水 女
	(1)	(2)	(3)	(4)	(5)	(6)	(7)
全　　　　国 (1)	101.48	71.34	30.14	94.93	21.54	15.22	6.32
1 ～ 20頭未満 (2)	198.94	150.32	48.62	184.52	46.95	32.96	13.99
20 ～ 30 (3)	151.76	110.86	40.90	141.77	36.84	22.03	14.81
30 ～ 50 (4)	131.09	95.96	35.13	122.15	30.58	21.76	8.82
50 ～ 80 (5)	105.77	74.08	31.69	98.08	23.69	17.28	6.41
80 ～ 100 (6)	84.93	60.71	24.22	79.29	16.21	12.85	3.36
100頭以上 (7)	71.30	46.51	24.79	67.64	12.41	8.66	3.75
北　　海　　道 (8)	87.35	60.81	26.54	81.87	16.56	12.23	4.33
1 ～ 20頭未満 (9)	193.49	171.52	21.97	181.92	39.83	31.08	8.75
20 ～ 30 (10)	161.72	117.29	44.43	147.40	34.51	24.60	9.91
30 ～ 50 (11)	125.17	88.54	36.63	116.96	27.25	20.12	7.13
50 ～ 80 (12)	104.48	71.40	33.08	97.40	20.43	14.61	5.82
80 ～ 100 (13)	87.35	61.43	25.92	81.09	16.40	12.52	3.88
100頭以上 (14)	64.95	44.52	20.43	61.52	10.98	8.25	2.73
都　　府　　県 (15)	119.25	84.59	34.66	111.35	27.79	18.97	8.82
1 ～ 20頭未満 (16)	199.69	147.38	52.31	184.88	47.94	33.22	14.72
20 ～ 30 (17)	150.03	109.74	40.29	140.79	37.23	21.59	15.64
30 ～ 50 (18)	134.87	100.66	34.21	125.48	32.71	22.81	9.90
50 ～ 80 (19)	107.78	78.28	29.50	99.13	28.84	21.48	7.36
80 ～ 100 (20)	81.07	59.60	21.47	76.41	15.91	13.37	2.54
100頭以上 (21)	86.10	51.15	34.95	81.90	15.72	9.61	6.11
東　　　　北 (22)	127.85	95.32	32.53	116.71	33.32	22.92	10.40
北　　　　陸 (23)	141.80	115.46	26.34	134.52	39.67	32.00	7.67
関 東 ・ 東 山 (24)	115.40	89.89	25.51	107.70	27.22	20.34	6.88
東　　　　海 (25)	106.74	59.14	47.60	103.66	19.84	10.60	9.24
近　　　　畿 (26)	123.27	98.46	24.81	116.29	26.26	21.37	4.89
中　　　　国 (27)	123.49	84.43	39.06	117.80	24.71	16.77	7.94
四　　　　国 (28)	136.14	101.94	34.20	112.20	29.70	26.21	3.49
九　　　　州 (29)	122.42	82.10	40.32	112.06	29.76	18.61	11.15

単位：時間

労　　働　　時　　間						その他			
労　働　時　間									
敷料の搬入・きゅう肥の搬出			搾乳及び牛乳処理・運搬			小　計	男	女	
小　計	男	女	小　計	男	女				
(8)	(9)	(10)	(11)	(12)	(13)	(14)	(15)	(16)	
11.03	8.47	2.56	48.52	31.59	16.93	13.84	10.14	3.70	(1)
28.90	22.65	6.25	83.85	61.65	22.20	24.82	20.20	4.62	(2)
16.25	11.69	4.56	66.21	50.22	15.99	22.47	17.89	4.58	(3)
13.53	10.49	3.04	60.13	42.25	17.88	17.91	13.36	4.55	(4)
11.11	7.82	3.29	48.52	31.82	16.70	14.76	10.16	4.60	(5)
9.32	7.71	1.61	41.11	25.37	15.74	12.65	9.56	3.09	(6)
7.48	6.04	1.44	38.51	22.04	16.47	9.24	6.52	2.72	(7)
9.88	7.46	2.42	44.37	28.35	16.02	11.06	7.69	3.37	(8)
29.77	25.40	4.37	90.17	83.44	6.73	22.15	20.16	1.99	(9)
18.13	13.68	4.45	75.16	52.66	22.50	19.60	12.95	6.65	(10)
13.79	10.45	3.34	61.74	40.23	21.51	14.18	10.18	4.00	(11)
11.86	7.99	3.87	51.25	33.03	18.22	13.86	9.18	4.68	(12)
9.55	7.22	2.33	44.74	27.72	17.02	10.40	7.94	2.46	(13)
7.32	5.95	1.37	34.65	21.34	13.31	8.57	5.87	2.70	(14)
12.49	9.75	2.74	53.74	35.67	18.07	17.33	13.22	4.11	(15)
28.78	22.27	6.51	82.97	58.64	24.33	25.19	20.20	4.99	(16)
15.93	11.35	4.58	64.67	49.80	14.87	22.96	18.73	4.23	(17)
13.38	10.51	2.87	59.11	43.52	15.59	20.28	15.38	4.90	(18)
9.90	7.53	2.37	44.18	29.90	14.28	16.21	11.71	4.50	(19)
8.95	8.50	0.45	35.32	21.63	13.69	16.23	12.16	4.07	(20)
7.88	6.25	1.63	47.49	23.65	23.84	10.81	8.04	2.77	(21)
15.14	12.40	2.74	52.83	37.94	14.89	15.42	12.22	3.20	(22)
17.31	10.24	7.07	54.53	47.11	7.42	23.01	18.83	4.18	(23)
11.29	9.61	1.68	50.80	39.12	11.68	18.39	13.94	4.45	(24)
10.04	6.85	3.19	61.56	30.68	30.88	12.22	8.38	3.84	(25)
10.67	9.09	1.58	55.81	41.33	14.48	23.55	20.45	3.10	(26)
14.72	12.01	2.71	54.95	33.08	21.87	23.42	17.24	6.18	(27)
13.29	10.85	2.44	61.82	38.49	23.33	7.39	6.13	1.26	(28)
11.38	7.68	3.70	52.66	32.66	20.00	18.26	13.90	4.36	(29)

1 牛乳生産費（続き）
(3) 作業別労働時間（搾乳牛1頭当たり）（続き）

単位：時間

区　　　分	間接労働時間		家　族　・　雇　用　別　内　訳					
		自給牧草に係る労働時間	家　　　族			雇　　　用		
			計	男	女	計	男	女
	(17)	(18)	(19)	(20)	(21)	(22)	(23)	(24)
全　　　　　　　国	6.55	4.71	80.16	55.74	24.42	21.32	15.60	5.72
1 ～ 20頭未満	14.42	10.35	187.66	140.80	46.86	11.28	9.52	1.76
20 ～ 30	9.99	7.58	138.52	99.08	39.44	13.24	11.78	1.46
30 ～ 50	8.94	6.79	114.74	81.44	33.30	16.35	14.52	1.83
50 ～ 80	7.69	5.75	88.66	60.32	28.34	17.11	13.76	3.35
80 ～ 100	5.64	4.11	67.09	46.71	20.38	17.84	14.00	3.84
100頭以上	3.66	2.28	42.13	27.70	14.43	29.17	18.81	10.36
北　　海　　道	5.48	3.95	70.33	48.19	22.14	17.02	12.62	4.40
1 ～ 20頭未満	11.57	8.79	190.87	168.90	21.97	2.62	2.62	－
20 ～ 30	14.32	10.29	157.81	113.38	44.43	3.91	3.91	－
30 ～ 50	8.21	6.07	116.71	80.95	35.76	8.46	7.59	0.87
50 ～ 80	7.08	5.37	92.51	62.55	29.96	11.97	8.85	3.12
80 ～ 100	6.26	4.76	70.87	49.75	21.12	16.48	11.68	4.80
100頭以上	3.43	2.24	42.49	28.10	14.39	22.46	16.42	6.04
都　　府　　県	7.90	5.67	92.51	65.22	27.29	26.74	19.37	7.37
1 ～ 20頭未満	14.81	10.56	187.21	136.91	50.30	12.48	10.47	2.01
20 ～ 30	9.24	7.13	135.22	96.63	38.59	14.81	13.11	1.70
30 ～ 50	9.39	7.26	113.50	81.75	31.75	21.37	18.91	2.46
50 ～ 80	8.65	6.35	82.57	56.79	25.78	25.21	21.49	3.72
80 ～ 100	4.66	3.04	61.10	41.90	19.20	19.97	17.70	2.27
100頭以上	4.20	2.36	41.32	26.78	14.54	44.78	24.37	20.41
東　　　　　　北	11.14	9.28	112.25	81.45	30.80	15.60	13.87	1.73
北　　　　　　陸	7.28	4.21	90.55	72.89	17.66	51.25	42.57	8.68
関　東　・　東　山	7.70	5.67	85.87	63.22	22.65	29.53	26.67	2.86
東　　　　　　海	3.08	1.00	67.45	42.17	25.28	39.29	16.97	22.32
近　　　　　　畿	6.98	5.51	100.23	75.47	24.76	23.04	22.99	0.05
中　　　　　　国	5.69	3.62	105.85	72.35	33.50	17.64	12.08	5.56
四　　　　　　国	23.94	18.17	110.77	76.57	34.20	25.37	25.37	－
九　　　　　　州	10.36	7.74	99.74	66.68	33.06	22.68	15.42	7.26

1 牛乳生産費（続き）
(4) 収益性
ア 搾乳牛1頭当たり

区　　　　　分	粗　　収　　益			生　　　産　　　費	
	計	生　乳	副産物	生産費総額	生産費総額から家族労働費、自己資本利子、自作地地代を控除した額
	(1)	(2)	(3)	(4)	(5)
全　　　　　　国　(1)	1,077,294	895,672	181,622	964,057	786,069
1 ～ 20頭未満　(2)	998,896	828,699	170,197	1,080,274	745,520
20 ～ 30　(3)	1,040,529	870,537	169,992	1,032,104	767,450
30 ～ 50　(4)	1,067,179	892,235	174,944	994,893	760,381
50 ～ 80　(5)	1,064,739	881,981	182,758	951,368	753,907
80 ～ 100　(6)	1,069,899	880,520	189,379	967,646	805,339
100頭以上　(7)	1,105,267	920,224	185,043	933,032	818,328
北　　海　　道　(8)	1,009,311	818,714	190,597	914,226	740,585
1 ～ 20頭未満　(9)	861,048	617,133	243,915	1,056,951	657,808
20 ～ 30　(10)	847,047	657,328	189,719	943,375	599,204
30 ～ 50　(11)	961,999	763,359	198,640	943,225	684,536
50 ～ 80　(12)	995,061	800,831	194,230	920,495	702,682
80 ～ 100　(13)	995,372	799,334	196,038	920,086	739,326
100頭以上　(14)	1,039,352	854,813	184,539	898,817	779,731
都　　府　　県　(15)	1,162,818	992,489	170,329	1,026,755	843,296
1 ～ 20頭未満　(16)	1,017,937	857,922	160,015	1,083,498	757,637
20 ～ 30　(17)	1,073,624	907,007	166,617	1,047,280	796,229
30 ～ 50　(18)	1,133,844	973,919	159,925	1,027,633	808,446
50 ～ 80　(19)	1,174,627	1,009,965	164,662	1,000,065	834,702
80 ～ 100　(20)	1,188,401	1,009,611	178,790	1,043,270	910,302
100頭以上　(21)	1,258,330	1,072,116	186,214	1,012,462	907,926
東　　　　　北　(22)	1,014,578	873,348	141,230	972,731	766,853
北　　　　　陸　(23)	1,189,805	1,059,992	129,813	1,180,554	1,009,634
関　東　・　東　山　(24)	1,198,133	1,011,121	187,012	1,014,122	830,606
東　　　　　海　(25)	1,266,498	1,071,395	195,103	1,149,962	990,516
近　　　　　畿　(26)	1,178,725	1,036,483	142,242	1,021,697	804,699
中　　　　　国　(27)	1,239,916	1,070,563	169,353	1,087,642	901,268
四　　　　　国　(28)	1,076,172	936,322	139,850	892,479	699,885
九　　　　　州　(29)	1,090,993	936,672	154,321	962,202	784,400

イ　1日当たり

用 生産費総額から 家族労働費を 控除した額	所　得	家族労働報酬	所　得	家族労働報酬	
(6)	(7)	(8)	(1)	(2)	
824,601	291,225	252,693	29,064	25,219	(1)
775,863	253,376	223,033	10,801	9,508	(2)
800,300	273,079	240,229	15,771	13,874	(3)
796,573	306,798	270,606	21,391	18,867	(4)
795,442	310,832	269,297	28,047	24,299	(5)
847,414	264,560	222,485	31,547	26,530	(6)
857,089	286,939	248,178	54,486	47,126	(7)
786,110	268,726	223,201	30,567	25,389	(8)
710,899	203,240	150,149	8,518	6,293	(9)
663,777	247,843	183,270	12,564	9,291	(10)
731,010	277,463	230,989	19,019	15,833	(11)
752,427	292,379	242,634	25,284	20,982	(12)
790,784	256,046	204,588	28,903	23,094	(13)
820,848	259,621	218,504	48,881	41,140	(14)
873,031	319,522	289,787	27,631	25,060	(15)
784,838	260,300	233,099	11,123	9,961	(16)
823,653	277,395	249,971	16,411	14,789	(17)
838,120	325,398	295,724	22,936	20,844	(18)
863,289	339,925	311,338	32,934	30,165	(19)
937,461	278,099	250,940	36,412	32,856	(20)
941,222	350,404	317,108	67,842	61,396	(21)
797,502	247,725	217,076	17,655	15,471	(22)
1,039,046	180,171	150,759	15,918	13,319	(23)
861,850	367,527	336,283	34,240	31,329	(24)
1,019,212	275,982	247,286	32,733	29,330	(25)
826,359	374,026	352,366	29,853	28,125	(26)
924,846	338,648	315,070	25,595	23,813	(27)
726,099	376,287	350,073	27,176	25,283	(28)
813,939	306,593	277,054	24,591	22,222	(29)

1 牛乳生産費（続き）
（5） 生産費
ア 搾乳牛1頭当たり

区　　　　　分	物							
	計	種　付　料			飼　　料　　費			
		小　計	購　入	自　給	小　計	流　通　飼　料　費		牧草・放牧・採　草　費
							自　給	
	(1)	(2)	(3)	(4)	(5)	(6)	(7)	(8)
全　　　　　　国　(1)	749,211	14,929	14,929	–	402,009	329,466	2,460	72,543
1 ～ 20頭未満　(2)	716,336	13,081	13,081	–	438,242	377,827	2,476	60,415
20 ～ 30　(3)	736,498	14,633	14,633	–	441,943	383,986	1,826	57,957
30 ～ 50　(4)	729,038	16,514	16,514	–	413,244	338,440	2,033	74,804
50 ～ 80　(5)	721,531	16,273	16,273	–	394,381	302,583	2,426	91,798
80 ～ 100　(6)	772,702	16,457	16,457	–	430,461	347,565	1,894	82,896
100頭以上　(7)	773,612	13,318	13,318	–	383,878	322,336	2,909	61,542
北　　海　　道　(8)	706,982	13,014	13,014	–	348,342	250,000	3,137	98,342
1 ～ 20頭未満　(9)	630,359	10,052	10,052	–	285,931	203,984	2,432	81,947
20 ～ 30　(10)	581,011	10,951	10,951	–	282,986	165,403	3,013	117,583
30 ～ 50　(11)	661,016	13,276	13,276	–	340,493	223,550	2,893	116,943
50 ～ 80　(12)	674,918	14,013	14,013	–	347,865	226,967	3,458	120,898
80 ～ 100　(13)	705,548	15,054	15,054	–	365,528	245,407	1,835	120,121
100頭以上　(14)	740,145	12,117	12,117	–	349,958	272,624	3,350	77,334
都　　府　　県　(15)	802,347	17,339	17,339	–	469,526	429,438	1,607	40,088
1 ～ 20頭未満　(16)	728,212	13,500	13,500	–	459,279	401,839	2,482	57,440
20 ～ 30　(17)	763,093	15,263	15,263	–	469,134	421,376	1,623	47,758
30 ～ 50　(18)	772,144	18,566	18,566	–	459,352	411,259	1,488	48,093
50 ～ 80　(19)	795,051	19,835	19,835	–	467,746	421,841	799	45,905
80 ～ 100　(20)	879,475	18,688	18,688	–	533,705	509,998	1,990	23,707
100頭以上　(21)	851,306	16,106	16,106	–	462,635	437,765	1,886	24,870
東　　　　　北　(22)	736,660	17,644	17,644	–	431,965	364,292	2,141	67,673
北　　　　　陸　(23)	935,603	12,828	12,828	–	584,863	562,613	782	22,250
関　東　・　東　山　(24)	788,053	17,668	17,668	–	472,700	428,381	2,407	44,319
東　　　　　海　(25)	931,933	16,157	16,157	–	501,428	489,092	907	12,336
近　　　　　畿　(26)	765,776	11,104	11,104	–	493,554	477,245	1,104	16,309
中　　　　　国　(27)	865,263	14,144	14,144	–	552,008	519,427	3,246	32,581
四　　　　　国　(28)	665,174	11,927	11,927	–	409,669	362,457	922	47,212
九　　　　　州　(29)	750,871	21,462	21,462	–	423,344	369,262	459	54,082

単位：円

財			費							
敷 料 費			光 熱 水 料 及 び 動 力 費			そ の 他 の 諸 材 料 費			獣医師料 及 び 医薬品費	賃 借 料 及 び 料 金
小 計	購 入	自 給	小 計	購 入	自 給	小 計	購 入	自 給		
(9)	(10)	(11)	(12)	(13)	(14)	(15)	(16)	(17)	(18)	(19)
11,406	10,254	1,152	28,334	28,334	–	1,597	1,596	1	29,510	17,581	(1)
7,450	5,205	2,245	26,523	26,523	–	2,871	2,854	17	31,426	13,659	(2)
6,759	5,511	1,248	29,439	29,439	–	1,823	1,823	–	31,421	21,938	(3)
7,096	5,963	1,133	27,646	27,646	–	1,866	1,866	0	30,016	14,839	(4)
9,957	7,865	2,092	27,592	27,592	–	1,604	1,604	0	25,644	16,155	(5)
13,590	11,111	2,479	30,789	30,789	–	1,847	1,847	–	30,156	16,562	(6)
14,760	14,608	152	28,479	28,479	–	1,227	1,227	–	30,802	19,676	(7)
10,360	8,503	1,857	26,445	26,445	–	1,193	1,193	–	25,172	16,978	(8)
11,255	3,583	7,672	25,123	25,123	–	2,068	2,068	–	25,407	19,727	(9)
6,776	2,055	4,721	34,436	34,436	–	2,687	2,687	–	26,870	15,000	(10)
8,287	5,559	2,728	25,591	25,591	–	1,422	1,422	–	26,082	14,138	(11)
9,248	5,926	3,322	25,742	25,742	–	1,377	1,377	–	21,751	14,688	(12)
11,076	7,039	4,037	26,758	26,758	–	1,719	1,719	–	26,360	15,880	(13)
11,360	11,143	217	26,712	26,712	–	861	861	–	26,314	19,078	(14)
12,725	12,458	267	30,711	30,711	–	2,105	2,103	2	34,969	18,340	(15)
6,927	5,430	1,497	26,717	26,717	–	2,981	2,962	19	32,258	12,821	(16)
6,753	6,100	653	28,584	28,584	–	1,676	1,676	–	32,199	23,125	(17)
6,338	6,217	121	28,948	28,948	–	2,149	2,148	1	32,510	15,284	(18)
11,077	10,922	155	30,507	30,507	–	1,962	1,961	1	31,784	18,469	(19)
17,585	17,585	–	37,196	37,196	–	2,051	2,051	–	36,192	17,647	(20)
22,652	22,652	–	32,578	32,578	–	2,078	2,078	–	41,221	21,065	(21)
8,005	6,925	1,080	23,997	23,997	–	1,682	1,682	–	27,559	18,941	(22)
3,495	3,361	134	40,040	40,040	–	1,674	1,624	50	47,719	19,807	(23)
8,588	8,440	148	28,964	28,964	–	1,992	1,989	3	32,492	13,940	(24)
22,606	22,606	–	32,938	32,938	–	3,859	3,859	–	47,829	29,211	(25)
15,453	15,291	162	33,096	33,096	–	1,306	1,306	–	33,657	13,971	(26)
18,627	18,206	421	41,783	41,783	–	4,222	4,222	–	42,318	25,850	(27)
4,294	4,294	–	28,080	28,080	–	806	806	–	27,006	12,599	(28)
14,554	14,542	12	31,278	31,278	–	1,129	1,129	–	26,874	13,858	(29)

1 牛乳生産費（続き）
（5） 生産費（続き）
ア 搾乳牛1頭当たり（続き）

区　　　　分	物件税及び公課諸負担	乳牛償却費	物建　物　費 小計	建　物　費 購入	建　物　費 自給	物建　物　費 償却	財自動車 小計	財自動車 購入	財自動車 自給
	(20)	(21)	(22)	(23)	(24)	(25)	(26)	(27)	(28)
全　　　　国 (1)	11,072	164,315	21,168	7,275	-	13,893	5,229	3,323	-
1 ～ 20頭未満 (2)	13,582	119,450	11,535	4,627	-	6,908	8,210	6,270	
20 ～ 30 (3)	12,196	125,768	12,929	4,685	-	8,244	6,095	4,759	
30 ～ 50 (4)	10,499	146,696	17,614	7,668	-	9,946	6,283	3,277	
50 ～ 80 (5)	11,074	153,461	20,114	7,259	-	12,855	4,663	2,962	
80 ～ 100 (6)	10,927	156,675	21,543	6,335	-	15,208	4,145	2,047	
100頭以上 (7)	10,914	191,233	25,603	8,036	-	17,567	4,882	3,325	
北　海　道 (8)	12,171	181,644	23,262	8,661	-	14,601	4,268	2,516	-
1 ～ 20頭未満 (9)	13,645	190,300	9,334	5,537	-	3,797	5,528	3,969	
20 ～ 30 (10)	14,911	119,317	14,489	5,505	-	8,984	4,737	1,907	
30 ～ 50 (11)	11,477	161,499	18,063	10,782	-	7,281	4,042	2,100	
50 ～ 80 (12)	11,791	161,882	21,400	8,747	-	12,653	3,572	2,208	
80 ～ 100 (13)	11,497	168,704	22,311	7,455	-	14,856	3,824	1,735	
100頭以上 (14)	12,569	201,168	26,247	8,520	-	17,727	4,729	2,938	
都　府　県 (15)	9,690	142,515	18,538	5,530	-	13,008	6,437	4,339	-
1 ～ 20頭未満 (16)	13,574	109,664	11,838	4,501	-	7,337	8,580	6,588	
20 ～ 30 (17)	11,731	126,872	12,664	4,545	-	8,119	6,328	5,247	
30 ～ 50 (18)	9,879	137,313	17,328	5,695	-	11,633	7,705	4,023	
50 ～ 80 (19)	9,944	140,181	18,090	4,912	-	13,178	6,382	4,152	
80 ～ 100 (20)	10,022	137,547	20,319	4,553	-	15,766	4,653	2,542	
100頭以上 (21)	7,068	168,161	24,109	6,911	-	17,198	5,237	4,225	
東　　　北 (22)	10,042	141,730	17,229	5,676	-	11,553	5,552	3,513	-
北　　　陸 (23)	9,875	131,461	14,613	5,395	-	9,218	19,818	5,140	-
関東・東山 (24)	7,719	143,147	20,871	6,550	-	14,321	4,666	3,886	-
東　　　海 (25)	13,028	186,246	20,764	5,577	-	15,187	9,332	5,532	-
近　　　畿 (26)	7,949	101,749	13,561	5,785	-	7,776	4,200	3,399	-
中　　　国 (27)	15,371	87,588	16,881	4,103	-	12,778	11,854	8,097	-
四　　　国 (28)	11,908	96,834	14,597	2,880	-	11,717	2,864	2,643	-
九　　　州 (29)	8,988	143,975	15,567	4,847	-	10,720	6,121	3,500	-

単位：円

	費 （ 続 き ）							労 働 費			
費	農 機 具 費				生 産 管 理 費						
償 却	小 計	購 入	自 給	償 却	小 計	購 入	償 却	計	家 族	雇 用	
(29)	(30)	(31)	(32)	(33)	(34)	(35)	(36)	(37)	(38)	(39)	
1,906	39,632	24,010	–	15,622	2,429	2,396	33	168,847	139,456	29,391	(1)
1,940	27,118	19,911	–	7,207	3,189	3,117	72	323,560	304,411	19,149	(2)
1,336	28,733	20,030	–	8,703	2,821	2,651	170	253,208	231,804	21,404	(3)
3,006	33,419	21,020	–	12,399	3,306	3,277	29	221,583	198,320	23,263	(4)
1,701	38,156	24,123	–	14,033	2,457	2,429	28	180,727	155,926	24,801	(5)
2,098	37,705	23,206	–	14,499	1,845	1,820	25	146,191	120,232	25,959	(6)
1,557	46,818	26,563	–	20,255	2,022	2,007	15	113,933	75,943	37,990	(7)
1,752	42,335	25,780	–	16,555	1,798	1,785	13	153,745	128,116	25,629	(8)
1,559	28,896	23,634	–	5,262	3,093	3,093	–	352,754	346,052	6,702	(9)
2,830	45,584	26,883	–	18,701	2,267	2,235	32	288,730	279,598	9,132	(10)
1,942	34,072	24,568	–	9,504	2,574	2,564	10	226,892	212,215	14,677	(11)
1,364	39,952	25,972	–	13,980	1,637	1,613	24	187,482	168,068	19,414	(12)
2,089	35,367	24,210	–	11,157	1,470	1,455	15	154,695	129,302	25,393	(13)
1,791	47,314	26,349	–	20,965	1,718	1,710	8	110,358	77,969	32,389	(14)
2,098	36,230	21,784	–	14,446	3,222	3,164	58	187,848	153,724	34,124	(15)
1,992	26,870	19,396	–	7,474	3,203	3,121	82	319,529	298,660	20,869	(16)
1,081	25,848	18,857	–	6,991	2,916	2,722	194	247,130	223,627	23,503	(17)
3,682	33,003	18,771	–	14,232	3,769	3,729	40	218,217	189,513	28,704	(18)
2,230	35,323	21,207	–	14,116	3,751	3,716	35	170,071	136,776	33,295	(19)
2,111	41,428	21,611	–	19,817	2,442	2,401	41	132,670	105,809	26,861	(20)
1,012	45,669	27,061	–	18,608	2,727	2,697	30	122,230	71,240	50,990	(21)
2,039	30,175	18,090	–	12,085	2,139	2,139	–	195,221	175,229	19,992	(22)
14,678	44,498	24,815	–	19,683	4,912	4,451	461	202,902	141,508	61,394	(23)
780	32,420	17,477	–	14,943	2,886	2,844	42	187,396	152,272	35,124	(24)
3,800	45,513	31,432	–	14,081	3,022	2,932	90	185,967	130,750	55,217	(25)
801	34,658	17,714	–	16,944	1,518	1,518	–	230,455	195,338	35,117	(26)
3,757	29,558	21,582	–	7,976	5,059	4,908	151	192,369	162,796	29,573	(27)
221	42,282	6,236	–	36,046	2,308	2,308	–	194,947	166,380	28,567	(28)
2,621	39,950	23,604	–	16,346	3,771	3,724	47	173,798	148,263	25,535	(29)

1 牛乳生産費（続き）
(5) 生産費（続き）
ア 搾乳牛1頭当たり（続き）

区分	労働費（続き）					費用合計			
	直接労働費			間接労働費					
	小計	家族	雇用		自給牧草に係る労働費	計	購入	自給	償却
	(40)	(41)	(42)	(43)	(44)	(45)	(46)	(47)	(48)
全 国 (1)	157,742	129,099	28,643	11,105	7,976	918,058	506,677	215,612	195,769
1 ～ 20頭未満 (2)	300,583	281,977	18,606	22,977	16,565	1,039,896	534,755	369,564	135,577
20 ～ 30 (3)	236,451	215,433	21,018	16,757	12,721	989,706	552,650	292,835	144,221
30 ～ 50 (4)	206,492	183,750	22,742	15,091	11,484	950,621	502,255	276,290	172,076
50 ～ 80 (5)	167,820	143,859	23,961	12,907	9,627	902,258	467,938	252,242	182,078
80 ～ 100 (6)	136,252	110,809	25,443	9,939	7,291	918,893	522,887	207,501	188,505
100頭以上 (7)	107,542	70,486	37,056	6,391	3,949	887,545	516,372	140,546	230,627
北 海 道 (8)	143,808	118,713	25,095	9,937	7,140	860,727	414,710	231,452	214,565
1 ～ 20頭未満 (9)	331,545	324,843	6,702	21,209	16,063	983,113	344,092	438,103	200,918
20 ～ 30 (10)	263,497	254,783	8,714	25,233	17,874	869,741	314,962	404,915	149,864
30 ～ 50 (11)	212,114	197,783	14,331	14,778	10,859	887,908	372,893	334,779	180,236
50 ～ 80 (12)	174,711	155,546	19,165	12,771	9,651	862,400	376,751	295,746	189,903
80 ～ 100 (13)	143,596	118,872	24,724	11,099	8,562	860,243	408,127	255,295	196,821
100頭以上 (14)	104,000	72,316	31,684	6,358	4,134	850,503	449,974	158,870	241,659
都 府 県 (15)	175,275	142,167	33,108	12,573	9,027	990,195	622,382	195,688	172,125
1 ～ 20頭未満 (16)	296,309	276,058	20,251	23,220	16,633	1,047,741	561,094	360,098	126,549
20 ～ 30 (17)	231,822	208,700	23,122	15,308	11,839	1,010,223	593,305	273,661	143,257
30 ～ 50 (18)	202,926	174,854	28,072	15,291	11,881	990,361	584,245	239,216	166,900
50 ～ 80 (19)	156,953	125,429	31,524	13,118	9,588	965,122	611,746	183,636	169,740
80 ～ 100 (20)	124,576	97,988	26,588	8,094	5,272	1,012,145	705,357	131,506	175,282
100頭以上 (21)	115,766	66,240	49,526	6,464	3,519	973,536	670,531	97,996	205,009
東 北 (22)	177,959	159,383	18,576	17,262	14,533	931,881	518,351	246,123	167,407
北 陸 (23)	192,712	133,449	59,263	10,190	5,426	1,138,505	798,280	164,724	175,501
関 東・東 山 (24)	174,507	140,336	34,171	12,889	9,641	975,449	603,067	199,149	173,233
東 海 (25)	180,311	125,793	54,518	5,656	1,938	1,117,900	754,503	143,993	219,404
近 畿 (26)	217,300	182,399	34,901	13,155	10,277	996,231	656,048	212,913	127,270
中 国 (27)	183,711	154,308	29,403	8,658	5,676	1,057,632	746,338	199,044	112,250
四 国 (28)	163,524	142,363	21,161	31,423	23,496	860,121	500,789	214,514	144,818
九 州 (29)	158,780	134,770	24,010	15,018	11,077	924,669	548,144	202,816	173,709

単位：円

副 産 物 価 額			生 産 費 （副産物 価額差引）	支払利子	支払地代	支払利子・ 地　　代 算入生産費	自　己 資本利子	自 作 地 地　　代	資本利子・ 地代全額 算入生産費 （全算入 生産費）	
計	子　牛	きゅう肥								
(49)	(50)	(51)	(52)	(53)	(54)	(55)	(56)	(57)	(58)	
181,622	164,028	17,594	736,436	2,926	4,541	743,903	25,403	13,129	782,435	(1)
170,197	137,518	32,679	869,699	1,358	8,677	879,734	18,885	11,458	910,077	(2)
169,992	150,329	19,663	819,714	1,648	7,900	829,262	20,794	12,056	862,112	(3)
174,944	154,701	20,243	775,677	2,113	5,967	783,757	22,585	13,607	819,949	(4)
182,758	163,413	19,345	719,500	3,092	4,483	727,075	24,926	16,609	768,610	(5)
189,379	171,753	17,626	729,514	3,336	3,342	736,192	25,587	16,488	778,267	(6)
185,043	171,665	13,378	702,502	3,463	3,263	709,228	28,328	10,433	747,989	(7)
190,597	169,341	21,256	670,130	4,043	3,931	678,104	26,264	19,261	723,629	(8)
243,915	177,853	66,062	739,198	5,596	15,151	759,945	17,349	35,742	813,036	(9)
189,719	153,912	35,807	680,022	3,832	5,229	689,083	23,683	40,890	753,656	(10)
198,640	169,595	29,045	689,268	3,764	5,079	698,111	20,988	25,486	744,585	(11)
194,230	168,629	25,601	668,170	4,247	4,103	676,520	25,332	24,413	726,265	(12)
196,038	172,051	23,987	664,205	4,525	3,860	672,590	26,740	24,718	724,048	(13)
184,539	169,336	15,203	665,964	3,880	3,317	673,161	28,195	12,922	714,278	(14)
170,329	157,343	12,986	819,866	1,520	5,305	826,691	24,321	5,414	856,426	(15)
160,015	131,946	28,069	887,726	773	7,783	896,282	19,097	8,104	923,483	(16)
166,617	149,716	16,901	843,606	1,275	8,358	853,239	20,300	7,124	880,663	(17)
159,925	145,261	14,664	830,436	1,067	6,531	838,034	23,598	6,076	867,708	(18)
164,662	155,186	9,476	800,460	1,270	5,086	806,816	24,285	4,302	835,403	(19)
178,790	171,278	7,512	833,355	1,446	2,520	837,321	23,753	3,406	864,480	(20)
186,214	177,073	9,141	787,322	2,493	3,137	792,952	28,638	4,658	826,248	(21)
141,230	120,782	20,448	790,651	1,607	8,594	800,852	22,395	8,254	831,501	(22)
129,813	109,182	20,631	1,008,692	5,015	7,622	1,021,329	20,990	8,422	1,050,741	(23)
187,012	174,173	12,839	788,437	1,768	5,661	795,866	25,170	6,074	827,110	(24)
195,103	187,577	7,526	922,797	2,362	1,004	926,163	25,468	3,228	954,859	(25)
142,242	128,713	13,529	853,989	210	3,596	857,795	17,131	4,529	879,455	(26)
169,353	158,612	10,741	888,279	1,984	4,448	894,711	21,788	1,790	918,289	(27)
139,850	131,135	8,715	720,271	468	5,676	726,415	22,185	4,029	752,629	(28)
154,321	142,303	12,018	770,348	2,047	5,947	778,342	23,583	5,956	807,881	(29)

1 牛乳生産費（続き）
(5) 生産費（続き）
イ 生乳100kg当たり（乳脂肪分3.5％換算乳量）

区　　　　分	計	種　付　料			飼　　料　　費			
		小　計	購　入	自　給	小　計	流通飼料費		牧草・放牧・採草費
							自　給	
	(1)	(2)	(3)	(4)	(5)	(6)	(7)	(8)
全　　　　　　国 (1)	7,726	154	154	－	4,146	3,398	25	748
1 ～ 20頭未満 (2)	8,379	153	153	－	5,127	4,420	29	707
20 ～ 30 (3)	8,332	166	166	－	5,000	4,344	21	656
30 ～ 50 (4)	7,770	176	176	－	4,404	3,607	22	797
50 ～ 80 (5)	7,453	168	168	－	4,073	3,125	25	948
80 ～ 100 (6)	8,047	171	171	－	4,483	3,620	20	863
100頭以上 (7)	7,637	132	132	－	3,791	3,183	29	608
北　海　　道 (8)	7,311	135	135	－	3,602	2,585	32	1,017
1 ～ 20頭未満 (9)	8,643	138	138	－	3,921	2,797	33	1,124
20 ～ 30 (10)	7,467	141	141	－	3,637	2,126	39	1,511
30 ～ 50 (11)	7,308	147	147	－	3,765	2,472	32	1,293
50 ～ 80 (12)	7,158	149	149	－	3,690	2,408	37	1,282
80 ～ 100 (13)	7,436	159	159	－	3,852	2,586	19	1,266
100頭以上 (14)	7,334	120	120	－	3,467	2,701	33	766
都　府　　県 (15)	8,249	178	178	－	4,826	4,414	17	412
1 ～ 20頭未満 (16)	8,350	155	155	－	5,266	4,607	28	659
20 ～ 30 (17)	8,458	169	169	－	5,200	4,671	18	529
30 ～ 50 (18)	8,041	193	193	－	4,784	4,283	15	501
50 ～ 80 (19)	7,883	197	197	－	4,638	4,183	8	455
80 ～ 100 (20)	8,990	191	191	－	5,455	5,213	20	242
100頭以上 (21)	8,337	158	158	－	4,532	4,288	18	244
東　　　　　北 (22)	8,041	193	193	－	4,715	3,976	23	739
北　　　　　陸 (23)	9,511	130	130	－	5,946	5,720	8	226
関 東 ・ 東 山 (24)	8,110	182	182	－	4,866	4,410	25	456
東　　　　　海 (25)	9,007	156	156	－	4,847	4,728	9	119
近　　　　　畿 (26)	7,995	116	116	－	5,153	4,983	12	170
中　　　　　国 (27)	8,430	138	138	－	5,379	5,062	32	317
四　　　　　国 (28)	7,281	131	131	－	4,484	3,967	10	517
九　　　　　州 (29)	7,874	225	225	－	4,440	3,873	5	567

単位：円

財									費		
敷 料 費			光熱水料及び動力費			その他の諸材料費			獣医師料及び医薬品費	賃借料及び料金	
小 計	購 入	自 給	小 計	購 入	自 給	小 計	購 入	自 給			
(9)	(10)	(11)	(12)	(13)	(14)	(15)	(16)	(17)	(18)	(19)	
118	106	12	292	292	－	16	16	0	304	181	(1)
87	61	26	310	310	－	33	33	0	368	160	(2)
76	62	14	333	333	－	21	21	－	355	248	(3)
76	64	12	295	295	－	20	20	0	320	158	(4)
103	81	22	285	285	－	17	17	0	265	167	(5)
142	116	26	321	321	－	19	19	－	314	172	(6)
145	144	1	281	281	－	12	12	－	304	194	(7)
107	88	19	273	273	－	12	12	－	260	176	(8)
154	49	105	345	345	－	28	28	－	348	271	(9)
87	26	61	443	443	－	35	35	－	345	193	(10)
91	61	30	283	283	－	16	16	－	288	156	(11)
98	63	35	273	273	－	15	15	－	231	156	(12)
117	74	43	282	282	－	18	18	－	278	167	(13)
112	110	2	265	265	－	9	9	－	261	189	(14)
131	128	3	316	316	－	22	22	0	359	188	(15)
79	62	17	306	306	－	34	34	0	370	147	(16)
75	68	7	317	317	－	19	19	－	357	256	(17)
66	65	1	302	302	－	22	22	0	339	159	(18)
110	108	2	302	302	－	19	19	0	315	183	(19)
180	180	－	380	380	－	21	21	－	370	180	(20)
222	222	－	319	319	－	20	20	－	404	206	(21)
88	76	12	262	262	－	18	18	－	301	207	(22)
35	34	1	407	407	－	18	17	1	485	201	(23)
89	87	2	298	298	－	20	20	0	334	143	(24)
219	219	－	318	318	－	37	37	－	462	282	(25)
162	160	2	346	346	－	14	14	－	351	146	(26)
181	177	4	407	407	－	41	41	－	412	252	(27)
47	47	－	307	307	－	9	9	－	296	138	(28)
153	153	0	328	328	－	12	12	－	282	145	(29)

1 牛乳生産費（続き）
(5) 生産費（続き）
イ 生乳100kg当たり（乳脂肪分3.5%換算乳量）（続き）

区分	物件税及び公課諸負担	乳牛償却費	建物費 小計	購入	自給	償却	自動車 小計	購入	自給
	(20)	(21)	(22)	(23)	(24)	(25)	(26)	(27)	(28)
全国 (1)	114	1,695	218	75	–	143	54	34	–
1 ～ 20頭未満 (2)	159	1,397	135	54	–	81	96	73	–
20 ～ 30 (3)	138	1,423	146	53	–	93	69	54	–
30 ～ 50 (4)	112	1,563	188	82	–	106	67	35	–
50 ～ 80 (5)	114	1,585	208	75	–	133	49	31	–
80 ～ 100 (6)	114	1,632	224	66	–	158	43	21	–
100頭以上 (7)	108	1,888	252	79	–	173	48	33	–
北海道 (8)	126	1,879	241	90	–	151	44	26	–
1 ～ 20頭未満 (9)	187	2,610	128	76	–	52	75	54	–
20 ～ 30 (10)	192	1,533	186	71	–	115	61	25	–
30 ～ 50 (11)	127	1,786	200	119	–	81	44	23	–
50 ～ 80 (12)	125	1,717	227	93	–	134	37	23	–
80 ～ 100 (13)	121	1,778	236	79	–	157	40	18	–
100頭以上 (14)	125	1,993	260	84	–	176	47	29	–
都府県 (15)	100	1,465	191	57	–	134	67	45	–
1 ～ 20頭未満 (16)	156	1,257	136	52	–	84	99	76	–
20 ～ 30 (17)	130	1,406	140	50	–	90	70	58	–
30 ～ 50 (18)	103	1,430	180	59	–	121	80	42	–
50 ～ 80 (19)	99	1,390	180	49	–	131	63	41	–
80 ～ 100 (20)	102	1,406	208	47	–	161	48	26	–
100頭以上 (21)	69	1,647	236	68	–	168	51	41	–
東北 (22)	110	1,547	188	62	–	126	60	38	–
北陸 (23)	100	1,337	149	55	–	94	201	52	–
関東・東山 (24)	79	1,474	214	67	–	147	48	40	–
東海 (25)	126	1,800	201	54	–	147	90	53	–
近畿 (26)	83	1,062	141	60	–	81	43	35	–
中国 (27)	150	853	164	40	–	124	116	79	–
四国 (28)	130	1,060	160	32	–	128	31	29	–
九州 (29)	94	1,510	163	51	–	112	64	37	–

単位：円

費 (続き)								労 働 費			
費	農 機 具 費				生 産 管 理 費						
償 却	小 計	購 入	自 給	償 却	小 計	購 入	償 却	計	家 族	雇 用	
(29)	(30)	(31)	(32)	(33)	(34)	(35)	(36)	(37)	(38)	(39)	
20	409	248	-	161	25	25	0	1,741	1,438	303	(1)
23	317	233	-	84	37	36	1	3,785	3,561	224	(2)
15	325	227	-	98	32	30	2	2,864	2,622	242	(3)
32	356	224	-	132	35	35	0	2,361	2,113	248	(4)
18	394	249	-	145	25	25	0	1,867	1,611	256	(5)
22	393	242	-	151	19	19	0	1,522	1,252	270	(6)
15	462	262	-	200	20	20	0	1,125	750	375	(7)
18	438	267	-	171	18	18	0	1,591	1,325	266	(8)
21	396	324	-	72	42	42	-	4,838	4,746	92	(9)
36	585	345	-	240	29	29	0	3,710	3,593	117	(10)
21	377	272	-	105	28	28	0	2,509	2,347	162	(11)
14	423	275	-	148	17	17	0	1,989	1,783	206	(12)
22	373	255	-	118	15	15	0	1,631	1,363	268	(13)
18	469	261	-	208	17	17	0	1,094	773	321	(14)
22	372	224	-	148	34	33	1	1,930	1,580	350	(15)
23	308	222	-	86	37	36	1	3,663	3,424	239	(16)
12	287	209	-	78	32	30	2	2,739	2,479	260	(17)
38	344	196	-	148	39	39	0	2,273	1,974	299	(18)
22	350	210	-	140	37	37	0	1,688	1,357	331	(19)
22	424	221	-	203	25	25	0	1,357	1,082	275	(20)
10	447	265	-	182	26	26	0	1,197	698	499	(21)
22	329	197	-	132	23	23	-	2,131	1,913	218	(22)
149	452	252	-	200	50	45	5	2,064	1,439	625	(23)
8	334	180	-	154	29	29	0	1,930	1,568	362	(24)
37	440	304	-	136	29	28	1	1,798	1,264	534	(25)
8	362	185	-	177	16	16	-	2,405	2,039	366	(26)
37	288	210	-	78	49	48	1	1,875	1,587	288	(27)
2	463	68	-	395	25	25	-	2,134	1,821	313	(28)
27	419	248	-	171	39	39	0	1,822	1,554	268	(29)

1 牛乳生産費（続き）

(5) 生産費（続き）

イ 生乳100kg当たり（乳脂肪分3.5％換算乳量）（続き）

区　　　　　分	労　働　費　（　続　き　） 直　接　労　働　費 小　計	家　族	雇　用	間　接　労　働　費	自給牧草に 係る労働費	費　用　合　計 計	購　入	自　給	償　却
	(40)	(41)	(42)	(43)	(44)	(45)	(46)	(47)	(48)
全　　　　　国　(1)	1,626	1,331	295	115	82	9,467	5,225	2,223	2,019
1 ～ 20頭未満 (2)	3,517	3,299	218	268	194	12,164	6,255	4,323	1,586
20 ～ 30 (3)	2,675	2,437	238	189	144	11,196	6,252	3,313	1,631
30 ～ 50 (4)	2,200	1,958	242	161	122	10,131	5,354	2,944	1,833
50 ～ 80 (5)	1,733	1,486	247	134	99	9,320	4,833	2,606	1,881
80 ～ 100 (6)	1,419	1,154	265	103	76	9,569	5,445	2,161	1,963
100頭以上 (7)	1,062	696	366	63	39	8,762	5,098	1,388	2,276
北　　海　　道　(8)	1,488	1,228	260	103	74	8,902	4,290	2,393	2,219
1 ～ 20頭未満 (9)	4,547	4,455	92	291	220	13,481	4,718	6,008	2,755
20 ～ 30 (10)	3,386	3,274	112	324	230	11,177	4,049	5,204	1,924
30 ～ 50 (11)	2,345	2,187	158	164	120	9,817	4,122	3,702	1,993
50 ～ 80 (12)	1,853	1,650	203	136	102	9,147	3,997	3,137	2,013
80 ～ 100 (13)	1,514	1,253	261	117	90	9,067	4,301	2,691	2,075
100頭以上 (14)	1,031	717	314	63	41	8,428	4,459	1,574	2,395
都　　府　　県　(15)	1,801	1,461	340	129	93	10,179	6,397	2,012	1,770
1 ～ 20頭未満 (16)	3,397	3,165	232	266	191	12,013	6,434	4,128	1,451
20 ～ 30 (17)	2,570	2,314	256	169	131	11,197	6,576	3,033	1,588
30 ～ 50 (18)	2,113	1,821	292	160	124	10,314	6,086	2,491	1,737
50 ～ 80 (19)	1,557	1,244	313	131	95	9,571	6,066	1,822	1,683
80 ～ 100 (20)	1,274	1,002	272	83	54	10,347	7,211	1,344	1,792
100頭以上 (21)	1,134	649	485	63	34	9,534	6,567	960	2,007
東　　　　　北 (22)	1,943	1,740	203	188	159	10,172	5,658	2,687	1,827
北　　　　　陸 (23)	1,960	1,357	603	104	55	11,575	8,115	1,675	1,785
関　東　・　東　山 (24)	1,797	1,445	352	133	99	10,040	6,206	2,051	1,783
東　　　　　海 (25)	1,743	1,216	527	55	19	10,805	7,292	1,392	2,121
近　　　　　畿 (26)	2,268	1,904	364	137	107	10,400	6,849	2,223	1,328
中　　　　　国 (27)	1,790	1,504	286	85	55	10,305	7,272	1,940	1,093
四　　　　　国 (28)	1,790	1,558	232	344	257	9,415	5,482	2,348	1,585
九　　　　　州 (29)	1,665	1,413	252	157	116	9,696	5,750	2,126	1,820

単位：円

副　産　物　価　額			生産費 （副産物 価額差引）	支払利子	支払地代	支払利子・ 地　　代 算入生産費	自　己 資本利子	自作地 地　　代	資本利子・ 地代全額 算入生産費 （全算入 生産費）	
計	子　牛	きゅう肥								
(49)	(50)	(51)	(52)	(53)	(54)	(55)	(56)	(57)	(58)	
1,873	1,692	181	7,594	30	47	7,671	262	135	8,068	(1)
1,991	1,609	382	10,173	16	102	10,291	221	134	10,646	(2)
1,923	1,701	222	9,273	19	89	9,381	235	136	9,752	(3)
1,864	1,648	216	8,267	23	64	8,354	241	145	8,740	(4)
1,888	1,688	200	7,432	32	46	7,510	257	172	7,939	(5)
1,973	1,789	184	7,596	35	35	7,666	266	172	8,104	(6)
1,827	1,695	132	6,935	34	32	7,001	280	103	7,384	(7)
1,971	1,751	220	6,931	42	41	7,014	272	199	7,485	(8)
3,345	2,439	906	10,136	77	208	10,421	238	490	11,149	(9)
2,438	1,978	460	8,739	49	67	8,855	304	526	9,685	(10)
2,197	1,876	321	7,620	42	56	7,718	232	282	8,232	(11)
2,061	1,789	272	7,086	45	44	7,175	269	259	7,703	(12)
2,066	1,813	253	7,001	48	41	7,090	282	260	7,632	(13)
1,829	1,678	151	6,599	38	33	6,670	279	128	7,077	(14)
1,750	1,617	133	8,429	16	55	8,500	250	56	8,806	(15)
1,835	1,513	322	10,178	9	89	10,276	219	93	10,588	(16)
1,847	1,660	187	9,350	14	93	9,457	225	79	9,761	(17)
1,666	1,513	153	8,648	11	68	8,727	246	63	9,036	(18)
1,633	1,539	94	7,938	13	50	8,001	241	43	8,285	(19)
1,828	1,751	77	8,519	15	26	8,560	243	35	8,838	(20)
1,825	1,735	90	7,709	24	31	7,764	281	46	8,091	(21)
1,541	1,318	223	8,631	18	94	8,743	244	90	9,077	(22)
1,320	1,110	210	10,255	51	77	10,383	213	86	10,682	(23)
1,925	1,793	132	8,115	18	58	8,191	259	63	8,513	(24)
1,886	1,813	73	8,919	23	10	8,952	246	31	9,229	(25)
1,485	1,344	141	8,915	2	38	8,955	179	47	9,181	(26)
1,650	1,545	105	8,655	19	43	8,717	212	17	8,946	(27)
1,530	1,435	95	7,885	5	62	7,952	243	44	8,239	(28)
1,618	1,492	126	8,078	21	62	8,161	247	62	8,470	(29)

1　牛乳生産費（続き）
（5）　生産費（続き）
ウ　生乳100kg当たり（実搾乳量）

区　　　　　　分	計	種　付　料			飼　　　料　　　費			
		小　計	購　入	自　給	小　計	流　通　飼　料　費		牧草・放牧・採　草　費
							自　給	
	(1)	(2)	(3)	(4)	(5)	(6)	(7)	(8)
全　　　　　　国　(1)	8,627	172	172	－	4,629	3,794	28	835
1 ～ 20頭未満　(2)	9,436	172	172	－	5,772	4,976	33	796
20 ～ 30　(3)	9,220	183	183	－	5,532	4,807	23	725
30 ～ 50　(4)	8,648	196	196	－	4,902	4,015	24	887
50 ～ 80　(5)	8,346	188	188	－	4,562	3,500	28	1,062
80 ～ 100　(6)	9,030	192	192	－	5,030	4,061	22	969
100 頭 以 上　(7)	8,525	147	147	－	4,229	3,551	32	678
北　　海　　道　(8)	8,313	153	153	－	4,095	2,939	37	1,156
1 ～ 20頭未満　(9)	9,553	152	152	－	4,333	3,091	37	1,242
20 ～ 30　(10)	8,496	160	160	－	4,139	2,419	44	1,720
30 ～ 50　(11)	8,286	166	166	－	4,269	2,803	36	1,466
50 ～ 80　(12)	8,089	168	168	－	4,169	2,720	41	1,449
80 ～ 100　(13)	8,486	181	181	－	4,396	2,951	22	1,445
100 頭 以 上　(14)	8,362	137	137	－	3,954	3,080	38	874
都　　府　　県　(15)	9,012	195	195	－	5,272	4,822	18	450
1 ～ 20頭未満　(16)	9,420	175	175	－	5,941	5,198	32	743
20 ～ 30　(17)	9,319	186	186	－	5,731	5,148	20	583
30 ～ 50　(18)	8,855	213	213	－	5,270	4,718	17	552
50 ～ 80　(19)	8,714	217	217	－	5,128	4,625	9	503
80 ～ 100　(20)	9,833	209	209	－	5,966	5,701	22	265
100 頭 以 上　(21)	8,866	168	168	－	4,818	4,559	20	259
東　　　　　　北　(22)	8,925	214	214	－	5,233	4,413	26	820
北　　　　　　陸　(23)	10,689	147	147	－	6,681	6,427	9	254
関　東　・　東　山　(24)	8,844	198	198	－	5,304	4,807	27	497
東　　　　　　海　(25)	9,800	170	170	－	5,273	5,143	10	130
近　　　　　　畿　(26)	8,761	127	127	－	5,646	5,459	13	187
中　　　　　　国　(27)	8,594	140	140	－	5,483	5,159	32	324
四　　　　　　国　(28)	8,027	144	144	－	4,943	4,373	11	570
九　　　　　　州　(29)	8,768	251	251	－	4,942	4,311	5	631

単位：円

財費										
敷料費			光熱水料及び動力費			その他の諸材料費			獣医師料及び医薬品費	賃借料及び料金
小計	購入	自給	小計	購入	自給	小計	購入	自給		
(9)	(10)	(11)	(12)	(13)	(14)	(15)	(16)	(17)	(18)	(19)
131	118	13	326	326	-	18	18	0	340	202 (1)
99	69	30	349	349	-	38	38	0	414	180 (2)
85	69	16	368	368	-	23	23	-	393	275 (3)
84	71	13	328	328	-	22	22	0	356	176 (4)
115	91	24	319	319	-	19	19	0	297	187 (5)
159	130	29	360	360	-	22	22	-	352	194 (6)
163	161	2	314	314	-	14	14	-	339	217 (7)
122	100	22	311	311	-	14	14	-	296	200 (8)
170	54	116	381	381	-	31	31	-	385	299 (9)
99	30	69	504	504	-	39	39	-	393	219 (10)
104	70	34	321	321	-	18	18	-	327	177 (11)
111	71	40	309	309	-	17	17	-	261	176 (12)
134	85	49	322	322	-	21	21	-	317	191 (13)
128	126	2	302	302	-	10	10	-	297	216 (14)
143	140	3	345	345	-	24	24	0	393	206 (15)
89	70	19	346	346	-	38	38	0	417	166 (16)
83	75	8	349	349	-	20	20	-	393	282 (17)
72	71	1	332	332	-	25	25	0	373	175 (18)
122	120	2	334	334	-	21	21	0	348	202 (19)
197	197	-	416	416	-	23	23	-	405	197 (20)
236	236	-	339	339	-	22	22	-	429	219 (21)
97	84	13	291	291	-	20	20	-	334	229 (22)
40	38	2	457	457	-	20	19	1	545	226 (23)
97	95	2	325	325	-	22	22	0	365	156 (24)
238	238	-	346	346	-	41	41	-	503	307 (25)
177	175	2	379	379	-	15	15	-	385	160 (26)
185	181	4	415	415	-	42	42	-	420	257 (27)
52	52	-	339	339	-	10	10	-	326	152 (28)
170	170	0	365	365	-	13	13	-	314	162 (29)

1 牛乳生産費（続き）
(5) 生産費（続き）
ウ 生乳100kg当たり（実搾乳量）（続き）

区　　　　　分	物件税及び公課諸負担	乳牛償却費	建物費 小計	購入	自給	償却	自動車 小計	購入	自給
	(20)	(21)	(22)	(23)	(24)	(25)	(26)	(27)	(28)
全　　　　　　国 (1)	128	1,892	244	84	－	160	60	38	－
1 ～ 20頭未満 (2)	179	1,573	152	61		91	109	83	
20 ～ 30 (3)	153	1,574	162	59		103	77	60	
30 ～ 50 (4)	125	1,740	209	91		118	75	39	
50 ～ 80 (5)	128	1,775	233	84		149	54	34	
80 ～ 100 (6)	128	1,831	252	74		178	49	24	
100 頭 以 上 (7)	120	2,107	283	89		194	54	37	
北　海　　道 (8)	143	2,135	274	102	－	172	51	30	－
1 ～ 20頭未満 (9)	207	2,884	142	84		58	84	60	
20 ～ 30 (10)	218	1,745	212	81		131	69	28	
30 ～ 50 (11)	144	2,025	226	135		91	50	26	
50 ～ 80 (12)	141	1,940	257	105		152	42	26	
80 ～ 100 (13)	138	2,029	269	90		179	46	21	
100 頭 以 上 (14)	142	2,273	296	96		200	53	33	
都　府　　県 (15)	109	1,600	208	62	－	146	73	49	－
1 ～ 20頭未満 (16)	176	1,419	153	58		95	111	85	
20 ～ 30 (17)	143	1,550	155	56		99	77	64	
30 ～ 50 (18)	113	1,575	198	65		133	88	46	
50 ～ 80 (19)	109	1,537	198	54		144	70	46	
80 ～ 100 (20)	112	1,538	227	51		176	52	28	
100 頭 以 上 (21)	74	1,751	251	72		179	55	44	
東　　　　　北 (22)	122	1,717	209	69	－	140	68	43	－
北　　　　　陸 (23)	113	1,502	167	62		105	227	59	
関 東 ・ 東 山 (24)	87	1,606	235	74		161	53	44	
東　　　　　海 (25)	137	1,958	219	59		160	98	58	
近　　　　　畿 (26)	91	1,164	155	66		89	48	39	
中　　　　　国 (27)	153	870	168	41		127	117	80	
四　　　　　国 (28)	144	1,168	176	35		141	35	32	
九　　　　　州 (29)	105	1,681	182	57		125	72	41	

単位：円

	費（続き）							労　働　費			
費	農　機　具　費				生　産　管　理　費						
償　却	小　計	購　入	自　給	償　却	小　計	購　入	償　却	計	家　族	雇　用	
(29)	(30)	(31)	(32)	(33)	(34)	(35)	(36)	(37)	(38)	(39)	
22	457	277	-	180	28	28	0	1,945	1,606	339	(1)
26	357	262	-	95	42	41	1	4,260	4,008	252	(2)
17	360	251	-	109	35	33	2	3,170	2,902	268	(3)
36	396	249	-	147	39	39	0	2,629	2,353	276	(4)
20	441	279	-	162	28	28	0	2,091	1,804	287	(5)
25	440	271	-	169	21	21	0	1,708	1,405	303	(6)
17	516	293	-	223	22	22	0	1,254	836	418	(7)
21	498	303	-	195	21	21	0	1,808	1,507	301	(8)
24	438	358	-	80	47	47	-	5,345	5,243	102	(9)
41	666	393	-	273	33	33	0	4,222	4,089	133	(10)
24	427	308	-	119	32	32	0	2,845	2,661	184	(11)
16	479	311	-	168	19	19	0	2,247	2,014	233	(12)
25	425	291	-	134	17	17	0	1,860	1,555	305	(13)
20	535	298	-	237	19	19	0	1,247	881	366	(14)
24	407	245	-	162	37	36	1	2,109	1,726	383	(15)
26	348	251	-	97	41	40	1	4,133	3,863	270	(16)
13	315	230	-	85	35	33	2	3,018	2,731	287	(17)
42	378	215	-	163	43	43	0	2,503	2,174	329	(18)
24	387	232	-	155	41	41	0	1,864	1,499	365	(19)
24	464	242	-	222	27	27	0	1,482	1,182	300	(20)
11	476	282	-	194	28	28	0	1,273	742	531	(21)
25	365	219	-	146	26	26	-	2,365	2,123	242	(22)
168	508	283	-	225	56	51	5	2,317	1,616	701	(23)
9	364	196	-	168	32	32	0	2,103	1,709	394	(24)
40	478	330	-	148	32	31	1	1,955	1,375	580	(25)
9	397	203	-	194	17	17	-	2,635	2,234	401	(26)
37	293	214	-	79	51	49	2	1,911	1,617	294	(27)
3	510	75	-	435	28	28	-	2,352	2,008	344	(28)
31	467	276	-	191	44	43	1	2,030	1,732	298	(29)

1 牛乳生産費（続き）
(5) 生産費（続き）
ウ 生乳100kg当たり（実搾乳量）（続き）

区　　　分		労　　働　　費　（　続　き　）					費　用　合　計			
		直　接　労　働　費			間　接　労　働　費					
		小　計	家　族	雇　用		自給牧草に係る労働費	計	購　入	自　給	償　却
		(40)	(41)	(42)	(43)	(44)	(45)	(46)	(47)	(48)
全　　　　　　　　国	(1)	1,817	1,487	330	128	92	10,572	5,836	2,482	2,254
1 ～ 20頭未満	(2)	3,958	3,713	245	302	218	13,696	7,043	4,867	1,786
20 ～ 30	(3)	2,960	2,697	263	210	159	12,390	6,919	3,666	1,805
30 ～ 50	(4)	2,450	2,180	270	179	136	11,277	5,959	3,277	2,041
50 ～ 80	(5)	1,941	1,664	277	150	111	10,437	5,413	2,918	2,106
80 ～ 100	(6)	1,592	1,295	297	116	85	10,738	6,110	2,425	2,203
100 頭 以 上	(7)	1,184	776	408	70	43	9,779	5,690	1,548	2,541
北　　海　　道	(8)	1,691	1,396	295	117	84	10,121	4,876	2,722	2,523
1 ～ 20頭未満	(9)	5,024	4,922	102	321	243	14,898	5,214	6,638	3,046
20 ～ 30	(10)	3,853	3,726	127	369	261	12,718	4,606	5,922	2,190
30 ～ 50	(11)	2,660	2,480	180	185	136	11,131	4,675	4,197	2,259
50 ～ 80	(12)	2,094	1,864	230	153	116	10,336	4,516	3,544	2,276
80 ～ 100	(13)	1,727	1,430	297	133	103	10,346	4,908	3,071	2,367
100 頭 以 上	(14)	1,175	817	358	72	47	9,609	5,084	1,795	2,730
都　　府　　県	(15)	1,968	1,596	372	141	101	11,121	6,991	2,197	1,933
1 ～ 20頭未満	(16)	3,833	3,571	262	300	215	13,553	7,258	4,657	1,638
20 ～ 30	(17)	2,831	2,549	282	187	145	12,337	7,246	3,342	1,749
30 ～ 50	(18)	2,328	2,006	322	175	136	11,358	6,701	2,744	1,913
50 ～ 80	(19)	1,721	1,375	346	143	105	10,578	6,705	2,013	1,860
80 ～ 100	(20)	1,392	1,095	297	90	59	11,315	7,886	1,469	1,960
100 頭 以 上	(21)	1,206	690	516	67	37	10,139	6,983	1,021	2,135
東　　　　北	(22)	2,156	1,931	225	209	176	11,290	6,280	2,982	2,028
北　　　　陸	(23)	2,201	1,524	677	116	62	13,006	9,119	1,882	2,005
関　東　・　東　山	(24)	1,958	1,575	383	145	108	10,947	6,768	2,235	1,944
東　　　　海	(25)	1,896	1,323	573	59	20	11,755	7,933	1,515	2,307
近　　　　畿	(26)	2,485	2,086	399	150	118	11,396	7,504	2,436	1,456
中　　　　国	(27)	1,825	1,533	292	86	56	10,505	7,413	1,977	1,115
四　　　　国	(28)	1,973	1,718	255	379	283	10,379	6,043	2,589	1,747
九　　　　州	(29)	1,854	1,574	280	176	129	10,798	6,401	2,368	2,029

単位：円

副産物価額			生産費 (副産物 価額差引)	支払利子	支払地代	支払利子・ 地代 算入生産費	自己 資本利子	自作地 地代	資本利子・ 地代全額 算入生産費 (全算入 生産費)	
計	子牛	きゅう肥								
(49)	(50)	(51)	(52)	(53)	(54)	(55)	(56)	(57)	(58)	
2,092	1,889	203	8,480	34	52	8,566	293	151	9,010	(1)
2,241	1,811	430	11,455	18	114	11,587	249	151	11,987	(2)
2,128	1,882	246	10,262	21	99	10,382	260	151	10,793	(3)
2,075	1,835	240	9,202	25	71	9,298	268	161	9,727	(4)
2,114	1,890	224	8,323	36	52	8,411	288	192	8,891	(5)
2,213	2,007	206	8,525	39	39	8,603	299	193	9,095	(6)
2,038	1,891	147	7,741	38	36	7,815	312	115	8,242	(7)
2,241	1,991	250	7,880	48	46	7,974	309	226	8,509	(8)
3,696	2,695	1,001	11,202	85	230	11,517	263	542	12,322	(9)
2,775	2,251	524	9,943	56	76	10,075	346	598	11,019	(10)
2,491	2,126	365	8,640	47	64	8,751	263	320	9,334	(11)
2,328	2,021	307	8,008	51	49	8,108	304	293	8,705	(12)
2,357	2,069	288	7,989	54	46	8,089	322	297	8,708	(13)
2,085	1,913	172	7,524	44	37	7,605	319	146	8,070	(14)
1,913	1,767	146	9,208	17	60	9,285	273	61	9,619	(15)
2,070	1,707	363	11,483	10	101	11,594	247	105	11,946	(16)
2,035	1,829	206	10,302	16	102	10,420	248	87	10,755	(17)
1,835	1,667	168	9,523	12	75	9,610	271	70	9,951	(18)
1,805	1,701	104	8,773	14	56	8,843	266	47	9,156	(19)
1,999	1,915	84	9,316	16	28	9,360	266	38	9,664	(20)
1,939	1,844	95	8,200	26	33	8,259	298	49	8,606	(21)
1,711	1,463	248	9,579	19	104	9,702	271	100	10,073	(22)
1,483	1,247	236	11,523	57	87	11,667	240	96	12,003	(23)
2,098	1,954	144	8,849	20	64	8,933	282	68	9,283	(24)
2,051	1,972	79	9,704	25	11	9,740	268	34	10,042	(25)
1,627	1,472	155	9,769	2	41	9,812	196	52	10,060	(26)
1,682	1,576	106	8,823	20	44	8,887	216	18	9,121	(27)
1,687	1,582	105	8,692	6	68	8,766	268	49	9,083	(28)
1,802	1,662	140	8,996	24	69	9,089	275	70	9,434	(29)

1 牛乳生産費（続き）

(6) 流通飼料及び牧草の使用数量と価額（搾乳牛1頭当たり）

ア 全国

区　　　　　　分	平　　均		20　頭　未　満		20　～　30	
	数　量	価　額	数　量	価　額	数　量	価　額
	(1)	(2)	(3)	(4)	(5)	(6)
	kg	円	kg	円	kg	円
流　通　飼　料　費　合　計 (1)	…	329,466	…	377,827	…	383,986
購　入　飼　料　費　計 (2)	…	327,006	…	375,351	…	382,160
穀　　類　小計 (3)	…	10,788	…	6,262	…	5,609
大　麦 (4)	17.9	924	59.3	3,304	22.7	1,056
そ　の　他　の　麦 (5)	1.2	49	-	-	-	-
と　う　も　ろ　こ　し (6)	185.3	8,241	58.8	2,932	92.3	3,622
大　　豆 (7)	13.4	1,023	0.1	12	5.6	551
飼　料　用　米 (8)	1.2	21	-	-	20.2	347
そ　の　他 (9)	…	530	…	14	…	33
ぬか・ふすま類　小計 (10)	…	614	…	1,260	…	733
ふ　す　ま (11)	15.2	613	28.2	1,255	18.8	733
米　・　麦　ぬ　か (12)	0.0	1	0.2	5	-	-
そ　の　他 (13)	…	-	…	-	…	-
植物性かす類　小計 (14)	…	21,200	…	22,872	…	18,567
大　豆　油　か　す (15)	48.6	3,906	26.8	2,523	23.2	1,949
ビ　ー　ト　パ　ル　プ (16)	257.1	12,372	340.4	19,323	227.3	12,552
そ　の　他 (17)	…	4,922	…	1,026	…	4,066
配　　合　　飼　　料 (18)	2,539.0	153,676	2,529.3	165,157	3,041.0	191,829
T　　M　　R (19)	1,628.2	44,954	931.5	45,058	-	-
牛　乳　・　脱　脂　乳 (20)	…	7,100	…	5,291	…	6,702
い　も　類　及　び　野　菜　類 (21)	2.3	51	-	-	-	-
わら類その他　小計 (22)	…	168	…	984	…	62
稲　わ　ら (23)	11.3	164	46.1	984	4.5	62
そ　の　他 (24)	…	4	…	…	…	…
生　　牧　　草 (25)	0.6	10	-	-	-	-
乾　牧　草　小計 (26)	…	55,979	…	100,426	…	126,953
まめ科・ヘイキューブ (27)	78.5	4,729	181.6	12,685	276.9	16,490
そ　の　他 (28)	…	51,250	…	87,741	…	110,463
サ　イ　レ　ー　ジ　小計 (29)	…	10,052	…	8,461	…	5,420
い　ね　科 (30)	234.6	3,979	435.0	7,089	204.0	4,427
うち稲発酵粗飼料 (31)	84.4	1,143	302.7	3,997	124.7	3,083
そ　の　他 (32)	…	6,073	…	1,372	…	993
そ　の　他 (33)	…	22,414	…	19,580	…	26,285
自　給　飼　料　費　計 (34)	…	2,460	…	2,476	…	1,826
牛　乳　・　脱　脂　乳 (35)	…	2,410	…	1,790	…	1,727
稲　　わ　　ら (36)	2.8	50	36.8	686	5.1	99
そ　の　他 (37)	…	-	…	-	…	-

30 ~ 50		50 ~ 80		80 ~ 100		100 頭 以 上		
数 量	価 額	数 量	価 額	数 量	価 額	数 量	価 額	
(7)	(8)	(9)	(10)	(11)	(12)	(13)	(14)	
kg	円	kg	円	kg	円	kg	円	
…	338,440	…	302,583	…	347,565	…	322,336	(1)
…	336,407	…	300,157	…	345,671	…	319,427	(2)
…	6,766	…	6,586	…	13,714	…	15,524	(3)
17.1	939	10.6	589	7.2	358	19.8	962	(4)
4.1	253	2.2	20	-	-	-	-	(5)
124.8	4,447	112.1	5,396	223.1	9,774	272.5	12,466	(6)
13.4	993	4.4	391	35.8	1,791	15.4	1,384	(7)
-	-	-	-	-	-	-	-	(8)
…	134	…	190	…	1,791	…	712	(9)
…	526	…	166	…	90	…	951	(10)
14.5	526	4.1	166	1.7	78	23.3	951	(11)
-	-	-	-	0.2	12	-	-	(12)
…	-	…	-	…	-	…	-	(13)
…	15,569	…	14,853	…	25,368	…	26,469	(14)
20.9	1,688	23.5	1,743	53.8	3,064	80.2	6,796	(15)
247.7	12,552	239.1	11,180	367.9	15,958	238.3	11,232	(16)
…	1,329	…	1,930	…	6,346	…	8,441	(17)
2,764.3	172,818	2,530.3	158,419	2,541.0	153,856	2,367.7	135,288	(18)
957.4	30,969	1,415.2	43,480	1,374.9	54,629	2,439.3	56,350	(19)
…	7,565	…	5,672	…	7,926	…	7,752	(20)
12.8	288	-	-	-	-	-	-	(21)
…	348	…	162	…	222	…	-	(22)
25.7	348	14.1	156	12.9	194	-	-	(23)
…	-	…	6	…	28	…	-	(24)
-	-	2.6	46	-	-	-	-	(25)
…	74,463	…	47,442	…	55,488	…	36,909	(26)
81.4	4,926	35.5	2,340	75.5	4,061	60.9	3,494	(27)
…	69,537	…	45,102	…	51,427	…	33,415	(28)
…	5,748	…	4,567	…	3,703	…	17,596	(29)
306.6	5,182	249.3	3,711	188.5	2,592	187.5	3,523	(30)
219.6	2,907	41.3	311	151.4	1,934	-	-	(31)
…	566	…	856	…	1,111	…	14,073	(32)
…	21,347	…	18,764	…	30,675	…	22,588	(33)
…	2,033	…	2,426	…	1,894	…	2,909	(34)
…	1,969	…	2,418	…	1,894	…	2,909	(35)
4.6	64	0.2	8	-	-	-	-	(36)
…	-	…	-	…	-	…	-	(37)

1 牛乳生産費（続き）
（6） 流通飼料及び牧草の使用数量と価額（搾乳牛1頭当たり）（続き）
ア 全国（続き）

区　　　　　　　　分		平　　　均		20 頭 未 満		20 ～ 30	
		数　量	価　額	数　量	価　額	数　量	価　額
		(1)	(2)	(3)	(4)	(5)	(6)
		kg	円	kg	円	kg	円
牧 草 ・ 放 牧 ・ 採 草 費 合 計	(38)	…	72,543	…	60,415	…	57,957
い ね 科 牧 草	(39)	…	23,481	…	37,936	…	30,853
デ ン ト コ ー ン	(40)	…	16,033	…	16,854	…	13,005
生 　 牧 　 草	(41)	−	…	−	…	−	…
乾 　 牧 　 草	(42)	−	…	−	…	−	…
サ イ レ ー ジ	(43)	1671.6	…	1,450.9	…	1,483.3	…
イ タ リ ア ン ラ イ グ ラ ス	(44)	…	3,086	…	9,384	…	6,867
生 　 牧 　 草	(45)	13.1	…	151.0	…	−	…
乾 　 牧 　 草	(46)	26.2	…	6.3	…	155.2	…
サ イ レ ー ジ	(47)	173.6	…	401.8	…	474.0	…
ソ ル ゴ ー	(48)	…	467	…	1,687	…	636
生 　 牧 　 草	(49)	8.1	…	127.8	…	−	…
乾 　 牧 　 草	(50)	2.5	…	−	…	−	…
サ イ レ ー ジ	(51)	30.9	…	69.3	…	54.4	…
稲 発 酵 粗 飼 料	(52)	21.5	657	46.7	1,769	123.9	4,190
そ 　 の 　 他	(53)	…	3,237	…	8,242	…	6,155
ま ぜ ま き	(54)	…	47,838	…	21,363	…	26,451
い ね 科 を 主 と す る も の	(55)	…	47,548	…	20,062	…	26,451
生 　 牧 　 草	(56)	−	…	−	…	−	…
乾 　 牧 　 草	(57)	217.9	…	241.8	…	165.6	…
サ イ レ ー ジ	(58)	3,977.0	…	816.3	…	1,827.1	…
そ 　 の 　 他	(59)	…	291	…	1,302	…	−
そ 　 の 　 他	(60)	…	−	…	−	…	−
穀 　 類	(61)	0.0	7	−	−	−	−
い も 類 及 び 野 菜 類	(62)	−	−	−	−	−	−
野 　 生 　 草	(63)	3.8	91				
野 　 乾 　 草	(64)	−	−				−
放 　 牧 　 場 　 費	(65)	303.7	1,126	69.0	1,116	289.3	653

注：放牧場費の数量の単位は「時間」である。

30 ～ 50		50 ～ 80		80 ～ 100		100 頭 以 上		
数 量	価 額	数 量	価 額	数 量	価 額	数 量	価 額	
(7)	(8)	(9)	(10)	(11)	(12)	(13)	(14)	
kg	円	kg	円	kg	円	kg	円	
…	74,804	…	91,798	…	82,896	…	61,542	(38)
…	32,033	…	26,319	…	27,479	…	14,250	(39)
…	18,506	…	19,253	…	20,009	…	12,440	(40)
−	…	−	…	−	…	−	…	(41)
−	…	−	…	−	…	−	…	(42)
1,823.1	…	1,823.7	…	1,970.4	…	1,494.1	…	(43)
…	7,106	…	2,310	…	1,199	…	915	(44)
19.5	…	−	…	−	…	7.3	…	(45)
53.5	…	−	…	46.8	…	6.4	…	(46)
324.9	…	114.7	…	38.2	…	102.5	…	(47)
…	794	…	547	…	901	…	−	(48)
13.6	…	−	…	−	…	−	…	(49)
−	…	−	…	24.4	…	−	…	(50)
50.4	…	60.6	…	20.7	…	−	…	(51)
39.7	1,185	20.1	433	5.7	223	−	−	(52)
…	4,442	…	3,776	…	5,147	…	895	(53)
…	40,219	…	63,445	…	53,614	…	47,175	(54)
…	38,911	…	63,445	…	53,614	…	47,175	(55)
−	…	−	…	−	…	−	…	(56)
254.8	…	436.2	…	143.1	…	102.1	…	(57)
2,457.4	…	4,121.3	…	4,138.1	…	5,220.2	…	(58)
…	1,308	…	−	…	−	…	−	(59)
…	−	…	−	…	−	…	−	(60)
−	−	0.1	32	−	−	−	−	(61)
								(62)
21.6	513	−	−	−	−	−	−	(63)
−	−	−	−	−	−	−	−	(64)
487.9	2,039	565.2	2,002	330.4	1,803	94.8	117	(65)

1　牛乳生産費（続き）
（6）　流通飼料及び牧草の使用数量と価額（搾乳牛1頭当たり）（続き）
イ　北海道

区分		平均		20 頭 未 満		20 ～ 30	
		数量	価額	数量	価額	数量	価額
		(1) kg	(2) 円	(3) kg	(4) 円	(5) kg	(6) 円
流 通 飼 料 費 合 計	(1)	…	250,000	…	203,984	…	165,403
購 入 飼 料 費 計	(2)	…	246,863	…	201,552	…	162,390
穀　類 小　計	(3)	…	11,709	…	2,257	…	5,606
大　麦	(4)	4.8	263	－	－	－	－
そ の 他 の 麦	(5)	0.0	4	－	－	－	－
と う も ろ こ し	(6)	230.7	10,765	46.8	2,257	72.4	3,154
大 豆 ・ 米	(7)	9.4	644	－	－	26.2	2,452
飼 料 用 米	(8)	－	－	－	－	－	－
そ の 他	(9)	…	33				
ぬ か ・ ふ す ま 類 小　計	(10)	…	693	…	－	…	－
ふ す ま	(11)	16.5	691	－	－	－	－
米 ・ 麦 ぬ か	(12)	0.0	2	－	－	－	－
そ の 他	(13)	…	－	…	－	…	－
植 物 性 か す 類 小　計	(14)	…	23,723	…	33,313	…	19,070
大 豆 油 か す	(15)	64.7	5,461	40.8	4,358	－	－
ビ ー ト パ ル プ	(16)	294.3	13,478	626.3	28,955	386.3	18,302
そ の 他	(17)	…	4,784	…	－	…	768
配 合 飼 料	(18)	2,053.1	123,600	2,279.9	137,073	1,889.8	120,222
T M R	(19)	2,327.1	54,139	－	－	－	－
牛 乳 ・ 脱 脂 乳	(20)	…	5,550	…	3,940	…	3,557
い も 類 及 び 野 菜 類	(21)	4.1	92	－	－	－	－
わ ら 類 そ の 他 小　計	(22)	…	8	…	－	…	－
稲 わ ら	(23)	0.3	3	－	－	－	－
そ の 他	(24)	…	5	－	－	－	－
生 牧 草	(25)	－	－				
乾 牧 草 小　計	(26)	…	5,503	…	9,270	…	3,646
まめ科・ヘイキューブ	(27)	36.9	2,191	29.6	2,087	2.2	133
そ の 他	(28)	…	3,312		7,183		3,513
サ イ レ ー ジ 小　計	(29)	…	4,606	…	－	…	－
い ね 科	(30)	148.1	2,200	－	－	－	－
う ち 稲 発 酵 粗 飼 料	(31)	－	－	－	－	－	－
そ の 他	(32)	…	2,406				
そ の 他	(33)	…	17,240	…	15,699	…	10,289
自 給 飼 料 費 計	(34)	…	3,137	…	2,432	…	3,013
牛 乳 ・ 脱 脂 乳	(35)	…	3,137		2,432		3,013
稲 わ ら	(36)	－	－	－	－	－	－
そ の 他	(37)	－	－				

30 ～ 50		50 ～ 80		80 ～ 100		100 頭 以 上		
数 量	価 額	数 量	価 額	数 量	価 額	数 量	価 額	
(7) kg	(8) 円	(9) kg	(10) 円	(11) kg	(12) 円	(13) kg	(14) 円	
···	223,550	···	226,967	···	245,407	···	272,624	(1)
···	220,657	···	223,509	···	243,572	···	269,274	(2)
···	3,987	···	6,062	···	10,503	···	17,086	(3)
1.1	53	5.8	308	6.5	379	5.1	281	(4)
0.3	30	-	-	-	-	-	-	(5)
59.3	2,751	106.8	5,294	217.7	9,844	346.5	16,093	(6)
18.7	1,153	4.4	376	1.8	172	10.8	712	(7)
-	-	-	-	-	-	-	-	(8)
···	-	···	84	···	108	···	-	(9)
···	-	···	255	···	146	···	1,241	(10)
-	-	6.2	255	2.7	127	29.7	1,241	(11)
-	-	-	-	0.4	19	-	-	(12)
···	-	···	-	···	-	···	-	(13)
···	19,779	···	15,394	···	18,945	···	29,869	(14)
27.1	2,083	22.9	1,821	35.2	2,917	103.9	8,875	(15)
373.1	17,390	263.6	11,876	241.7	11,162	292.3	13,358	(16)
···	306	···	1,697	···	4,866	···	7,636	(17)
2,185.0	130,132	2,231.8	139,332	2,456.2	147,741	1,841.7	108,584	(18)
1,739.6	38,084	1,532.4	36,820	1,433.5	35,332	3,187.6	73,729	(19)
···	4,018	···	3,675	···	5,800	···	6,901	(20)
33.0	742	-	-	-	-	-	-	(21)
···	-	···	12	···	45	···	-	(22)
-	-	1.0	12	-	-	-	-	(23)
···	-	···	-	···	45	···	-	(24)
							-	(25)
···	5,733	···	3,805	···	1,801	···	7,104	(26)
13.7	989	14.6	1,012	9.0	764	61.2	3,463	(27)
···	4,744	···	2,793	···	1,037	···	3,641	(28)
···	2,565	···	3,644	···	2,443	···	6,316	(29)
77.9	1,251	153.0	2,303	60.4	1,071	190.6	2,753	(30)
-	-	-	-	-	-	-	-	(31)
···	1,314	···	1,341	···	1,372	···	3,563	(32)
···	15,617	···	14,510	···	20,816	···	18,444	(33)
···	2,893	···	3,458	···	1,835	···	3,350	(34)
···	2,893	···	3,458	···	1,835	···	3,350	(35)
-	-	-	-	-	-	-	-	(36)
···	-	···	-	···	-	···	-	(37)

1　牛乳生産費（続き）

(6)　流通飼料及び牧草の使用数量と価額（搾乳牛１頭当たり）（続き）

イ　北海道（続き）

区分	平均 数量	平均 価額	20頭未満 数量	20頭未満 価額	20～30 数量	20～30 価額
	(1) kg	(2) 円	(3) kg	(4) 円	(5) kg	(6) 円
牧草・放牧・採草費合計 (38)	…	98,342	…	81,947	…	117,583
いね科牧草 (39)	…	18,564	…	6,958	…	11,011
デントコーン (40)	…	16,126	…	6,958	…	11,011
生牧草 (41)	-	…	-	…	-	…
乾牧草 (42)	-	…	-	…	-	…
サイレージ (43)	1,605.8	…	1,375.0	…	1,499.5	…
イタリアンライグラス (44)	…	-	…	-	…	-
生牧草 (45)	-	…	-	…	-	…
乾牧草 (46)	-	…	-	…	-	…
サイレージ (47)	-	…	-	…	-	…
ソルゴー (48)	…	83	…	-	…	-
生牧草 (49)	-	…	-	…	-	…
乾牧草 (50)	-	…	-	…	-	…
サイレージ (51)	7.2	…	-	…	-	…
稲発酵粗飼料 (52)	-	-	-	-	-	-
その他 (53)	…	2,354	…	-	…	-
まぜまき (54)	…	77,785	…	68,608	…	102,101
いね科を主とするもの (55)	…	77,733	…	68,608	…	102,101
生牧草 (56)	-	…	-	…	-	…
乾牧草 (57)	328.6	…	563.6	…	926.0	…
サイレージ (58)	6,732.7	…	4,278.1	…	6,637.2	…
その他 (59)	…	52	…	-	…	-
その他 (60)	…	-	…	-	…	-
穀類 (61)	-	-	-	-	-	-
いも類及び野菜類 (62)	-	-	-	-	-	-
野生草 (63)	-	-	-	-	-	-
野乾草 (64)	-	-	-	-	-	-
放牧場費 (65)	544.9	1,993	541.1	6,381	1,980.7	4,471

注：放牧場費の数量の単位は「時間」である。

30 ～ 50		50 ～ 80		80 ～ 100		100 頭 以 上		
数 量	価 額	数 量	価 額	数 量	価 額	数 量	価 額	
(7)	(8)	(9)	(10)	(11)	(12)	(13)	(14)	
kg	円	kg	円	kg	円	kg	円	
…	116,943	…	120,898	…	120,121	…	77,334	(38)
…	23,757	…	22,927	…	33,892	…	12,122	(39)
…	20,111	…	18,533	…	25,715	…	12,122	(40)
-	…	-	…	-	…	-	…	(41)
-	…	-	…	-	…	-	…	(42)
1,872.8	…	1,802.0	…	2,112.4	…	1,335.9	…	(43)
…	…	…	-	…	…	…	-	(44)
-	…	…	…	…	…	…	…	(45)
-	…	…	…	…	…	…	…	(46)
-	…	…	…	…	…	…	…	(47)
…	-	…	340	…	-	…	-	(48)
-	…	…	…	…	…	…	…	(49)
-	…	…	…	…	…	…	…	(50)
-	…	29.4	…	-	…	-	…	(51)
-	-	-	-	-	-	…	-	(52)
…	3,646	…	4,055	…	8,177	…	-	(53)
…	87,931	…	94,699	…	83,292	…	65,045	(54)
…	87,515	…	94,699	…	83,292	…	65,045	(55)
-	…	-	…	-	…	-	…	(56)
603.4	…	563.2	…	213.5	…	146.1	…	(57)
5,473.7	…	6,320.9	…	6,286.4	…	7,403.3	…	(58)
…	416	…	-	…	-	…	-	(59)
…	-	…	-	…	-	…	-	(60)
-	-	-	-	-	-	-	-	(61)
-	-	-	-	-	-	-	-	(62)
-	-	-	-	-	-	-	-	(63)
-	-	-	-	-	-	-	-	(64)
1,257.7	5,255	923.5	3,272	538.2	2,937	135.6	167	(65)

1 牛乳生産費（続き）

(6) 流通飼料及び牧草の使用数量と価額（搾乳牛1頭当たり）（続き）

ウ 都府県

区分		平均 数量	平均 価額	20頭未満 数量	20頭未満 価額	20～30 数量	20～30 価額
		(1)	(2)	(3)	(4)	(5)	(6)
		kg	円	kg	円	kg	円
流 通 飼 料 費 合 計	(1)	…	429,438	…	401,839	…	421,376
購 入 飼 料 費 計	(2)	…	427,831	…	399,357	…	419,753
穀 類 小 計	(3)	…	9,631	…	6,815	…	5,609
大 麦	(4)	34.5	1,755	67.5	3,760	26.6	1,236
そ の 他 の 麦	(5)	2.7	107	-	-	-	-
と う も ろ こ し	(6)	128.0	5,067	60.4	3,025	95.7	3,702
大 豆	(7)	18.5	1,500	0.1	14	2.1	226
飼 料 用 米	(8)	2.7	46	-	-	23.6	406
そ の 他	(9)	…	1,156	…	16	…	39
ぬ か ・ ふ す ま 類 小 計	(10)	…	516	…	1,434	…	859
ふ す ま	(11)	13.5	515	32.1	1,428	22.0	859
米 ・ 麦 ぬ か	(12)	0.0	1	0.2	6	-	-
そ の 他	(13)	…	-	…	-	…	-
植 物 性 か す 類 小 計	(14)	…	18,025	…	21,430	…	18,482
大 豆 油 か す	(15)	28.3	1,949	24.9	2,270	27.2	2,283
ビ ー ト パ ル プ	(16)	210.3	10,981	300.9	17,993	200.1	11,569
そ の 他	(17)	…	5,095	…	1,167	…	4,630
配 合 飼 料	(18)	3,150.3	191,512	2,563.7	169,036	3,237.9	204,078
T M R	(19)	748.9	33,400	1,060.2	51,282	-	-
牛 乳 ・ 脱 脂 乳	(20)	…	9,049	…	5,477	…	7,240
い も 類 及 び 野 菜 類	(21)	-	-	-	-	-	-
わ ら 類 そ の 他 小 計	(22)	…	369	…	1,120	…	72
稲 わ ら	(23)	25.3	366	52.5	1,120	5.3	72
そ の 他	(24)	…	3				
生 牧 草	(25)	1.3	23				
乾 牧 草 小 計	(26)	…	119,481	…	113,017	…	148,045
ま め 科 ・ ヘ イ キ ュ ー ブ	(27)	130.9	7,922	202.5	14,149	323.9	19,288
そ の 他	(28)	…	111,559	…	98,868	…	128,757
サ イ レ ー ジ 小 計	(29)	…	16,902	…	9,630	…	6,347
い ね 科	(30)	343.3	6,216	495.1	8,068	238.9	5,184
う ち 稲 発 酵 粗 飼 料	(31)	190.7	2,580	344.5	4,549	146.1	3,610
そ の 他	(32)	…	10,686	…	1,562	…	1,163
そ の 他	(33)	…	28,923	…	20,116	…	29,021
自 給 飼 料 費 計	(34)	…	1,607	…	2,482	…	1,623
牛 乳 ・ 脱 脂 乳	(35)	…	1,495	…	1,701	…	1,507
稲 わ ら	(36)	6.3	112	41.8	781	6.0	116
そ の 他	(37)	…	-	…	-	…	-

30 ～ 50		50 ～ 80		80 ～ 100		100 頭 以 上		
数 量	価 額	数 量	価 額	数 量	価 額	数 量	価 額	
(7)	(8)	(9)	(10)	(11)	(12)	(13)	(14)	
kg	円	kg	円	kg	円	kg	円	
…	411,259	…	421,841	…	509,998	…	437,765	(1)
…	409,771	…	421,042	…	508,008	…	435,879	(2)
…	8,525	…	7,410	…	18,820	…	11,891	(3)
27.3	1,500	18.3	1,033	8.3	325	53.8	2,541	(4)
6.5	394	5.6	50	-	-	-	-	(5)
166.3	5,521	120.5	5,558	231.8	9,662	100.6	4,041	(6)
10.0	891	4.4	413	89.8	4,365	26.2	2,944	(7)
-	-	-	-	-	-	-	-	(8)
…	219	…	356	…	4,468	…	2,365	(9)
…	860	…	25	…	-	…	277	(10)
23.8	860	0.6	25	-	-	8.3	277	(11)
-	-	-	-	-	-	-	-	(12)
…	-	…	-	…	-	…	-	(13)
…	12,900	…	14,002	…	35,577	…	18,571	(14)
16.9	1,438	24.4	1,620	83.4	3,296	25.0	1,967	(15)
168.2	9,485	200.5	10,084	568.6	23,583	113.0	6,295	(16)
…	1,977	…	2,298	…	8,698	…	10,309	(17)
3,131.4	199,874	3,001.2	188,522	2,675.9	163,580	3,589.1	197,298	(18)
461.6	26,459	1,230.4	53,984	1,281.8	85,313	701.7	15,994	(19)
…	9,813	…	8,822	…	11,307	…	9,728	(20)
-	-	-	-	-	-	-	-	(21)
…	568	…	399	…	501	…	-	(22)
41.9	568	34.7	383	33.4	501	-	-	(23)
…	-	…	16	…	-	…	-	(24)
-	-	6.7	118	-	-	-	-	(25)
…	118,026	…	116,264	…	140,854	…	106,121	(26)
124.3	7,422	68.5	4,435	181.4	9,303	60.1	3,567	(27)
…	110,604	…	111,829	…	131,551	…	102,554	(28)
…	7,767	…	6,023	…	5,705	…	43,789	(29)
451.5	7,674	401.1	5,931	392.0	5,009	180.2	5,310	(30)
358.8	4,749	106.4	803	392.0	5,009	-	-	(31)
…	93	…	92	…	696	…	38,479	(32)
…	24,979	…	25,473	…	46,351	…	32,210	(33)
…	1,488	…	799	…	1,990	…	1,886	(34)
…	1,383	…	777	…	1,990	…	1,886	(35)
7.5	105	0.5	22	-	-	-	-	(36)
…	-	…	-	…	-	…	-	(37)

1　牛乳生産費（続き）
（6）　流通飼料及び牧草の使用数量と価額（搾乳牛1頭当たり）（続き）
ウ　都府県（続き）

区　分		平　均		20　頭　未　満		20　～　30	
		数　量	価　額	数　量	価　額	数　量	価　額
		(1)	(2)	(3)	(4)	(5)	(6)
		kg	円	kg	円	kg	円
牧草・放牧・採草費合計	(38)	…	40,088	…	57,440	…	47,758
いね科牧草	(39)	…	29,667	…	42,215	…	34,247
デントコーン	(40)	…	15,916	…	18,221	…	13,346
生牧草	(41)	-	…	-	…	-	…
乾牧草	(42)	-	…	-	…	-	…
サイレージ	(43)	1,754.3	…	1,461.3	…	1,480.5	…
イタリアンライグラス	(44)	…	6,969	…	10,680	…	8,042
生牧草	(45)	29.6	…	171.8	…	-	…
乾牧草	(46)	59.2	…	7.2	…	181.8	…
サイレージ	(47)	392.1	…	457.3	…	555.1	…
ソルゴー	(48)	…	950	…	1,920	…	744
生牧草	(49)	18.4	…	145.5	…	-	…
乾牧草	(50)	5.6	…	-	…	-	…
サイレージ	(51)	60.7	…	78.9	…	63.8	…
稲発酵粗飼料	(52)	48.6	1,483	53.1	2,013	145.1	4,907
その他	(53)	…	4,348	…	9,381	…	7,207
まぜまき	(54)	…	10,165	…	14,837	…	13,511
いね科を主とするもの	(55)	…	9,573	…	13,356	…	13,511
生牧草	(56)	-	…	-	…	-	…
乾牧草	(57)	78.7	…	197.4	…	35.6	…
サイレージ	(58)	510.1	…	338.1	…	1,004.3	…
その他	(59)	…	592	…	1,481	…	-
その他	(60)	…	-	…	-	…	-
穀類	(61)	0.1	16	-	-	-	-
いも類及び野菜類	(62)	-	-	-	-	-	-
野生草	(63)	8.6	206				
野乾草	(64)						
放牧場費	(65)	0.3	34	3.8	388	-	-

注：放牧場費の数量の単位は「時間」である。

30 ～ 50		50 ～ 80		80 ～ 100		100 頭 以 上		
数 量	価 額	数 量	価 額	数 量	価 額	数 量	価 額	
(7)	(8)	(9)	(10)	(11)	(12)	(13)	(14)	
kg	円	kg	円	kg	円	kg	円	
…	48,093	…	45,905	…	23,707	…	24,870	(38)
…	37,278	…	31,667	…	17,282	…	19,191	(39)
…	17,488	…	20,388	…	10,936	…	13,178	(40)
–	…	–	…	–	…	–	…	(41)
–	…	–	…	–	…	–	…	(42)
1,791.5	…	1,858.1	…	1,744.4	…	1,861.4	…	(43)
…	11,610	…	5,953	…	3,106	…	3,040	(44)
31.9	…	–	…	–	…	24.2	…	(45)
87.4	…	–	…	121.2	…	21.1	…	(46)
530.8	…	295.5	…	99.1	…	340.7	…	(47)
…	1,297	…	872	…	2,333	…	–	(48)
22.1	…	–	…	–	…	–	…	(49)
–	…	–	…	63.1	…	–	…	(50)
82.4	…	109.9	…	53.7	…	–	…	(51)
64.8	1,937	51.9	1,116	14.8	578	–	–	(52)
…	4,947	…	3,338	…	330	…	2,973	(53)
…	9,978	…	14,155	…	6,425	…	5,679	(54)
…	8,104	…	14,155	…	6,425	…	5,679	(55)
–	…	–	…	–	…	–	…	(56)
33.8	…	235.8	…	31.1	…	–	…	(57)
545.6	…	652.2	…	722.1	…	150.8	…	(58)
…	1,874	…	–	…	–	…	–	(59)
…	–	…	–	…	–	…	–	(60)
–	–	0.3	83	–	–	–	–	(61)
–	–	–	–	–	–	–	–	(62)
35.2	837	–	–	–	–	–	–	(63)
–	–	–	–	–	–	–	–	(64)
–	–	–	–	–	–	–	–	(65)

1　牛乳生産費（続き）
(6)　流通飼料及び牧草の使用数量と価額（搾乳牛１頭当たり）（続き）
エ　全国農業地域別

区　　　　　分		東　　北		北　　陸		関東・東山	
		数　量	価　額	数　量	価　額	数　量	価　額
		(1)	(2)	(3)	(4)	(5)	(6)
		kg	円	kg	円	kg	円
流　通　飼　料　費　合　計	(1)	…	364,292	…	562,613	…	428,381
購　入　飼　料　費　計	(2)	…	362,151	…	561,831	…	425,974
穀　　　　　　類　小　計	(3)	…	3,636	…	14,580	…	9,684
大　　　　　　　　麦	(4)	38.8	2,339	−	−	25.9	1,442
そ　の　他　の　麦	(5)	−	−	131.1	7,984	4.8	43
と　う　も　ろ　こ　し	(6)	22.7	1,150	130.7	6,596	126.5	5,262
大　　豆　　米	(7)	1.0	110	−	−	16.3	961
飼　　料　　用	(8)	−	−	−	−	−	−
そ　　の　　他	(9)	…	37	…	−	…	1,976
ぬか・ふすま類　小　計	(10)	…	371	…	668	…	530
ふ　　す　　ま　　か	(11)	9.8	368	17.2	668	12.6	530
米　・　麦　ぬ　か	(12)	0.1	3	−	−	−	−
そ　　の　　他	(13)	…	−	…	−	…	−
植　物　性　か　す　類　小　計	(14)	…	14,254	…	11,806	…	13,209
大　豆　油　か　す	(15)	5.6	494	−	−	17.4	1,009
ビ　ー　ト　パ　ル　プ	(16)	215.0	12,078	183.8	11,229	181.7	9,236
そ　　の　　他	(17)	…	1,682	…	577	…	2,964
配　　　合　　　飼　　　料	(18)	2,963.0	198,187	2,835.4	225,959	2,807.0	168,167
Ｔ　　　Ｍ　　　Ｒ	(19)	1,001.1	57,924	−	−	951.9	49,290
牛　乳　・　脱　脂　乳	(20)	…	4,738	…	3,540	…	9,783
い　も　類　及　び　野　菜　類	(21)	−	−	−	−	−	−
わ　ら　類　そ　の　他　小　計	(22)	…	672	…	−	…	361
稲　　　　　わ　　　ら	(23)	36.0	672	−	−	23.2	361
そ　　の　　他	(24)	−	−	−	−	−	−
生　　　　牧　　　　草	(25)	−	−	−	−	−	−
乾　　　牧　　　草　小　計	(26)	…	49,829	…	273,265	…	118,974
まめ科・ヘイキューブ	(27)	83.0	6,053	1,122.0	64,237	252.2	15,033
そ　　の　　他	(28)	…	43,776	…	209,028	…	103,941
サ　　イ　　レ　　ー　　ジ　小　計	(29)	…	5,907	…	−	…	31,514
い　　　　ね　　　　科	(30)	375.9	4,840	−	−	287.9	4,675
うち　稲　発　酵　粗　飼　料	(31)	310.2	3,382	−	−	96.3	1,819
そ　　の　　他	(32)	…	1,067	…	−	…	26,839
そ　　　　の　　　　他	(33)	…	26,633	…	32,013	…	24,462
自　給　飼　料　費　計	(34)	…	2,141	…	782	…	2,407
牛　乳　・　脱　脂　乳	(35)	…	1,875	…	782	…	2,251
稲　　　　わ　　　　ら	(36)	15.5	266	−	−	8.9	156
そ　　　　の　　　　他	(37)	…	−	…	−	…	−

| 東 海 | | 近 畿 | | 中 国 | | 四 国 | | 九 州 | | |
数 量	価 額	数 量	価 額	数 量	価 額	数 量	価 額	数 量	価 額	
(7) kg	(8) 円	(9) kg	(10) 円	(11) kg	(12) 円	(13) kg	(14) 円	(15) kg	(16) 円	
…	**489,092**	…	**477,245**	…	**519,427**	…	**362,457**	…	**369,262**	(1)
…	**488,185**	…	**476,141**	…	**516,181**	…	**361,535**	…	**368,803**	(2)
…	2,389	…	13,823	…	42,019	…	10,122	…	10,340	(3)
-	-	3.0	172	268.6	12,671	124.2	6,297	34.9	1,693	(4)
-	-	-	-	-	-	-	-	-	-	(5)
27.3	1,194	202.8	12,034	280.5	11,380	95.8	3,825	207.0	6,532	(6)
12.7	1,195	0.3	30	66.0	7,386	-	-	16.7	1,783	(7)
-	-	-	-	38.9	670	-	-	-	-	(8)
…	-	…	1,587	…	9,912	…	-	…	332	(9)
…	-	…	1,316	…	297	…	-	…	1,046	(10)
-	-	38.4	1,316	7.9	297	-	-	30.1	1,046	(11)
-	-	-	-	-	-	-	-	-	-	(12)
…	-	…	-	…	-	…	-	…	-	(13)
…	13,548	…	12,560	…	31,489	…	31,858	…	27,014	(14)
3.3	342	7.4	557	99.4	7,931	204.0	16,442	50.2	3,766	(15)
32.2	1,650	166.9	6,427	246.7	13,670	221.0	12,536	371.2	20,210	(16)
…	11,556	…	5,576	…	9,888	…	2,880	…	3,038	(17)
4,373.5	235,693	3,248.7	191,973	3,026.5	186,948	2,756.5	180,410	2,737.3	174,361	(18)
415.6	15,401	755.0	42,269	337.1	15,739	-	-	566.4	10,620	(19)
…	10,239	…	8,150	…	6,242	…	4,760	…	14,075	(20)
-	-	-	-	-	-	-	-	-	-	(21)
…	41	…	131	…	420	…	830	…	385	(22)
0.8	41	10.5	131	42.0	420	27.7	830	37.7	370	(23)
…	-	…	-	…	-	…	-	…	15	(24)
-	-	-	-	-	-	-	-	2.2	39	(25)
…	166,187	…	184,223	…	175,995	…	109,984	…	93,892	(26)
14.0	871	46.9	2,802	63.3	4,082	273.2	15,760	32.0	1,960	(27)
…	165,316	…	181,421	…	171,913	…	94,224	…	91,932	(28)
…	12,067	…	1,937	…	12,873	…	-	…	5,818	(29)
256.4	12,067	53.8	1,937	655.8	12,873	-	-	413.8	5,675	(30)
54.2	745	53.8	1,937	552.5	7,480	-	-	278.3	3,065	(31)
…	-	…	-	…	-	…	-	…	143	(32)
…	32,620	…	19,759	…	44,159	…	23,571	…	31,213	(33)
…	**907**	…	**1,104**	…	**3,246**	…	**922**	…	**459**	**(34)**
…	907	…	1,104	…	3,133	…	862	…	418	(35)
-	-	-	-	4.2	113	3.0	60	1.9	41	(36)
…	-	…	-	…	-	…	-	…	-	(37)

1 牛乳生産費（続き）
(6) 流通飼料及び牧草の使用数量と価額（搾乳牛1頭当たり）（続き）
エ 全国農業地域別（続き）

区　　　　　　　　　　　　分		東　　　北		北　　　陸		関　東・東　山	
		数　量	価　額	数　量	価　額	数　量	価　額
		(1)	(2)	(3)	(4)	(5)	(6)
		kg	円	kg	円	kg	円
牧草・放牧・採草費合計	(38)	…	67,673	…	22,250	…	44,319
い　ね　科　牧　草	(39)	…	35,914	…	16,229	…	36,116
デ　ン　ト　コ　ー　ン	(40)	…	24,356	…	-	…	20,985
生　　　　牧　　　　草	(41)	-	…	-	…	-	…
乾　　　　牧　　　　草	(42)	-	…	-	…	-	…
サ　イ　レ　ー　ジ	(43)	1,662.0	…	-	…	2,695.9	…
イ　タ　リ　ア　ン　ラ　イ　グ　ラ　ス	(44)	…	4,885	…	2,247	…	7,613
生　　　　牧　　　　草	(45)	-	…	-	…	4.1	…
乾　　　　牧　　　　草	(46)	94.6	…	-	…	66.1	…
サ　イ　レ　ー　ジ	(47)	64.2	…	86.7	…	509.5	…
ソ　　ル　　ゴ　　ー	(48)	…	-	…	-	…	717
生　　　　牧　　　　草	(49)	-	…	-	…	16.4	…
乾　　　　牧　　　　草	(50)	-	…	-	…	-	…
サ　イ　レ　ー　ジ	(51)	-	…	-	…	42.6	…
稲　発　酵　粗　飼　料	(52)	26.6	1,009	282.2	6,334	14.2	355
そ　　　　の　　　　他	(53)	…	5,664	…	7,649	…	6,447
ま　　ぜ　　ま　　き	(54)	…	31,759	…	6,021	…	8,203
い　ね　科　を　主　と　す　る　も　の	(55)	…	28,406	…	6,021	…	8,203
生　　　　牧　　　　草	(56)	-	…	-	…	-	…
乾　　　　牧　　　　草	(57)	414.9	…	-	…	8.4	…
サ　イ　レ　ー　ジ	(58)	1,229.5	…	435.4	…	497.6	…
そ　　　　の　　　　他	(59)	…	3,353	-	-	…	-
そ　　　　の　　　　他	(60)	…		…		…	
穀　　　　　　　類	(61)	-	-	-	-	-	-
い　も　類　及　び　野　菜　類	(62)	-	-	-	-	-	-
野　　　生　　　草	(63)	-	-	-	-	-	-
野　　　乾　　　草	(64)	-	-	-	-	-	-
放　　牧　　場　　費	(65)						

注：放牧場費の数量の単位は「時間」である。

東海 数量	東海 価額	近畿 数量	近畿 価額	中国 数量	中国 価額	四国 数量	四国 価額	九州 数量	九州 価額	
(7) kg	(8) 円	(9) kg	(10) 円	(11) kg	(12) 円	(13) kg	(14) 円	(15) kg	(16) 円	
…	12,336	…	16,309	…	32,581	…	47,212	…	54,082	(38)
…	3,058	…	11,229	…	29,582	…	45,606	…	46,893	(39)
…	1,970	…	675	…	11,936	…	16,838	…	23,417	(40)
–	…	–	…	–	…	–	…	–	…	(41)
	…		…		…		…		…	(42)
60.4	…	35.5	…	777.9	…	2,573.9	…	2,691.3	…	(43)
	1,088	…	4,520		6,097	…	12,210	…	16,493	(44)
–	…	107.5	…		…	439.3	…	47.3	…	(45)
–	…	181.2	…	14.4	…		…	47.4	…	(46)
26.1	…	36.6	…	119.0	…	447.1	…	1,146.1	…	(47)
…	–	…	4,453	…	3,409	…	4,832	…	82	(48)
–	…	232.6	…	36.9	…	–		–	…	(49)
–	…	80.7	…	…	…	…		–	…	(50)
–	…	54.1	…	236.0	…	569.6	…	7.8	…	(51)
–	–	–	–	103.5	4,896	343.1	11,455	116.8	2,941	(52)
…	–	…	1,580	…	3,243	…	271	…	3,961	(53)
…	8,995	…	5,080	…	2,999	…	–	…	6,120	(54)
…	8,995	…	5,080	…	2,999	…		…	6,120	(55)
–	…	–	…	–	…		…	–	…	(56)
37.6	…	–	…	–	…		…	14.8	…	(57)
458.6	…	402.1	…	162.0	…		…	415.6	…	(58)
…			–	…		…	–	…	–	(59)
…			–	…		…		…		(60)
–	–	–	–	–	–	6.2	1,606	–	–	(61)
–		–		–		–		–		(62)
–		–		–		–		45.0	1,069	(63)
										(64)
2.7	283	–		–		–		–	–	(65)

1 牛乳生産費（続き）
(7) 敷料の使用数量と価額（搾乳牛1頭当たり）

ア 全国

区　　　　　　　　　分		平　　均		20　頭　未　満		20　〜　30	
		数　量	価　額	数　量	価　額	数　量	価　額
		(1)	(2)	(3)	(4)	(5)	(6)
		kg	円	kg	円	kg	円
敷　料　費　合　計	(1)	…	11,406	…	7,450	…	6,759
購　　入　　敷　　料							
購　入　敷　料　費　計	(2)	…	10,254	…	5,205	…	5,511
稲　　　わ　　　ら	(3)	15.2	241	51.8	907	107.8	1,749
お　　が　　く　　ず	(4)	631.5	6,351	480.2	2,845	303.1	2,615
麦　　　わ　　　ら	(5)	112.4	1,751	4.7	127	30.3	209
乾　　　牧　　　草	(6)	16.4	228	12.5	198	−	−
そ　　　の　　　他	(7)	…	1,683	…	1,128	…	938
自　　給　　敷　　料							
自　給　敷　料　費　計	(8)	…	1,152	…	2,245	…	1,248
稲　　　わ　　　ら	(9)	6.3	97	80.3	1,191	35.6	536
お　　が　　く　　ず	(10)	−	−	−	−	−	−
麦　　　わ　　　ら	(11)	6.1	74	36.1	656	35.4	308
乾　　　牧　　　草	(12)	27.7	728	18.8	296	8.7	310
そ　　　の　　　他	(13)	…	253	…	102	…	94

イ 北海道

区　　　　　　　　　分		平　　均		20　頭　未　満		20　〜　30	
		数　量	価　額	数　量	価　額	数　量	価　額
		(1)	(2)	(3)	(4)	(5)	(6)
		kg	円	kg	円	kg	円
敷　料　費　合　計	(1)	…	10,360	…	11,255	…	6,776
購　　入　　敷　　料							
購　入　敷　料　費　計	(2)	…	8,503	…	3,583	…	2,055
稲　　　わ　　　ら	(3)	1.1	10	−	−	−	−
お　　が　　く　　ず	(4)	241.5	3,422	−	−	41.1	482
麦　　　わ　　　ら	(5)	201.4	3,138	38.9	1,045	207.6	1,430
乾　　　牧　　　草	(6)	26.7	294	83.8	1,051	−	−
そ　　　の　　　他	(7)	…	1,639	…	1,487	…	143
自　　給　　敷　　料							
自　給　敷　料　費　計	(8)	…	1,857	…	7,672	…	4,721
稲　　　わ　　　ら	(9)	−	−	−	−	−	−
お　　が　　く　　ず	(10)	−	−	−	−	−	−
麦　　　わ　　　ら	(11)	11.0	134	297.9	5,404	242.6	2,105
乾　　　牧　　　草	(12)	49.3	1,305	120.4	2,268	59.8	2,123
そ　　　の　　　他	(13)	…	418	−	−	…	493

30 ～ 50		50 ～ 80		80 ～ 100		100 頭 以 上		
数 量	価 額	数 量	価 額	数 量	価 額	数 量	価 額	
(7)	(8)	(9)	(10)	(11)	(12)	(13)	(14)	
kg	円	kg	円	kg	円	kg	円	
…	7,096	…	9,957	…	13,590	…	14,760	(1)
…	5,963	…	7,865	…	11,111	…	14,608	(2)
25.1	428	4.5	45	10.7	111	－	－	(3)
371.4	2,928	535.0	4,445	487.7	7,219	906.5	9,710	(4)
103.9	1,602	149.8	2,113	208.5	2,911	95.0	1,732	(5)
29.7	610	10.4	109	8.2	179	18.8	174	(6)
…	395	…	1,153	…	691	…	2,992	(7)
…	1,133	…	2,092	…	2,479	…	152	(8)
3.5	70	－	－	－	－	－	－	(9)
－	－	－	－	－	－	－	－	(10)
4.3	42	7.3	87	－	－	－	－	(11)
26.7	803	66.9	1,620	40.0	1,370	6.6	136	(12)
…	218	…	385	…	1,109	…	16	(13)

30 ～ 50		50 ～ 80		80 ～ 100		100 頭 以 上		
数 量	価 額	数 量	価 額	数 量	価 額	数 量	価 額	
(7)	(8)	(9)	(10)	(11)	(12)	(13)	(14)	
kg	円	kg	円	kg	円	kg	円	
…	8,287	…	9,248	…	11,076	…	11,360	(1)
…	5,559	…	5,926	…	7,039	…	11,143	(2)
5.2	52	－	－	3.7	28	－	－	(3)
38.6	634	181.2	1,551	124.9	1,783	359.4	5,574	(4)
266.5	4,114	244.8	3,453	338.1	4,715	135.9	2,478	(5)
36.2	678	17.0	178	13.3	292	26.9	249	(6)
…	81	…	744	…	221	…	2,842	(7)
…	2,728	…	3,322	…	4,037	…	217	(8)
－	－	－	－	－	－	－	－	(9)
－	－	－	－	－	－	－	－	(10)
11.0	107	12.0	143	－	－	－	－	(11)
68.7	2,070	109.3	2,648	65.1	2,231	9.4	195	(12)
…	551	…	531	…	1,806	…	22	(13)

1 牛乳生産費（続き）
(7) 敷料の使用数量と価額（搾乳牛1頭当たり）（続き）
ウ 都府県

区　　　　　　分		平　　均		20 頭 未 満		20 〜 30	
		数 量	価 額	数 量	価 額	数 量	価 額
		(1)	(2)	(3)	(4)	(5)	(6)
		kg	円	kg	円	kg	円
敷 料 費 合 計	(1)	…	12,725	…	6,927	…	6,753
購 入 敷 料							
購 入 敷 料 費 計	(2)	…	12,458	…	5,430	…	6,100
稲 わ ら	(3)	33.1	533	59.0	1,033	126.2	2,048
お が く ず	(4)	1,122.0	10,036	546.6	3,238	347.9	2,979
麦 わ ら	(5)	0.4	6	－	－	－	－
乾 牧 草	(6)	3.4	146	2.7	80	－	－
そ の 他	(7)	…	1,737	…	1,079	…	1,073
自 給 敷 料							
自 給 敷 料 費 計	(8)	…	267	…	1,497	…	653
稲 わ ら	(9)	14.3	220	91.4	1,356	41.7	628
お が く ず	(10)	－	－	－	－	－	－
麦 わ ら	(11)	－	－	－	－	－	－
乾 牧 草	(12)	0.4	2	4.8	24	－	－
そ の 他	(13)	…	45	…	117	…	25

エ 全国農業地域別

区　　　　　　分		東　　北		北　　陸		関 東 ・ 東 山	
		数 量	価 額	数 量	価 額	数 量	価 額
		(1)	(2)	(3)	(4)	(5)	(6)
		kg	円	kg	円	kg	円
敷 料 費 合 計	(1)	…	8,005	…	3,495	…	8,588
購 入 敷 料							
購 入 敷 料 費 計	(2)	…	6,925	…	3,361	…	8,440
稲 わ ら	(3)	144.6	2,045	61.0	1,219	37.1	559
お が く ず	(4)	648.6	3,645	－	－	696.9	5,331
麦 わ ら	(5)	－	－	－	－	0.5	10
乾 牧 草	(6)	13.7	751	－	－	3.0	36
そ の 他	(7)	…	484	…	2,142	…	2,504
自 給 敷 料							
自 給 敷 料 費 計	(8)	…	1,080	…	134	…	148
稲 わ ら	(9)	69.3	1,041	－	－	6.3	126
お が く ず	(10)	－	－	－	－	－	－
麦 わ ら	(11)	－	－	－	－	－	－
乾 牧 草	(12)	2.4	12	－	－	－	－
そ の 他	(13)	…	27	…	134	…	22

30 ～ 50		50 ～ 80		80 ～ 100		100 頭 以 上		
数 量	価 額	数 量	価 額	数 量	価 額	数 量	価 額	
(7)	(8)	(9)	(10)	(11)	(12)	(13)	(14)	
kg	円	kg	円	kg	円	kg	円	
…	6,338	…	11,077	…	17,585	…	22,652	(1)
…	6,217	…	10,922	…	17,585	…	22,652	(2)
37.7	666	11.6	116	21.9	244	-	-	(3)
582.3	4,381	1,092.8	9,009	1,064.5	15,861	2,177.1	19,312	(4)
0.8	10	-	-	2.3	41	-	-	(5)
12.9	566	-	-	-	-	-	-	(6)
…	594	…	1,797	…	1,439	…	3,340	(7)
…	121	…	155	…	-	…	-	(8)
5.7	114	-	-	-	-	-	-	(9)
-	-	-	-	-	-	-	-	(10)
-	-	-	-	-	-	-	-	(11)
-	-	-	-	-	-	-	-	(12)
…	7	…	155	…	-	…	-	(13)

東 海		近 畿		中 国		四 国		九 州		
数 量	価 額	数 量	価 額	数 量	価 額	数 量	価 額	数 量	価 額	
(7)	(8)	(9)	(10)	(11)	(12)	(13)	(14)	(15)	(16)	
kg	円	kg	円	kg	円	kg	円	kg	円	
…	22,606	…	15,453	…	18,627	…	4,294	…	14,554	(1)
…	22,606	…	15,291	…	18,206	…	4,294	…	14,542	(2)
1.4	14	-	-	-	-	-	-	0.5	5	(3)
2,174.6	22,187	644.1	14,590	1,480.6	14,206	951.3	4,294	1,420.1	12,985	(4)
-	-	-	-	3.2	42	-	-	-	-	(5)
-	-	-	-	-	-	-	-	-	-	(6)
…	405	…	701	…	3,958	…	-	…	1,552	(7)
…	-	…	162	…	421	…	-	…	12	(8)
-	-	13.9	152	-	-	-	-	0.6	12	(9)
-	-	-	-	-	-	-	-	-	-	(10)
-	-	-	-	-	-	-	-	-	-	(11)
-	-	-	-	-	-	-	-	-	-	(12)
…	-	…	10	…	421	…	-	…	-	(13)

1　牛乳生産費（続き）
(8)　牧草（飼料作物）の費用価（10a当たり）
ア　全国

区　　　　　分	1経営体当たり作付面積	生産量	費計	材料小計	種子費	肥料費	自給きゅう肥
	(1)	(2)	(3)	(4)	(5)	(6)	(7)
	a	kg	円	円	円	円	円
いね科							
イタリアンライグラス	447.1	3,047	32,928	18,374	2,574	5,439	4,663
ソ　ル　ゴ　ー	203.2	3,706	40,441	25,425	4,819	9,455	8,033
デ　ン　ト　コ　ー　ン	993.5	4,769	40,926	31,220	3,633	11,358	6,432
そ　　の　　他							
まぜまき（いね科主）	4,653.3	2,778	18,885	14,316	159	5,871	2,576

注：1　本結果は、牛乳生産費の調査対象経営体のうち、該当飼料作物を栽培（作付）した経営体の平均である。
　　2　本表には、調査対象経営体が生産した飼料作物のうち主要な牧草について掲載した。
　　3　牧草の種類によっては、対象数が少ない場合もあることから、利用に当たっては留意する必要がある。
　　4　1経営体当たり作付面積は、該当牧草を栽培（作付）した実面積である。
　　5　生産量は、調製前（収穫時）の10a当たりの生産量である。
　　6　賃借料及び料金には、草地費（草地開発のための費用）を含む。
　　（注1～6について、以下ウまで同じ。）

イ　北海道

区　　　　　分	1経営体当たり作付面積	生産量	費計	材料小計	種子費	肥料費	自給きゅう肥
	(1)	(2)	(3)	(4)	(5)	(6)	(7)
	a	kg	円	円	円	円	円
いね科							
デ　ン　ト　コ　ー　ン	1,498.6	4,562	43,158	35,531	3,829	14,730	7,295
そ　　の　　他							
まぜまき（いね科主）	6,179.1	2,774	18,347	14,150	104	5,771	2,428

用			価			労 働 時 間		
費		労 働 費		固 定 財 費		計	家 族 雇 用 別	
貸借料及び料金	その他		家 族		牧草用農機具		家 族	雇 用
(8)	(9)	(10)	(11)	(12)	(13)	(14)	(15)	(16)
円	円	円	円	円	円	時間	時間	時間
2,650	7,711	7,782	7,252	6,772	5,092	4.78	4.28	0.50
3,899	7,252	8,882	8,846	6,134	5,069	5.19	5.14	0.05
7,109	9,120	4,350	3,963	5,356	3,873	2.67	2.34	0.33
3,615	4,671	1,455	1,366	3,114	2,371	0.82	0.77	0.05

用			価			労 働 時 間		
費		労 働 費		固 定 財 費		計	家 族 雇 用 別	
貸借料及び料金	その他		家 族		牧草用農機具		家 族	雇 用
(8)	(9)	(10)	(11)	(12)	(13)	(14)	(15)	(16)
円	円	円	円	円	円	時間	時間	時間
7,929	9,043	2,338	2,163	5,289	3,377	1.31	1.20	0.11
3,710	4,565	1,264	1,192	2,933	2,183	0.70	0.66	0.04

1　牛乳生産費（続き）

(8)　牧草（飼料作物）の費用価（10 a 当たり）（続き）

ウ　都府県

区　　　　　分	1 経営体当たり作付面積	生産量	費	材		料		
			計	小　計	種子費	肥　料　費		
							自　給きゅう肥	
	(1)　a	(2)　kg	(3)　円	(4)　円	(5)　円	(6)　円	(7)　円
い　　　　ね　　　　科							
イタリアンライグラス	447.1	3,047	32,928	18,374	2,574	5,439	4,663
ソ　ル　ゴ　ー	194.4	3,623	40,217	24,442	4,716	9,297	8,106
デ　ン　ト　コ　ー　ン	733.3	4,987	38,577	26,685	3,427	7,807	5,523
そ　　　の　　　他							
まぜまき（いね科主）	978.1	2,838	27,099	16,872	995	7,400	4,830

(9)　放牧場の費用価（10 a 当たり）

区　　　　　分	1 経営体当たり放牧場面積	費	用	労　働　費	
		計	材　料　費		家　族
	(1)　a	(2)　円	(3)　円	(4)　円	(5)　円
北　　海　　道	1,346.3	3,565	3,077	159	159

用 費 価						労 働 時 間		
貸借料 及び料金	その他	労 働 費	家 族	固 定 財 費	牧草用 農機具	計	家 族 雇 用 別 家 族	雇 用
(8) 円	(9) 円	(10) 円	(11) 円	(12) 円	(13) 円	(14) 時間	(15) 時間	(16) 時間
2,650	7,711	7,782	7,252	6,772	5,092	4.78	4.28	0.50
3,152	7,277	9,427	9,388	6,348	5,371	5.49	5.44	0.05
6,246	9,205	6,466	5,857	5,426	4,394	4.08	3.52	0.56
2,163	6,314	4,364	4,017	5,863	5,237	2.71	2.45	0.26

価 固 定 財 費	農機具	労 働 時 間 計	家 族 雇 用 別 家 族	雇 用
(6) 円	(7) 円	(8) 時間	(9) 時間	(10) 時間
329	222	0.09	0.09	0.00

2 子 牛 生 産 費

2 子牛生産費
(1) 経営の概況（1経営体当たり）

区　　　　　　分	集　計経営体数	世　　帯　　員			農　業　就　業　者		
		計	男	女	計	男	女
	(1)	(2)	(3)	(4)	(5)	(6)	(7)
	経営体	人	人	人	人	人	人
全　　　　　　国　(1)	189	3.5	1.7	1.8	1.9	1.2	0.7
繁　殖　雌　牛飼　養　頭　数　規　模　別							
2 〜 5頭未満　(2)	35	3.3	1.7	1.6	1.7	1.1	0.6
5 〜 10　(3)	45	3.4	1.6	1.8	1.6	1.0	0.6
10 〜 20　(4)	38	2.8	1.5	1.3	1.8	1.2	0.6
20 〜 50　(5)	48	4.2	2.0	2.2	2.1	1.3	0.8
50頭以上　(6)	23	5.4	2.6	2.8	3.4	1.9	1.5
全　国　農　業　地　域　別							
北　　海　　道　(7)	12	4.0	2.0	2.0	2.3	1.4	0.9
東　　　　北　(8)	43	4.1	2.0	2.1	1.8	1.1	0.7
関　東　・　東　山　(9)	10	4.1	2.3	1.8	2.4	1.7	0.7
東　　　海　(10)	3	4.4	1.7	2.7	3.3	1.3	2.0
近　　　畿　(11)	4	3.8	1.5	2.3	2.5	1.5	1.0
中　　　国　(12)	10	4.8	2.5	2.3	2.0	1.3	0.7
四　　　国　(13)	1	x	x	x	x	x	x
九　　　州　(14)	96	3.2	1.6	1.6	2.0	1.2	0.8
沖　　　縄　(15)	10	3.4	1.7	1.7	1.5	1.1	0.4

区　　　　　　分	経営土地（続き）	畜舎の面積及び自動車・農機具の所有状況（10経営体当たり）				繁 殖 雌 牛飼　養　月平　均　頭　数	繁 殖 雌 牛（ 1 頭
	山　林その他	畜舎面積（ 1 経営体当 た り ）	カッター	貨　物自動車	トラクター耕うん機を含む。		月　齢
	(17)	(18)	(19)	(20)	(21)	(22)	(23)
	a	m²	台	台	台	頭	月
全　　　　　　国　(1)	499	289.0	5.0	19.1	21.3	15.7	77.8
繁　殖　雌　牛飼　養　頭　数　規　模　別							
2 〜 5頭未満　(2)	370	129.6	6.4	14.0	16.0	3.3	86.2
5 〜 10　(3)	388	169.3	5.2	15.3	20.5	7.2	77.9
10 〜 20　(4)	271	282.1	2.7	17.5	19.8	14.4	67.2
20 〜 50　(5)	1,258	529.4	4.0	29.7	27.2	32.3	84.9
50頭以上　(6)	588	1,068.1	7.1	40.9	43.4	80.2	76.0
全　国　農　業　地　域　別							
北　　海　　道　(7)	844	598.2	−	32.5	50.8	37.0	83.2
東　　　　北　(8)	472	262.3	2.3	18.7	24.5	14.8	82.3
関　東　・　東　山　(9)	84	417.8	2.0	20.0	26.0	22.9	67.1
東　　　海　(10)	185	612.2	−	26.7	6.7	21.6	67.4
近　　　畿　(11)	114	355.6	2.5	22.5	12.5	16.7	79.3
中　　　国　(12)	1,314	330.2	6.0	23.0	16.4	18.3	83.1
四　　　国　(13)	x	x	x	x	x	x	x
九　　　州　(14)	204	429.9	7.9	21.8	24.9	22.3	79.8
沖　　　縄　(15)	9	338.1	3.0	17.0	18.0	20.7	89.9

経　営　土　地									
	耕　　地				畜　産　用　地				
計	小　計	田	畑	牧草地	小　計	畜舎等	放牧地	採草地	
(8)	(9)	(10)	(11)	(12)	(13)	(14)	(15)	(16)	
a	a	a	a	a	a	a	a	a	
1,113	551	283	71	197	63	15	47	1	(1)
634	259	177	49	33	5	5	–	0	(2)
783	381	200	65	116	14	6	8	–	(3)
951	667	416	80	171	13	13	0	–	(4)
2,021	664	302	103	259	99	20	75	4	(5)
3,362	2,124	688	110	1,326	650	105	545	0	(6)
4,955	3,169	880	277	2,012	942	87	855	–	(7)
1,242	733	563	40	130	37	10	27	–	(8)
870	770	628	142	–	16	16	–	–	(9)
507	308	222	56	30	14	14	–	–	(10)
476	353	344	3	6	9	4	–	5	(11)
1,760	314	220	30	64	132	8	124	–	(12)
x	x	x	x	x	x	x	x	x	(13)
700	438	187	62	189	58	19	37	2	(14)
485	446	28	90	328	30	21	9	–	(15)

の概要 当たり)	計算期間	生産物（繁殖雌牛1頭当たり）							
		主産物（子牛）				副産物（きゅう肥）			
		販売頭数〔1経営体当たり〕	子牛1頭当たり			数　量	利用量	価額（利用分）	
評価額			生体重	価　格	ほ育・育成期間				
(24)	(25)	(26)	(27)	(28)	(29)	(30)	(31)	(32)	
円	年	頭	kg	円	月	kg	kg	円	
551,584	1.3	12.1	291.2	740,368	9.2	14,486	8,684	22,468	(1)
621,187	1.2	2.7	309.4	786,565	9.2	15,183	10,012	48,292	(2)
566,843	1.3	5.6	301.0	730,501	9.0	11,516	10,410	40,905	(3)
518,102	1.2	11.4	294.4	733,661	9.4	14,815	9,870	20,510	(4)
564,254	1.3	23.5	280.5	744,737	9.1	13,930	7,601	20,540	(5)
538,738	1.3	61.8	294.9	730,427	9.3	14,607	7,965	11,149	(6)
461,656	1.4	27.7	312.5	669,069	10.1	14,361	12,719	39,229	(7)
617,682	1.4	10.2	297.1	713,171	9.7	15,818	11,615	38,765	(8)
527,340	1.3	13.1	298.0	776,504	9.4	15,815	10,890	20,308	(9)
596,755	1.1	15.7	268.8	787,155	8.6	12,713	8,004	13,148	(10)
584,846	1.2	13.0	235.3	970,698	8.6	13,437	3,466	13,399	(11)
510,691	1.2	15.4	288.9	667,023	9.2	9,547	5,226	24,357	(12)
x	x	x	x	x	x	x	x	x	(13)
602,952	1.3	17.2	292.1	759,787	9.0	15,959	10,448	25,683	(14)
521,961	1.5	13.7	276.2	650,134	9.5	16,189	6,280	20,289	(15)

2 子牛生産費（続き）
(2) 作業別労働時間（子牛1頭当たり）

区　分		計	男	女	家　族　・　雇　用　別　内　訳					
					家　　族			雇　　用		
					小　計	男	女	小　計	男	女
		(1)	(2)	(3)	(4)	(5)	(6)	(7)	(8)	(9)
全　　　　　国	(1)	126.45	92.91	33.54	121.92	89.78	32.14	4.53	3.13	1.40
繁 殖 雌 牛 飼 養 頭 数 規 模 別										
2 ～ 5頭未満	(2)	231.77	187.99	43.78	231.15	187.37	43.78	0.62	0.62	-
5 ～ 10	(3)	209.98	153.49	56.49	204.83	149.80	55.03	5.15	3.69	1.46
10 ～ 20	(4)	137.09	95.75	41.34	133.05	95.15	37.90	4.04	0.60	3.44
20 ～ 50	(5)	106.03	77.24	28.79	104.29	75.83	28.46	1.74	1.41	0.33
50頭以上	(6)	82.19	60.36	21.83	74.25	53.81	20.44	7.94	6.55	1.39
全 国 農 業 地 域 別										
北　　海　　道	(7)	88.60	68.10	20.50	80.49	63.58	16.91	8.11	4.52	3.59
東　　　　北	(8)	130.67	102.36	28.31	122.78	95.49	27.29	7.89	6.87	1.02
関　東 ・ 東　山	(9)	88.10	74.10	14.00	87.75	73.75	14.00	0.35	0.35	-
東　　　　海	(10)	139.52	64.35	75.17	139.52	64.35	75.17	-	-	-
近　　　　畿	(11)	130.28	108.02	22.26	128.73	106.47	22.26	1.55	1.55	-
中　　　　国	(12)	148.61	136.66	11.95	124.55	112.60	11.95	24.06	24.06	-
四　　　　国	(13)	x	x	x	x	x	x	x	x	x
九　　　　州	(14)	137.77	93.01	44.76	129.60	86.78	42.82	8.17	6.23	1.94
沖　　　　縄	(15)	160.22	112.94	47.28	159.99	112.71	47.28	0.23	0.23	-

(3) 収益性
ア　繁殖雌牛1頭当たり

区　分		粗　収　益			生　産　費　用		
		計	主　産　物	副　産　物	生産費総額	生産費総額から家族労働費、自己資本利子、自作地地代を控除した額	生産費総額から家族労働費を控除した額
		(1)	(2)	(3)	(4)	(5)	(6)
全　　　　　国	(1)	766,274	743,806	22,468	676,809	429,279	497,788
繁 殖 雌 牛 飼 養 頭 数 規 模 別							
2 ～ 5頭未満	(2)	834,857	786,565	48,292	833,440	466,670	532,202
5 ～ 10	(3)	784,023	740,058	43,965	807,508	465,666	530,333
10 ～ 20	(4)	758,032	737,522	20,510	704,284	434,051	498,379
20 ～ 50	(5)	766,800	746,260	20,540	664,599	432,208	507,836
50頭以上	(6)	748,289	737,140	11,149	584,513	401,036	467,829
全 国 農 業 地 域 別							
北　　海　　道	(7)	712,353	673,124	39,229	764,080	496,797	618,403
東　　　　北	(8)	753,560	714,795	38,765	841,077	560,962	658,871
関　東 ・ 東　山	(9)	796,812	776,504	20,308	716,658	448,472	568,178
東　　　　海	(10)	800,303	787,155	13,148	675,813	410,403	463,437
近　　　　畿	(11)	984,097	970,698	13,399	694,383	391,679	452,919
中　　　　国	(12)	691,380	667,023	24,357	736,543	493,484	546,302
四　　　　国	(13)	x	x	x	x	x	x
九　　　　州	(14)	789,630	763,947	25,683	724,168	465,268	536,195
沖　　　　縄	(15)	670,423	650,134	20,289	712,589	424,616	536,759

単位：時間

直 接 労 働 時 間				間 接 労 働 時 間	
	飼 育 労 働 時 間				自給牧草に係る労働時間
小 計	飼料の調理・給与・給水	敷料の搬入・きゅう肥の搬出	そ の 他		
(10)	(11)	(12)	(13)	(14)	(15)
105.74	65.48	21.95	18.31	20.71	17.53 (1)
186.27	102.12	46.87	37.28	45.50	38.64 (2)
171.57	98.92	48.11	24.54	38.41	33.22 (3)
114.57	70.20	23.27	21.10	22.52	19.24 (4)
90.75	53.27	20.64	16.84	15.28	12.10 (5)
70.17	52.33	6.56	11.28	12.02	10.56 (6)
80.06	43.78	21.18	15.10	8.54	6.69 (7)
111.27	63.85	29.91	17.51	19.40	15.79 (8)
75.92	48.01	11.23	16.68	12.18	10.52 (9)
128.93	93.58	15.59	19.76	10.59	5.30 (10)
122.13	74.28	21.57	26.28	8.15	4.72 (11)
129.72	77.15	30.21	22.36	18.89	12.96 (12)
x	x	x	x	x	x (13)
110.95	69.26	19.38	22.31	26.82	22.48 (14)
138.31	81.04	45.40	11.87	21.91	20.80 (15)

単位：円 **イ　1日当たり** 単位：円

所 得	家 族 労 働 報 酬	所 得	家 族 労 働 報 酬	
(7)	(8)	(1)	(2)	
336,995	268,486	22,013	17,538	(1)
368,187	302,655	12,743	10,475	(2)
318,357	253,690	12,424	9,900	(3)
323,981	259,653	19,378	15,531	(4)
334,592	258,964	25,615	19,825	(5)
347,253	280,460	37,070	29,940	(6)
215,556	93,950	21,295	9,281	(7)
192,598	94,689	12,520	6,155	(8)
348,340	228,634	31,761	20,847	(9)
389,900	336,866	22,355	19,314	(10)
592,418	531,178	36,819	33,013	(11)
197,896	145,078	12,711	9,319	(12)
x	x	x	x	(13)
324,362	253,435	19,915	15,560	(14)
245,807	133,664	12,292	6,684	(15)

2 子牛生産費（続き）
(4) 生産費（子牛1頭当たり）

区　　　　　分	物 計 (1)	種付料 (2)	飼　料　費 小計 (3)	流通飼料費 (4)	購入 (5)	牧草・放牧・採草費 (6)	敷料費 (7)	購入 (8)	光熱水料及び動力費 (9)	購入 (10)	その他の諸材料費 (11)
全　　　　国　(1)	410,599	20,957	237,620	159,606	157,099	78,014	8,517	7,155	10,807	10,807	522
繁殖雌牛飼養頭数規模別											
2 ～ 5頭未満　(2)	457,751	27,486	257,656	148,894	138,603	108,762	11,762	6,485	10,402	10,402	716
5 ～ 10　(3)	450,029	24,146	245,270	146,925	142,694	98,345	6,787	4,933	9,721	9,721	349
10 ～ 20　(4)	411,753	25,284	231,675	152,709	150,067	78,966	5,642	4,898	12,426	12,426	467
20 ～ 50　(5)	418,220	19,863	237,162	174,983	173,820	62,179	7,245	6,416	11,158	11,158	678
50頭以上　(6)	377,042	16,606	234,166	157,310	156,099	76,856	11,346	10,202	10,019	10,019	438
全国農業地域別											
北　海　道　(7)	473,429	23,920	236,954	144,528	144,130	92,426	21,369	11,755	11,398	11,398	403
東　　　北　(8)	526,783	22,765	279,223	200,472	194,956	78,751	7,849	4,743	9,379	9,379	1,124
関東・東山　(9)	432,726	20,585	251,846	173,655	169,369	78,191	5,921	4,044	8,520	8,520	1,265
東　　　海　(10)	409,732	7,187	224,496	203,389	203,389	21,107	6,412	6,412	7,632	7,632	802
近　　　畿　(11)	387,031	18,283	218,242	204,343	202,464	13,899	11,153	8,668	12,977	12,977	188
中　　　国　(12)	464,236	16,431	287,996	249,030	246,397	38,966	5,157	4,619	11,328	11,328	405
四　　　国　(13)	x	x	x	x	x	x	x	x	x	x	x
九　　　州　(14)	440,863	24,989	260,031	168,707	166,573	91,324	9,235	8,928	11,992	11,992	755
沖　　　縄　(15)	412,552	12,627	231,964	147,321	147,321	84,643	340	340	17,884	17,884	388

区　　　　　分	農機具費（続き）自給 (26)	償却 (27)	生産管理費 (28)	償却 (29)	労働費 計 (30)	家族 (31)	直接労働費 (32)	間接労働費 (33)	自給牧草に係る労働費 (34)	費 計 (35)
全　　　　国　(1)	-	5,954	1,631	44	183,114	177,635	153,879	29,235	24,684	593,713
繁殖雌牛飼養頭数規模別										
2 ～ 5頭未満　(2)	-	4,760	1,435	-	301,517	300,609	241,903	59,614	49,771	759,268
5 ～ 10　(3)	-	6,648	1,355	91	283,805	276,962	233,761	50,044	43,313	733,834
10 ～ 20　(4)	-	2,455	1,802	47	206,007	202,281	172,656	33,351	28,540	617,760
20 ～ 50　(5)	-	6,729	1,502	57	158,557	156,383	136,588	21,969	17,281	576,777
50頭以上　(6)	-	7,383	1,793	21	125,635	115,619	107,269	18,366	16,129	502,677
全国農業地域別										
北　海　道　(7)	-	12,899	2,441	-	156,499	144,799	140,864	15,635	12,264	629,928
東　　　北　(8)	-	14,425	1,946	158	193,437	181,792	165,326	28,111	23,115	720,220
関東・東山　(9)	-	868	2,354	-	148,989	148,477	128,350	20,639	17,751	581,715
東　　　海　(10)	-	2,319	3,812	-	212,376	212,376	193,874	18,502	9,660	622,108
近　　　畿　(11)	-	10,481	2,204	-	244,650	241,463	229,800	14,850	8,418	631,681
中　　　国　(12)	-	8,636	961	-	213,982	190,241	188,290	25,692	17,049	678,218
四　　　国　(13)	x	x	x	x	x	x	x	x	x	x
九　　　州　(14)	-	7,434	2,305	189	195,485	186,369	157,324	38,161	32,053	636,348
沖　　　縄　(15)	-	3,005	2,193	-	176,124	175,830	150,545	25,579	24,317	588,676

単位：円

財				費										
獣医師料及び医薬品費	賃借料及び料金	物件税及び公課諸負担	繁殖雌牛償却費	建物費 小計	購入	自給	償却	自動車費 小計	購入	自給	償却	農機具費 小計	購入	
(12)	(13)	(14)	(15)	(16)	(17)	(18)	(19)	(20)	(21)	(22)	(23)	(24)	(25)	
24,000	15,126	8,911	45,300	16,027	4,561	-	11,466	7,080	3,989	-	3,091	14,101	8,147	(1)
28,538	16,862	14,740	52,561	14,334	6,034	-	8,300	8,699	6,396	-	2,303	12,560	7,800	(2)
30,769	12,226	11,116	63,068	20,100	7,924	-	12,176	9,998	4,271	-	5,727	15,124	8,476	(3)
19,533	15,724	9,213	55,489	17,753	3,001	-	14,752	5,618	4,211	-	1,407	11,127	8,672	(4)
26,091	17,034	8,614	53,018	16,965	3,304	-	13,661	6,373	3,983	-	2,390	12,517	5,788	(5)
21,195	13,778	6,828	23,536	12,946	5,004	-	7,942	7,110	3,209	-	3,901	17,281	9,898	(6)
20,990	15,693	11,185	68,093	22,187	9,747	-	12,440	9,053	5,225	-	3,828	29,743	16,844	(7)
37,658	16,983	12,910	70,431	26,162	7,297	-	18,865	10,092	5,229	-	4,863	30,261	15,836	(8)
19,060	16,774	4,994	65,438	28,186	2,171	-	26,015	3,224	3,224	-	-	4,559	3,691	(9)
18,640	11,554	3,831	55,917	49,864	3,062	-	46,802	10,954	4,065	-	6,889	8,631	6,312	(10)
26,421	6,483	6,996	47,779	16,381	5,221	-	11,160	5,664	5,664	-	-	14,260	3,779	(11)
31,764	24,766	6,833	39,024	17,035	3,961	-	13,074	5,902	5,563	-	339	16,634	7,998	(12)
x	x	x	x	x	x	x	x	x	x	x	x	x	x	(13)
27,063	13,516	8,780	41,871	17,021	6,432	-	10,589	7,860	3,878	-	3,982	15,445	8,011	(14)
30,259	4,947	10,210	69,664	18,270	1,396	-	16,874	7,947	3,853	-	4,094	5,859	2,854	(15)

用 合 計 購入	自給	償却	副産物価額	生産費（副産物価額差引）	支払利子	支払地代	支払利子・地代算入生産費	自己資本利子	自作地地代	資本利子・地代算入生産費（全算入生産費）	
(36)	(37)	(38)	(39)	(40)	(41)	(42)	(43)	(44)	(45)	(46)	
268,340	259,518	65,855	22,364	571,349	1,660	9,767	582,776	56,637	11,556	650,969	(1)
266,405	424,939	67,924	48,292	710,976	492	7,520	718,988	46,292	19,239	784,519	(2)
264,732	381,392	87,710	43,932	689,902	970	7,522	698,394	50,207	14,410	763,011	(3)
258,977	284,633	74,150	20,402	597,358	1,574	15,015	613,947	51,770	12,221	677,938	(4)
280,368	220,554	75,855	20,497	556,280	2,388	8,657	567,325	67,708	7,765	642,798	(5)
265,064	194,830	42,783	11,047	491,630	1,588	8,950	502,168	54,470	11,714	568,352	(6)
285,431	247,237	97,260	38,993	590,935	2,118	6,972	600,025	85,283	35,590	720,898	(7)
342,313	269,165	108,742	38,677	681,543	2,208	19,212	702,963	87,364	10,323	800,650	(8)
256,563	232,831	92,321	20,308	561,407	473	14,760	576,640	93,646	26,060	696,346	(9)
276,698	233,483	111,927	13,148	608,960	-	672	609,632	46,381	6,653	662,666	(10)
302,535	259,726	69,420	13,399	618,282	873	588	619,743	59,652	1,589	680,984	(11)
384,767	232,378	61,073	24,357	653,861	1,065	4,441	659,367	50,938	1,880	712,185	(12)
x	x	x	x	x	x	x	x	x	x	x	(13)
292,149	280,134	64,065	25,543	610,805	1,877	11,103	623,785	61,908	8,634	694,327	(14)
234,566	260,473	93,637	20,289	568,387	2,339	9,431	580,157	102,233	9,910	692,300	(15)

2 子牛生産費（続き）
(5) 流通飼料の使用数量と価額（子牛1頭当たり）

区分	平均		2 ～ 5 頭 未 満		5 ～ 10	
	数量	価額	数量	価額	数量	価額
	(1)	(2)	(3)	(4)	(5)	(6)
	kg	円	kg	円	kg	円
流 通 飼 料 費 合 計 (1)	…	159,606	…	148,894	…	146,925
購 入 飼 料 費 計 (2)	…	157,099	…	138,603	…	142,694
穀　類						
小　計 (3)	…	1,830	…	2,158	…	942
大　麦 (4)	3.7	206	17.8	1,054	1.2	65
その他の麦 (5)	14.7	904	－	－	0.2	14
とうもろこし (6)	11.3	524	15.8	748	18.0	836
大　豆 (7)	1.8	193	3.2	356	0.2	27
飼 料 用 米 (8)	0.1	3	－	－	－	－
そ　の　他 (9)	…	－	…	－	…	－
ぬ か ・ ふ す ま 類						
小　計 (10)	…	3,996	…	7,904	…	5,199
ふ　す　ま (11)	102.8	3,817	169.5	7,095	124.3	4,776
米 ・ 麦 ぬ か (12)	5.2	179	23.1	809	11.2	423
そ　の　他 (13)	…	－	…	－	…	－
植 物 性 か す 類						
小　計 (14)	…	2,032	…	3,359	…	3,067
大 豆 油 か す (15)	12.1	1,032	38.0	3,049	13.9	1,185
ビ ー ト パ ル プ (16)	10.4	550	2.5	226	30.2	1,763
そ　の　他 (17)	…	450	…	84	…	119
配 合 飼 料 (18)	1,384.8	94,447	1,181.1	88,586	1,277.6	95,459
T　M　R (19)	25.7	1,819	72.7	5,122	5.9	459
牛 乳 ・ 脱 脂 乳 (20)	…	6,778	…	1,675	…	2,849
い も 類 及 び 野 菜 類 (21)	0.6	2	－	－	－	－
わ ら 類 そ の 他						
小　計 (22)	…	3,551	…	3,319	…	6,863
稲　わ　ら (23)	184.1	3,528	143.2	3,319	316.3	6,863
そ　の　他 (24)	…	23	…	－	…	－
生 牧 草 (25)	5.2	96	－	－	17.9	358
乾 牧 草						
小　計 (26)	…	31,877	…	19,093	…	17,991
まめ科・ヘイキューブ (27)	21.2	1,791	17.2	1,432	7.1	533
そ　の　他 (28)	…	30,086	…	17,661	…	17,458
サ イ レ ー ジ						
小　計 (29)	…	3,630	…	2,397	…	3,780
い　ね　科 (30)	188.1	3,372	64.6	646	157.0	3,780
うち 稲発酵粗飼料 (31)	160.9	2,792	64.6	646	157.0	3,780
そ　の　他 (32)	…	258	…	1,751	…	－
そ　の　他 (33)	…	7,041	…	4,990	…	5,727
自 給 飼 料 費 計 (34)	…	2,507	…	10,291	…	4,231
稲　わ　ら (35)	150.6	2,481	568.3	10,246	316.6	4,231
そ　の　他 (36)	…	26	…	45	…	－

10 ～ 20		20 ～ 50		50 頭 以 上		
数 量	価 額	数 量	価 額	数 量	価 額	
(7)	(8)	(9)	(10)	(11)	(12)	
kg	円	kg	円	kg	円	
…	152,709	…	174,983	…	157,310	(1)
…	150,067	…	173,820	…	156,099	(2)
…	1,667	…	2,937	…	1,203	(3)
7.2	386	2.3	123	0.6	34	(4)
-	-	36.2	2,301	13.3	747	(5)
25.1	1,171	9.7	439	0.7	36	(6)
1.0	110	1.0	74	3.4	377	(7)
-	-	-	-	0.2	9	(8)
…		…	-	…	-	(9)
…	4,507	…	4,670	…	1,736	(10)
120.4	4,494	121.2	4,559	52.3	1,630	(11)
0.3	13	3.4	111	3.3	106	(12)
…		…		…	-	(13)
…	2,650	…	690	…	2,162	(14)
13.8	1,240	2.8	260	12.9	1,086	(15)
5.4	349	5.2	279	12.3	519	(16)
…	1,061	…	151	…	557	(17)
1,450.5	100,644	1,473.6	100,281	1,352.7	86,380	(18)
17.2	1,357	38.0	2,851	16.8	955	(19)
…	7,942	…	5,705	…	9,703	(20)
-	-	2.0	8	-	-	(21)
…	2,867	…	4,503	…	1,884	(22)
151.1	2,867	268.6	4,454	86.4	1,857	(23)
…	-	…	49	…	27	(24)
1.8	31	9.2	157	-	-	(25)
…	22,947	…	39,681	…	38,540	(26)
13.8	1,101	32.0	3,257	22.5	1,460	(27)
…	21,846	…	36,424	…	37,080	(28)
…	1,120	…	4,118	…	4,938	(29)
49.5	916	260.9	4,001	246.7	4,757	(30)
27.8	606	244.1	3,535	190.3	3,554	(31)
…	204	…	117	…	181	(32)
…	4,335	…	8,219	…	8,598	(33)
…	2,642	…	1,163	…	1,211	(34)
181.6	2,642	71.7	1,084	44.2	1,211	(35)
…	-	…	79	…	-	(36)

2　子牛生産費（続き）

(6)　牧草の使用数量と価額（子牛1頭当たり）

区　　分	平　均 数量	平　均 価額	2～5頭未満 数量	2～5頭未満 価額	5～10 数量	5～10 価額	10～20 数量	10～20 価額	20～50 数量	20～50 価額	50頭以上 数量	50頭以上 価額
	(1) kg	(2) 円	(3) kg	(4) 円	(5) kg	(6) 円	(7) kg	(8) 円	(9) kg	(10) 円	(11) kg	(12) 円
牧草・放牧・採草費計	…	78,014	…	108,762	…	98,345	…	78,966	…	62,179	…	76,856
いね科牧草	…	61,847	…	96,267	…	76,411	…	69,678	…	48,430	…	55,744
デントコーン	…	6,073	…	7,004	…	7,442	…	3,521	…	5,476	…	7,418
生牧草	55.5	…	234.5	…	138.5	…	109.6	…	-	…	-	…
乾牧草	2.1	…	-	…	16.7	…	-	…	-	…	-	…
サイレージ	383.5	…	175.1	…	296.2	…	67.3	…	336.9	…	698.0	…
イタリアンライグラス	…	20,895	…	32,340	…	27,855	…	31,948	…	10,612	…	18,145
生牧草	176.2	…	577.7	…	499.9	…	346.3	…	17.1	…	-	…
乾牧草	212.3	…	604.1	…	332.3	…	335.6	…	65.5	…	134.6	…
サイレージ	587.6	…	274.1	…	672.3	…	799.0	…	422.4	…	645.7	…
ソルゴー	…	1,838	…	2,804	…	2,426	…	1,920	…	1,130	…	1,979
生牧草	106.7	…	332.6	…	296.5	…	178.8	…	-	…	34.3	…
乾牧草	4.7	…	-	…	10.5	…	17.4	…	-	…	-	…
サイレージ	37.7	…	33.0	…	-	…	0.3	…	69.0	…	47.9	…
稲発酵粗飼料	301.2	10,408	394.4	29,692	200.9	9,069	467.5	15,399	132.0	5,207	369.8	8,215
その他	…	22,633	…	24,427	…	29,619	…	16,890	…	26,005	…	19,987
まぜまき	…	14,908	…	11,607	…	20,708	…	9,262	…	11,555	…	19,848
いね科を主とするもの	…	14,908	…	11,607	…	20,708	…	9,262	…	11,555	…	19,848
生牧草	22.2	…	46.8	…	25.9	…	80.1	…	-	…	-	…
乾牧草	309.9	…	265.6	…	525.8	…	572.9	…	69.0	…	293.0	…
サイレージ	421.0	…	86.1	…	10.5	…	539.5	…	504.2	…	508.7	…
その他	-	…										
その他	…	538							…	1,866		
穀類	0.2	15	-	-	1.9	124	-	-	-	-	-	-
いも類及び野菜類	-	-	-	-	-	-	-	-	-	-	-	-
野生草	23.5	144	91.3	853	105.2	577	13.2	18	3.7	23	0.6	2
野乾草	3.5	72	2.4	35	16.2	288	-	-	-	-	4.2	105
放牧場費	146.6	490	-	-	136.3	237	0.6	8	111.6	305	303.7	1,157

注：放牧場費の数量の単位は「時間」である。

(7)　敷料の使用数量と価額（子牛1頭当たり）

区　　分	平　均 数量	平　均 価額	2～5頭未満 数量	2～5頭未満 価額	5～10 数量	5～10 価額	10～20 数量	10～20 価額	20～50 数量	20～50 価額	50頭以上 数量	50頭以上 価額
	(1) kg	(2) 円	(3) kg	(4) 円	(5) kg	(6) 円	(7) kg	(8) 円	(9) kg	(10) 円	(11) kg	(12) 円
敷料費計	…	8,517	…	11,762	…	6,787	…	5,642	…	7,245	…	11,346
稲わら	72.9	1,059	367.7	5,690	127.5	1,518	42.4	747	50.2	726	24.2	327
おがくず	528.6	5,017	518.8	4,554	303.7	2,809	385.6	3,739	485.3	4,317	743.4	7,379
その他	…	2,441	…	1,518	…	2,460	…	1,156	…	2,202	…	3,640

(8) 牧草（飼料作物）の費用価（10a当たり）

区　分	生産量	費用　価		材　　料　　費					
		計	小　計	種子費	肥料費	自　給きゅう肥	賃借料及び料金	その他
	(1)	(2)	(3)	(4)	(5)	(6)	(7)	(8)
	kg	円	円	円	円	円	円	円
デ ン ト コ ー ン	4,327	61,971	37,077	3,954	13,509	9,660	8,409	11,205
イタリアンライグラス	3,707	45,082	25,188	2,338	9,487	6,904	4,470	8,893
ソ ル ゴ ー	3,920	60,870	27,732	5,685	10,787	8,850	1,151	10,109
まぜまき（いね科主）	3,104	24,797	15,000	737	6,521	2,595	1,420	6,322

区　分	費用　価（続き）			労　働　時　間		
	労働費	家　族	固定財費	計	家族雇用別	
					家　族	雇　用
	(9)	(10)	(11)	(12)	(13)	(14)
	円	円	円	時間	時間	時間
デ ン ト コ ー ン	12,430	11,431	12,464	8.65	7.93	0.72
イタリアンライグラス	10,632	10,240	9,262	7.52	7.18	0.34
ソ ル ゴ ー	23,748	22,102	9,390	17.63	16.03	1.60
まぜまき（いね科主）	5,187	5,068	4,610	3.26	3.16	0.10

注：1　本結果は、子牛生産費の調査対象経営体のうち、該当飼料作物を栽培（作付）した経営体の平均である。
　　2　本表には、調査対象経営体が生産した飼料作物のうち主要な牧草について掲載した。
　　3　牧草の種類によっては、対象数が少ない場合もあることから、利用に当たっては留意する必要がある。
　　4　生産量は、調整前（収穫時）の10a当たりの生産量である。
　　5　賃借料及び料金には、草地費（草地開発のための費用）を含む。

(9) 野生草及び野乾草の費用価（10a当たり）

区　分	計	材料費	労働費	家　族	固定財費	労　働　時　間		
						小　計	家族雇用別	
							家　族	雇　用
	(1)	(2)	(3)	(4)	(5)	(6)	(7)	(8)
	円	円	円	円	円	時間	時間	時間
野　　生　　草	17,057	3,193	12,428	12,421	1,436	11.10	11.09	0.01
野　　乾　　草	40,683	8,579	30,145	24,203	1,959	25.28	19.36	5.92

注：1　本結果は、子牛生産費の調査対象経営体のうち、該当牧草を栽培（作付）した経営体の平均である。
　　2　本表には、調査対象経営体が生産した自給飼料のうち主要な牧草について掲載した。
　　3　牧草の種類によっては、対象数が少ない場合もあることから、利用に当たっては留意する必要がある。

営 土 地									
耕 地				畜 産 用 地				山林その他	
小 計	田	畑	牧草地	小 計	畜舎等	放牧地	採草地		
(9)	(10)	(11)	(12)	(13)	(14)	(15)	(16)	(17)	
a	a	a	a	a	a	a	a	a	
988	125	454	409	152	139	6	7	368	(1)
x	x	x	x	x	x	x	x	x	(2)
1,075	247	691	137	35	35	-	-	47	(3)
379	359	20	-	73	73	-	-	41	(4)
1,447	227	418	802	412	94	318	-	1,238	(5)
1,316	2	636	678	200	200	-	-	587	(6)
2,129	204	1,002	923	416	127	289	-	1,251	(7)
525	491	34	-	31	31	-	-	52	(8)
60	12	48	-	76	76	-	-	111	(9)
120	8	112	-	68	68	-	-	154	(10)
x	x	x	x	x	x	x	x	x	(11)
344	286	58	-	97	34	-	63	104	(12)
968	367	43	558	100	100	-	-	51	(13)

生 産 物 （1 頭 当 たり）									
主 産 物						副 産 物			
販売頭数 1経営体当たり	月 齢	生体重	価 格	増体量	育成期間	きゅう肥		価 額 (利用分)	その他
						数 量	利用量		
(26)	(27)	(28)	(29)	(30)	(31)	(32)	(33)	(34)	(35)
頭	月	kg	円	kg	月	kg	kg	円	円
425.8	7.1	299.9	257,965	248.5	6.4	2,339	2,127	3,055	113	(1)
x	x	x	x	x	x	x	x	x	x	(2)
81.1	7.0	303.0	268,483	230.2	5.7	2,183	1,370	3,017	5	(3)
153.3	6.4	277.0	245,633	209.9	5.1	1,638	349	903	176	(4)
257.1	7.2	311.6	255,639	250.0	6.1	2,542	2,318	4,848	744	(5)
671.0	7.1	301.7	259,296	252.5	6.6	2,409	2,312	3,232	56	(6)
394.0	7.0	304.9	259,897	254.5	6.4	2,256	2,196	4,244	316	(7)
176.0	7.0	309.0	274,474	246.1	5.8	2,258	1,598	5,209	1,515	(8)
116.0	8.2	313.3	251,009	240.6	6.8	2,253	1,435	2,791	-	(9)
138.3	7.1	297.3	246,477	221.2	5.7	3,745	3,452	884	6	(10)
x	x	x	x	x	x	x	x	x	x	(11)
52.0	7.3	316.0	245,003	234.9	6.0	2,576	1,107	1,712	2,804	(12)
185.7	6.8	280.5	227,275	200.7	5.1	1,713	260	808	-	(13)

3 乳用雄育成牛生産費（続き）
(2) 作業別労働時間（乳用雄育成牛1頭当たり）

区　　　　分	計	男	女	家　族　・　雇　用　別　内　訳					
				家　　族			雇　　用		
				小　計	男	女	小　計	男	女
	(1)	(2)	(3)	(4)	(5)	(6)	(7)	(8)	(9)
全　　　　　　国 (1)	6.12	5.04	1.08	4.97	4.13	0.84	1.15	0.91	0.24
飼養頭数規模別									
5 ～ 20頭未満 (2)	x	x	x	x	x	x	x	x	x
20 ～ 50 (3)	9.29	6.33	2.96	7.90	5.28	2.62	1.39	1.05	0.34
50 ～ 100 (4)	9.16	6.38	2.78	9.16	6.38	2.78	－	－	－
100 ～ 200 (5)	8.03	5.94	2.09	7.67	5.60	2.07	0.36	0.34	0.02
200頭以上 (6)	5.62	4.82	0.80	4.39	3.85	0.54	1.23	0.97	0.26
全国農業地域別									
北　　海　　道 (7)	6.57	5.13	1.44	5.81	4.53	1.28	0.76	0.60	0.16
東　　　　北 (8)	10.81	8.36	2.45	10.81	8.36	2.45	－	－	－
関　東　・　東　山 (9)	8.80	7.24	1.56	7.19	6.29	0.90	1.61	0.95	0.66
東　　　　海 (10)	7.01	5.57	1.44	6.64	5.25	1.39	0.37	0.32	0.05
中　　　　国 (11)	x	x	x	x	x	x	x	x	x
四　　　　国 (12)	17.36	9.77	7.59	12.63	5.10	7.53	4.73	4.67	0.06
九　　　　州 (13)	7.27	4.24	3.03	6.19	3.16	3.03	1.08	1.08	－

(3) 収益性
ア　乳用雄育成牛1頭当たり

区　　　　分	粗　　収　　益			生　　産　　費　　用		
	計	主　産　物	副　産　物	生産費総額	生産費総額から家族労働費、自己資本利子、自作地地代を控除した額	生産費総額から家族労働費を控除した額
	(1)	(2)	(3)	(4)	(5)	(6)
全　　　　　　国 (1)	261,133	257,965	3,168	246,255	235,337	237,175
飼養頭数規模別						
5 ～ 20頭未満 (2)	x	x	x	x	x	x
20 ～ 50 (3)	271,505	268,483	3,022	236,625	219,450	223,000
50 ～ 100 (4)	246,712	245,633	1,079	249,521	232,666	234,440
100 ～ 200 (5)	261,231	255,639	5,592	258,838	242,280	245,118
200頭以上 (6)	262,584	259,296	3,288	246,080	236,143	237,902
全国農業地域別						
北　　海　　道 (7)	264,457	259,897	4,560	250,156	236,719	239,404
東　　　　北 (8)	281,198	274,474	6,724	259,029	238,727	240,623
関　東　・　東　山 (9)	253,800	251,009	2,791	285,369	268,248	272,346
東　　　　海 (10)	247,367	246,477	890	249,182	235,994	237,066
中　　　　国 (11)	x	x	x	x	x	x
四　　　　国 (12)	249,519	245,003	4,516	233,226	207,806	211,895
九　　　　州 (13)	228,083	227,275	808	239,703	229,797	230,438

単位：時間

直　接　労　働　時　間				間　接　労　働　時　間		
	飼　育　労　働　時　間				自給牧草に係る労働時間	
小　計	飼料の調理・給与・給水	敷料の搬入・きゅう肥の搬出	そ　の　他			
(10)	(11)	(12)	(13)	(14)	(15)	
5.75	3.39	1.15	1.21	0.37	0.12	(1)
x	x	x	x	x	x	(2)
8.60	6.11	0.92	1.57	0.69	0.27	(3)
8.88	4.91	1.85	2.12	0.28	−	(4)
7.57	5.13	1.06	1.38	0.46	0.25	(5)
5.27	3.05	1.11	1.11	0.35	0.12	(6)
6.09	3.86	1.15	1.08	0.48	0.23	(7)
10.52	6.61	1.65	2.26	0.29	−	(8)
8.56	4.96	1.27	2.33	0.24	−	(9)
6.89	4.88	0.69	1.32	0.12	−	(10)
x	x	x	x	x	x	(11)
16.65	11.77	1.83	3.05	0.71	0.31	(12)
6.99	4.48	0.90	1.61	0.28	0.10	(13)

イ　1日当たり

単位：円　　　　　　　　　　　　　　　　単位：円

所　　得	家　族　労　働　報　酬	所　　得	家　族　労　働　報　酬	
(7)	(8)	(1)	(2)	
25,796	23,958	41,523	38,564	(1)
x	x	x	x	(2)
52,055	48,505	52,714	49,119	(3)
14,046	12,272	12,267	10,718	(4)
18,951	16,113	19,766	16,806	(5)
26,441	24,682	48,184	44,979	(6)
27,738	25,053	38,193	34,496	(7)
42,471	40,575	31,431	30,028	(8)
△ 14,448	△ 18,546	nc	nc	(9)
11,373	10,301	13,702	12,411	(10)
x	x	x	x	(11)
41,713	37,624	26,422	23,832	(12)
△ 1,714	△ 2,355	nc	nc	(13)

3　乳用雄育成牛生産費（続き）
（4）　生産費（乳用雄育成牛1頭当たり）

区　分	物									
	計	もと畜費	飼料費				敷料費		光熱水料及び動力費		
			小計	流通飼料費		牧草・放牧・採草費		購入		購入
					購入					
	(1)	(2)	(3)	(4)	(5)	(6)	(7)	(8)	(9)	(10)
全　国　(1)	233,042	145,356	64,840	61,924	61,867	2,916	9,038	9,015	2,612	2,612
飼養頭数規模別										
5 ～ 20頭未満　(2)	x	x	x	x	x	x	x	x	x	x
20 ～ 50　(3)	217,520	123,471	73,102	71,082	71,080	2,020	3,682	3,301	2,667	2,667
50 ～ 100　(4)	232,123	151,876	60,164	60,164	59,541	-	1,758	1,636	2,319	2,319
100 ～ 200　(5)	240,812	137,836	77,184	72,623	72,623	4,561	5,347	5,031	3,380	3,380
200頭以上　(6)	233,683	145,712	64,871	61,663	61,663	3,208	9,940	9,940	2,617	2,617
全国農業地域別										
北　海　道　(7)	234,863	142,655	69,369	64,628	64,628	4,741	8,129	7,884	2,666	2,666
東　　北　(8)	238,658	145,149	68,386	68,386	67,662	-	7,351	7,209	2,012	2,012
関東・東山　(9)	266,176	145,236	91,435	91,435	91,435	-	3,755	3,755	4,887	4,887
東　　海　(10)	235,401	133,621	70,889	70,889	70,889	-	2,360	2,360	4,153	4,153
中　　国　(11)	x	x	x	x	x	x	x	x	x	x
四　　国　(12)	201,990	111,861	69,625	69,457	69,057	168	4,887	4,887	2,912	2,912
九　　州　(13)	225,744	142,173	65,894	64,671	64,671	1,223	2,202	2,202	2,995	2,995

区　分	物財費（続き）						労　働　費					
	農機具費				生産管理費		計	家族	直接労働費	間接労働費		
	小計	購入	自給	償却		償却					自給牧草に係る労働費
	(23)	(24)	(25)	(26)	(27)	(28)	(29)	(30)	(31)	(32)	(33)
全　国　(1)	1,968	1,439	-	529	195	5	10,639	9,080	10,012	627	198
飼養頭数規模別											
5 ～ 20頭未満　(2)	x	x	x	x	x	x	x	x	x	x	x
20 ～ 50　(3)	2,080	865	-	1,215	490	18	15,192	13,625	14,108	1,084	409
50 ～ 100　(4)	2,872	1,551	-	1,321	115	-	15,081	15,081	14,608	473	-
100 ～ 200　(5)	2,993	1,734	-	1,259	235	-	14,364	13,720	13,519	845	443
200頭以上　(6)	1,869	1,438	-	431	194	5	9,873	8,178	9,250	623	208
全国農業地域別											
北　海　道　(7)	2,043	1,549	-	494	180	3	11,802	10,752	10,930	872	396
東　　北　(8)	3,805	1,744	-	2,061	224	-	18,406	18,406	17,901	505	-
関東・東山　(9)	4,444	2,285	-	2,159	266	34	14,775	13,023	14,401	374	-
東　　海　(10)	2,640	381	-	2,259	234	-	12,666	12,116	12,422	244	-
中　　国　(11)	x	x	x	x	x	x	x	x	x	x	x
四　　国　(12)	906	497	-	409	411	-	27,045	21,331	25,904	1,141	497
九　　州　(13)	3,171	1,921	-	1,250	411	-	11,369	9,265	10,958	411	150

単位：円

その他の諸材料費	獣医師料及び医薬品費	賃借料及び料金	物件税及び公課諸負担	建物費 小計	購入	自給	償却	自動車費 小計	購入	自給	償却	
(11)	(12)	(13)	(14)	(15)	(16)	(17)	(18)	(19)	(20)	(21)	(22)	
7	5,103	828	953	1,583	778	－	805	559	460	－	99	(1)
x	x	x	x	x	x	x	x	x	x	x	x	(2)
12	5,621	676	1,015	2,357	1,069	－	1,288	2,347	1,808	－	539	(3)
11	3,912	1,360	919	4,984	4,288	－	696	1,833	1,605	－	228	(4)
42	8,110	863	1,083	2,178	939	－	1,239	1,561	1,274	－	287	(5)
6	5,152	776	954	1,213	438	－	775	379	305	－	74	(6)
29	5,537	787	1,014	1,570	508	－	1,062	884	718	－	166	(7)
3	5,411	1,699	1,078	1,902	1,049	－	853	1,638	1,638	－	－	(8)
15	4,271	960	1,226	7,223	4,726	－	2,497	2,458	1,859	－	599	(9)
1	17,490	790	1,235	826	619	－	207	1,162	987	－	175	(10)
x	x	x	x	x	x	x	x	x	x	x	x	(11)
27	4,915	891	1,177	2,782	560	－	2,222	1,596	1,157	－	439	(12)
6	2,599	523	349	4,369	3,646	－	723	1,052	688	－	364	(13)

費用合計 計	購入	自給	償却	副産物価額	生産費（副産物価額差引）	支払利子	支払地代	支払利子・地代算入生産費	自己資本利子	自作地地代	資本利子・地代全額算入生産費（全算入生産費）	
(34)	(35)	(36)	(37)	(38)	(39)	(40)	(41)	(42)	(43)	(44)	(45)	
243,681	229,943	12,300	1,438	3,168	240,513	563	173	241,249	1,441	397	243,087	(1)
x	x	x	x	x	x	x	x	x	x	x	x	(2)
232,712	213,624	16,028	3,060	3,022	229,690	270	93	230,053	2,451	1,099	233,603	(3)
247,204	229,133	15,826	2,245	1,079	246,125	543	－	246,668	1,427	347	248,442	(4)
255,176	233,794	18,597	2,785	5,592	249,584	625	199	250,408	1,629	1,209	253,246	(5)
243,556	230,885	11,386	1,285	3,288	240,268	572	193	241,033	1,387	372	242,792	(6)
246,665	229,202	15,738	1,725	4,560	242,105	573	233	242,911	1,680	1,005	245,596	(7)
257,064	234,878	19,272	2,914	6,724	250,340	31	38	250,409	1,367	529	252,305	(8)
280,951	262,639	13,023	5,289	2,791	278,160	320	－	278,480	3,741	357	282,578	(9)
248,067	233,310	12,116	2,641	890	247,177	43	－	247,220	725	347	248,292	(10)
x	x	x	x	x	x	x	x	x	x	x	x	(11)
229,035	188,342	37,623	3,070	4,516	224,519	10	92	224,621	3,926	163	228,710	(12)
237,113	224,288	10,488	2,337	808	236,305	1,866	83	238,254	534	107	238,895	(13)

3 乳用雄育成牛生産費（続き）

(5) 敷料の使用数量と価額（乳用雄育成牛1頭当たり）

区　　　　分	平　　　　均		5　～　20　頭　未　満		20　～　50	
	数　量	価　額	数　量	価　額	数　量	価　額
	(1)	(2)	(3)	(4)	(5)	(6)
	kg	円	kg	円	kg	円
敷　料　費　計	…	9,038	x	x	…	3,682
稲　　わ　　ら	1.8	18	x	x	－	－
お　が　く　ず	736.4	8,316	x	x	360.9	3,258
そ　　の　　他	…	704	x	x	…	424

50 〜 100		100 〜 200		200 頭 以 上	
数 量	価 額	数 量	価 額	数 量	価 額
(7)	(8)	(9)	(10)	(11)	(12)
kg	円	kg	円	kg	円
…	1,758	…	5,347	…	9,940
22.1	221	-	-	-	-
139.5	1,363	369.2	4,271	808.9	9,181
…	174	…	1,076	…	759

3 乳用雄育成牛生産費（続き）
(6) 流通飼料の使用数量と価額（乳用雄育成牛1頭当たり）

区　　　分	平　　　均		5 〜 20 頭 未 満		20 〜 50	
	数　量	価　額	数　量	価　額	数　量	価　額
	(1)	(2)	(3)	(4)	(5)	(6)
	kg	円	kg	円	kg	円
流 通 飼 料 費 合 計 (1)	…	61,924	x	x	…	71,082
購 入 飼 料 費 計 (2)	…	61,867	x	x	…	71,080
穀　　　　　類						
小　　　　　計 (3)	…	11	x	x	…	496
大　　　麦 (4)	−	−	x	x	−	−
その他の麦 (5)	−	−	x	x	−	−
とうもろこし (6)	0.3	11	x	x	12.9	496
大　　　豆 (7)	−	−	x	x	−	−
飼 料 用 米 (8)	−	−	x	x	−	−
そ　の　他 (9)	…	−	x	x	…	−
ぬか・ふすま類						
小　　　　　計 (10)	…	5	x	x	…	227
ふ　す　ま (11)	0.1	5	x	x	4.5	209
米・麦ぬか (12)	0.0	0	x	x	0.6	18
そ　の　他 (13)	…	−	x	x	…	−
植 物 性 か す 類						
小　　　　　計 (14)	…	120	x	x	…	100
大 豆 油 か す (15)	0.1	4	x	x	1.7	99
ビートパルプ (16)	−	−	x	x	−	−
そ　の　他 (17)	…	116	x	x	…	1
配 合 飼 料 (18)	856.8	48,807	x	x	959.2	56,622
T　M　R (19)	−	−	x	x	−	−
牛 乳 ・ 脱 脂 乳 (20)	…	7,536	x	x	…	8,009
いも類及び野菜類 (21)	−	−	x	x	−	−
わ ら 類 そ の 他						
小　　　　　計 (22)	…	87	x	x	…	164
稲　　わ　　ら (23)	4.5	84	x	x	17.9	164
そ　の　他 (24)	…	3	x	x	…	−
生　牧　草 (25)	−	−	x	x	−	−
乾　牧　草						
小　　　　　計 (26)	…	1,580	x	x	…	5,197
まめ科・ヘイキューブ (27)	−	−	x	x	−	−
そ　の　他 (28)	…	1,580	x	x	…	5,197
サ　イ　レ　ー　ジ						
小　　　　　計 (29)	…	144	x	x	…	−
い　ね　科 (30)	4.3	144	x	x	…	−
うち 稲発酵粗飼料 (31)	3.6	89	x	x	…	−
そ　の　他 (32)	…	−	x	x	…	−
そ　の　他 (33)	…	3,577	x	x	…	265
自 給 飼 料 費 計 (34)	…	57	x	x	…	2
稲　　　わ　　ら (35)	3.8	42	x	x	0.2	2
そ　の　他 (36)	…	15	x	x	…	−

50 ~ 100		100 ~ 200		200 頭 以 上		
数 量	価 額	数 量	価 額	数 量	価 額	
(7)	(8)	(9)	(10)	(11)	(12)	
kg	円	kg	円	kg	円	
…	60,164	…	72,623	…	61,663	(1)
…	59,541	…	72,623	…	61,663	(2)
…	–	…	–	…	–	(3)
–	–	–	–	–	–	(4)
–	–	–	–	–	–	(5)
–	–	–	–	–	–	(6)
–	–	–	–	–	–	(7)
–	–	–	–	–	–	(8)
…	–	…	–	…	–	(9)
…	–	…	63	…	–	(10)
–	–	1.5	63	–	–	(11)
–	–	–	–	–	–	(12)
…	–	…	–	…	–	(13)
…	–	…	187	…	132	(14)
–	–	2.5	187	–	–	(15)
–	–	–	–	–	–	(16)
…	–	…	–	…	132	(17)
828.1	50,012	1,068.8	62,612	854.8	48,321	(18)
–	–	–	–	–	–	(19)
…	4,360	…	5,268	…	7,868	(20)
–	–	–	–	–	–	(21)
…	877	…	714	…	–	(22)
47.3	877	12.6	714	–	–	(23)
…	–	…	–	…	–	(24)
–	–	–	–	–	–	(25)
…	1,598	…	2,387	…	1,399	(26)
–	–	–	–	–	–	(27)
…	1,598	…	2,387	…	1,399	(28)
…	1,733	…	62	…	–	(29)
51.8	1,733	3.8	62	–	–	(30)
42.5	1,061	3.8	62	–	–	(31)
…	–	…	–	…	–	(32)
…	961	…	1,330	…	3,943	(33)
…	623	…	–	…	–	(34)
44.1	441	–	–	–	–	(35)
…	182	…	–	…	–	(36)

4 交雑種育成牛生産費

4 交雑種育成牛生産費

(1) 経営の概況（1経営体当たり）

区　　　　　分	集　計経営体数	世　帯　員			農　業　就　業　者			経計
		計	男	女	計	男	女	計
	(1)	(2)	(3)	(4)	(5)	(6)	(7)	(8)
	経営体	人	人	人	人	人	人	a
全　　　　　　国 (1)	44	3.8	1.8	2.0	2.3	1.3	1.0	2,214
飼 養 頭 数 規 模 別								
5 ～ 20頭未満 (2)	11	4.1	1.9	2.2	2.5	1.3	1.2	740
20 ～ 50 (3)	15	3.3	1.9	1.4	1.9	1.3	0.6	315
50 ～ 100 (4)	9	4.4	2.3	2.1	2.4	1.6	0.8	290
100 ～ 200 (5)	6	3.8	1.9	1.9	2.6	1.6	1.0	385
200頭以上 (6)	3	3.6	1.3	2.3	2.2	1.2	1.0	6,370
全 国 農 業 地 域 別								
北　　海　　道 (7)	6	4.4	2.2	2.2	2.0	1.3	0.7	4,888
東　　　　　北 (8)	6	2.7	1.5	1.2	1.9	1.2	0.7	538
関　東 ・ 東　山 (9)	11	4.0	1.8	2.2	2.7	1.5	1.2	403
東　　　　　海 (10)	4	3.6	1.8	1.8	2.6	1.3	1.3	225
四　　　　　国 (11)	4	4.3	2.3	2.0	2.0	1.0	1.0	450
九　　　　　州 (12)	13	4.3	2.3	2.0	2.1	1.5	0.6	294

区　　　　　分	畜舎の面積及び自動車・農機具の所有状況（10経営体当たり）				飼養月平　均頭　数	もと牛の概要（もと牛1頭当たり）		
	畜舎面積 (1経営体当たり)	カッター	貨物自動車	トラクター 耕うん機を含む。		月　齢	生体重	評価額
	(18)	(19)	(20)	(21)	(22)	(23)	(24)	(25)
	m²	台	台	台	頭	月	kg	円
全　　　　　　国 (1)	2,166.0	3.0	34.6	23.1	117.3	1.3	65.5	226,793
飼 養 頭 数 規 模 別								
5 ～ 20頭未満 (2)	532.5	1.7	29.7	14.7	10.9	1.8	76.4	246,318
20 ～ 50 (3)	1,370.7	3.7	23.6	9.0	30.8	1.5	73.5	260,228
50 ～ 100 (4)	2,210.8	9.6	43.6	21.9	71.7	1.5	75.1	257,480
100 ～ 200 (5)	2,373.5	5.6	31.3	18.4	127.9	2.0	85.0	259,145
200頭以上 (6)	3,879.9	-	44.4	41.7	262.1	1.0	55.0	206,509
全 国 農 業 地 域 別								
北　　海　　道 (7)	2,671.0	5.0	18.8	38.3	154.7	1.0	50.3	222,262
東　　　　　北 (8)	1,366.4	1.7	31.7	15.0	42.8	1.1	56.4	195,808
関　東 ・ 東　山 (9)	1,167.8	3.6	30.9	10.0	44.5	2.1	88.1	265,951
東　　　　　海 (10)	1,163.1	12.5	37.5	17.5	39.3	2.0	92.7	253,274
四　　　　　国 (11)	542.7	-	37.5	22.5	71.1	1.0	63.6	218,653
九　　　　　州 (12)	1,970.1	4.6	30.8	15.4	54.5	1.7	74.1	270,020

	営		地	土	地			山林	
耕		地		畜 産 用	地			その他	
小 計	田	畑	牧草地	小 計	畜舎等	放牧地	採草地		
(9)	(10)	(11)	(12)	(13)	(14)	(15)	(16)	(17)	
a	a	a	a	a	a	a	a	a	
1,616	117	875	624	91	82	–	9	507	(1)
410	37	90	283	81	44	–	37	249	(2)
165	46	98	21	34	34	–	–	116	(3)
200	54	55	91	43	43	–	–	47	(4)
220	71	20	129	93	93	–	–	72	(5)
4,847	278	2,825	1,744	144	144	–	–	1,379	(6)
3,911	126	1,813	1,972	320	134	–	186	657	(7)
349	45	50	254	32	32	–	–	157	(8)
139	15	42	82	57	57	–	–	207	(9)
161	65	96	–	28	28	–	–	36	(10)
276	201	16	59	15	15	–	–	159	(11)
208	73	100	35	39	39	–	–	47	(12)

生	産	物	（1 頭 当 たり）							
主	産	物				副	産	物		
販売頭数（1経営体当たり）	月 齢	生体重	価 格	増体量	育成期間	きゅう肥 数量	利用量	価額（利用分）	その他	
(26)	(27)	(28)	(29)	(30)	(31)	(32)	(33)	(34)	(35)	
頭	月	kg	円	kg	月	kg	kg	円	円	
202.7	8.2	301.5	391,522	236.1	6.9	2,745	1,753	4,314	96	(1)
20.6	7.9	298.9	386,775	223.3	6.1	1,745	779	2,411	3,271	(2)
59.1	7.8	285.2	404,881	211.4	6.2	1,996	1,141	1,734	–	(3)
141.5	7.7	267.6	389,636	192.5	6.1	2,215	1,011	2,820	142	(4)
250.9	8.3	317.8	425,306	232.6	6.3	1,743	1,000	2,452	–	(5)
422.1	8.2	299.0	376,496	244.0	7.3	3,322	2,204	5,519	–	(6)
245.2	8.3	309.3	396,130	258.9	7.4	2,517	2,497	8,722	–	(7)
75.5	7.7	268.7	344,585	212.0	6.6	2,667	745	1,222	–	(8)
86.4	8.2	299.5	423,087	211.3	6.0	1,743	1,099	1,774	550	(9)
84.0	8.1	302.2	432,631	209.4	6.1	2,524	2,345	4,338	470	(10)
124.6	7.8	303.5	410,908	239.8	6.8	3,969	1,780	2,846	–	(11)
115.2	7.8	281.6	394,187	207.5	6.1	1,875	789	1,790	–	(12)

4　交雑種育成牛生産費（続き）

(2)　作業別労働時間（交雑種育成牛1頭当たり）

区　　　　　分	計	男	女	家　族　・　雇　用　別　内　訳					
				家　　　族			雇　　　用		
				小　計	男	女	小　計	男	女
	(1)	(2)	(3)	(4)	(5)	(6)	(7)	(8)	(9)
全　　　　　　　　　国　(1)	9.28	7.27	2.01	6.74	4.80	1.94	2.54	2.47	0.07
飼 養 頭 数 規 模 別									
5　〜　20頭未満　(2)	20.91	12.76	8.15	20.67	12.52	8.15	0.24	0.24	－
20　〜　50　(3)	12.20	10.30	1.90	11.72	9.89	1.83	0.48	0.41	0.07
50　〜　100　(4)	11.07	9.15	1.92	9.85	8.14	1.71	1.22	1.01	0.21
100　〜　200　(5)	10.83	9.10	1.73	9.33	7.60	1.73	1.50	1.50	－
200頭以上　(6)	7.73	5.86	1.87	4.37	2.58	1.79	3.36	3.28	0.08
全 国 農 業 地 域 別									
北　　海　　道　(7)	8.62	7.51	1.11	7.13	6.07	1.06	1.49	1.44	0.05
東　　　　　北　(8)	13.21	9.51	3.70	10.59	8.04	2.55	2.62	1.47	1.15
関　東　・　東　山　(9)	12.41	9.53	2.88	12.22	9.34	2.88	0.19	0.19	－
東　　　　　海　(10)	13.28	12.17	1.11	11.78	10.67	1.11	1.50	1.50	－
四　　　　　国　(11)	13.05	9.53	3.52	7.24	3.88	3.36	5.81	5.65	0.16
九　　　　　州　(12)	11.98	9.72	2.26	11.31	9.05	2.26	0.67	0.67	－

(3)　収益性

ア　交雑種育成牛1頭当たり

区　　　　　分	粗　　収　　益			生　　産　　費　　用		
	計	主　産　物	副　産　物	生産費総額	生産費総額から家族労働費、自己資本利子、自作地地代を控除した額	生産費総額から家族労働費を控除した額
	(1)	(2)	(3)	(4)	(5)	(6)
全　　　　　　　　　国　(1)	395,932	391,522	4,410	351,463	335,563	339,705
飼 養 頭 数 規 模 別						
5　〜　20頭未満　(2)	392,457	386,775	5,682	400,380	362,646	365,010
20　〜　50　(3)	406,615	404,881	1,734	377,056	355,889	358,662
50　〜　100　(4)	392,598	389,636	2,962	373,734	354,464	357,576
100　〜　200　(5)	427,758	425,306	2,452	371,589	352,227	355,228
200頭以上　(6)	382,015	376,496	5,519	336,780	324,017	328,918
全 国 農 業 地 域 別						
北　　海　　道　(7)	404,852	396,130	8,722	365,653	348,434	352,623
東　　　　　北　(8)	345,807	344,585	1,222	318,437	297,616	301,465
関　東　・　東　山　(9)	425,411	423,087	2,324	382,310	358,720	360,878
東　　　　　海　(10)	437,439	432,631	4,808	370,767	344,938	348,442
四　　　　　国　(11)	413,754	410,908	2,846	361,375	345,354	350,759
九　　　　　州　(12)	395,977	394,187	1,790	390,468	369,988	373,367

単位：時間

直接労働時間				間接労働時間		
小計	飼育労働時間		その他		自給牧草に係る労働時間	
	飼料の調理・給与・給水	敷料の搬入・きゅう肥の搬出				
(10)	(11)	(12)	(13)	(14)	(15)	
8.88	6.06	1.54	1.28	0.40	0.13	(1)
19.18	12.87	1.53	4.78	1.73	0.16	(2)
11.46	8.18	1.44	1.84	0.74	0.17	(3)
10.29	6.97	1.42	1.90	0.78	0.27	(4)
10.41	5.96	2.50	1.95	0.42	0.15	(5)
7.45	5.57	1.14	0.74	0.28	0.11	(6)
8.06	5.18	1.61	1.27	0.56	0.29	(7)
12.12	8.06	1.67	2.39	1.09	0.39	(8)
12.05	7.68	2.06	2.31	0.36	–	(9)
11.94	8.56	1.64	1.74	1.34	0.51	(10)
12.19	8.63	2.20	1.36	0.86	0.30	(11)
11.34	7.79	1.38	2.17	0.64	0.21	(12)

イ　1日当たり

単位：円　　　　単位：円

所得	家族労働報酬	所得	家族労働報酬	
(7)	(8)	(1)	(2)	
60,369	56,227	71,655	66,738	(1)
29,811	27,447	11,538	10,623	(2)
50,726	47,953	34,625	32,732	(3)
38,134	35,022	30,972	28,444	(4)
75,531	72,530	64,764	62,191	(5)
57,998	53,097	106,175	97,203	(6)
56,418	52,229	63,302	58,602	(7)
48,191	44,342	36,405	33,497	(8)
66,691	64,533	43,660	42,247	(9)
92,501	88,997	62,819	60,439	(10)
68,400	62,995	75,580	69,608	(11)
25,989	22,610	18,383	15,993	(12)

4 交雑種育成牛生産費（続き）

（4） 生産費（交雑種育成牛1頭当たり）

区　　　　分	物									
	計	もと畜費	飼　料　費				敷　料　費		光熱水料及び動力費	
			小　計	流通飼料費		牧草・放牧・採草費		購入		購入
					購入					
	(1)	(2)	(3)	(4)	(5)	(6)	(7)	(8)	(9)	(10)
全　　　　国　(1)	331,266	229,783	77,717	75,158	75,001	2,559	5,539	5,526	4,016	4,016
飼養頭数規模別										
5 ～ 20頭未満　(2)	361,970	260,768	80,103	78,366	78,366	1,737	2,087	1,745	4,576	4,576
20 ～ 50　(3)	354,494	265,391	72,066	71,407	71,320	659	3,623	3,566	2,338	2,338
50 ～ 100　(4)	350,525	263,046	72,864	71,098	71,092	1,766	2,591	2,568	2,848	2,848
100 ～ 200　(5)	349,718	264,564	68,473	66,087	66,041	2,386	3,682	3,682	2,911	2,911
200頭以上　(6)	318,552	207,874	82,427	79,549	79,318	2,878	6,897	6,897	4,694	4,694
全国農業地域別										
北　海　道　(7)	345,145	227,550	87,843	80,461	80,461	7,382	6,746	6,599	4,013	4,013
東　　北　(8)	293,896	202,724	72,171	69,120	69,120	3,051	2,376	2,319	3,682	3,682
関　東・東　山　(9)	358,045	273,230	70,731	70,731	70,714	－	3,059	3,059	3,138	3,138
東　　海　(10)	341,983	254,028	67,602	64,787	64,787	2,815	2,792	2,792	3,308	3,308
四　　国　(11)	337,702	221,288	87,363	86,938	86,206	425	7,114	6,986	4,594	4,594
九　　州　(12)	366,911	275,792	71,905	70,013	69,971	1,892	3,771	3,771	3,173	3,173

区　　　　分	物　財　費（続き）				生産管理費		労　　働　　費			間接労働費	
	農　機　具　費						計	家族	直接労働費		自給牧草に係る労働費
	小　計	購入	自給	償却		償却					
	(23)	(24)	(25)	(26)	(27)	(28)	(29)	(30)	(31)	(32)	(33)
全　　　　国　(1)	2,090	1,281	－	809	218	－	14,968	11,758	14,301	667	233
飼養頭数規模別											
5 ～ 20頭未満　(2)	3,136	1,625	－	1,511	451	－	35,790	35,370	32,771	3,019	280
20 ～ 50　(3)	1,761	1,079	－	682	257	－	19,027	18,394	17,906	1,121	243
50 ～ 100　(4)	1,751	1,260	－	491	214	－	18,084	16,158	16,693	1,391	565
100 ～ 200　(5)	1,588	960	－	628	152	－	18,153	16,361	17,490	663	243
200頭以上　(6)	2,311	1,419	－	892	233	－	12,108	7,862	11,642	466	195
全国農業地域別											
北　海　道　(7)	3,230	2,814	－	416	150	－	14,706	13,030	13,736	970	525
東　　北　(8)	2,060	1,599	－	461	276	－	20,539	16,972	18,733	1,806	616
関　東・東　山　(9)	942	591	－	351	218	－	21,773	21,432	21,125	648	－
東　　海　(10)	2,756	1,855	－	901	682	－	24,692	22,325	21,980	2,712	1,257
四　　国　(11)	1,927	773	－	1,154	381	－	18,009	10,616	16,837	1,172	416
九　　州　(12)	2,245	1,156	－	1,089	166	－	18,034	17,101	17,058	976	326

単位：円

	財						費				
その他の諸材料費	獣医師料及び医薬品費	賃借料及び料金	物件税及び公課諸負担	建 物 費				自 動 車 費			
				小 計	購 入	自 給	償 却	小 計	購 入	自 給	償 却
(11)	(12)	(13)	(14)	(15)	(16)	(17)	(18)	(19)	(20)	(21)	(22)
34	6,166	667	843	2,981	544	-	2,437	1,212	737	-	475	(1)
17	2,474	870	1,644	2,425	1,492	-	933	3,419	2,606	-	813	(2)
71	3,121	320	921	2,355	864	-	1,491	2,270	1,119	-	1,151	(3)
26	2,379	476	815	1,984	447	-	1,537	1,531	878	-	653	(4)
7	4,499	462	643	2,076	712	-	1,364	661	547	-	114	(5)
45	7,615	789	891	3,530	416	-	3,114	1,246	696	-	550	(6)
98	8,091	1,434	997	4,441	1,352	-	3,089	552	539	-	13	(7)
110	4,182	535	1,051	1,494	482	-	1,012	3,235	1,924	-	1,311	(8)
4	2,760	195	759	1,457	649	-	808	1,552	717	-	835	(9)
57	3,286	485	1,161	3,941	644	-	3,297	1,885	802	-	1,083	(10)
144	7,187	452	1,667	2,920	425	-	2,495	2,665	1,629	-	1,036	(11)
7	4,812	378	803	2,151	525	-	1,626	1,708	1,214	-	494	(12)

費 用 合 計				副産物価額	生産費（副産物価額差引）	支払利子	支払地代	支払利子・地代算入生産費	自己資本利子	自作地地代	資本利子・地代全額算入生産費（全算入生産費）
計	購 入	自 給	償 却								
(34)	(35)	(36)	(37)	(38)	(39)	(40)	(41)	(42)	(43)	(44)	(45)
346,234	327,069	15,444	3,721	4,410	341,824	754	333	342,911	3,317	825	347,053	(1)
397,760	321,408	73,095	3,257	5,682	392,078	42	214	392,334	1,708	656	394,698	(2)
373,521	351,000	19,197	3,324	1,734	371,787	670	92	372,549	2,372	401	375,322	(3)
368,609	347,975	17,953	2,681	2,962	365,647	1,936	77	367,660	2,290	822	370,772	(4)
367,871	346,972	18,793	2,106	2,452	365,419	345	372	366,136	2,535	466	369,137	(5)
330,660	315,133	10,971	4,556	5,519	325,141	856	363	326,360	3,886	1,015	331,261	(6)
359,851	331,456	24,877	3,518	8,722	351,129	1,234	379	352,742	2,786	1,403	356,931	(7)
314,435	291,571	20,080	2,784	1,222	313,213	23	130	313,366	2,854	995	317,215	(8)
379,818	351,433	26,391	1,994	2,324	377,494	309	25	377,828	1,860	298	379,986	(9)
366,675	336,254	25,140	5,281	4,808	361,867	372	216	362,455	2,569	935	365,959	(10)
355,711	336,885	14,141	4,685	2,846	352,865	244	15	353,124	5,305	100	358,529	(11)
384,945	362,701	19,035	3,209	1,790	383,155	1,773	371	385,299	2,811	568	388,678	(12)

4 交雑種育成牛生産費（続き）

(5) 敷料の使用数量と価額（交雑種育成牛1頭当たり）

区　　　　分	平　　　均		5　〜　20　頭　未　満		20　〜　50	
	数　　量	価　　額	数　　量	価　　額	数　　量	価　　額
	(1)	(2)	(3)	(4)	(5)	(6)
	kg	円	kg	円	kg	円
敷　料　費　計	…	5,539	…	2,087	…	3,623
稲　　わ　　ら	1.3	13	-	-	8.9	179
お　が　く　ず	513.1	3,982	202.4	1,404	386.6	3,246
そ　の　他	…	1,544	…	683	…	198

50 ～ 100		100 ～ 200		200 頭 以 上	
数 量	価 額	数 量	価 額	数 量	価 額
(7)	(8)	(9)	(10)	(11)	(12)
kg	円	kg	円	kg	円
…	2,591	…	3,682	…	6,897
16.0	92	－	－	－	－
427.9	2,449	281.5	3,511	642.9	4,493
…	50	…	171	…	2,404

4 交雑種育成牛生産費（続き）
(6) 流通飼料の使用数量と価額（交雑種育成牛1頭当たり）

区分	平均		5 ～ 20 頭 未 満		20 ～ 50	
	数 量	価 額	数 量	価 額	数 量	価 額
	(1)	(2)	(3)	(4)	(5)	(6)
	kg	円	kg	円	kg	円
流 通 飼 料 費 合 計 (1)	…	75,158	…	78,366	…	71,407
購 入 飼 料 費 計 (2)	…	75,001	…	78,366	…	71,320
穀　　　　　　類						
小　　　　　計 (3)	…	11	…	407	…	－
大　　　　麦 (4)	－	－	－	－	－	－
そ の 他 の 麦 (5)	－	－	－	－	－	－
と う も ろ こ し (6)	－	－	－	－	－	－
大　　　　豆 (7)	－	－	－	－	－	－
飼 料 用 米 (8)	0.4	7	16.5	247	－	－
そ　　の　　他 (9)	…	4	…	160	…	－
ぬ か・ふ す ま 類						
小　　　　　計 (10)	…	9	…	330	…	－
ふ　　す　　ま (11)	－	－	－	－	－	－
米 ・ 麦 ぬ か (12)	0.6	9	22.0	330	－	－
そ　　の　　他 (13)	－	－	…	－	…	－
植 物 性 か す 類						
小　　　　　計 (14)	…	353	…	577	…	781
大 豆 油 か す (15)	4.9	276	－	－	－	－
ビ ー ト パ ル プ (16)	0.9	50	8.4	406	6.1	394
そ　　の　　他 (17)	…	27	…	171	…	387
配 合 飼 料 (18)	1,022.4	54,477	856.0	50,864	877.4	54,395
Ｔ　Ｍ　Ｒ (19)	0.0	1	－	－	－	－
牛 乳 ・ 脱 脂 乳 (20)	…	6,534	…	7,093	…	6,180
い も 類 及 び 野 菜 類 (21)	－	－	－	－	－	－
わ ら 類 そ の 他						
小　　　　　計 (22)	…	597	…	358	…	1,864
稲　　　　わ　　ら (23)	17.0	597	46.7	358	74.3	1,864
そ　　の　　他 (24)	…	－	…	－	…	－
生　　牧　　草 (25)	0.0	0	－	－	0.0	1
乾　　牧　　草						
小　　　　　計 (26)	…	7,925	…	15,704	…	7,132
まめ科・ヘイキューブ (27)	1.8	137	3.6	313	6.4	477
そ　　の　　他 (28)	…	7,788	…	15,391	…	6,655
サ イ レ ー ジ						
小　　　　　計 (29)	…	684	…	1,750	…	450
い　　ね　　科 (30)	15.3	225	43.7	1,750	32.1	443
うち 稲発酵粗飼料 (31)	10.9	186	43.7	1,750	32.1	443
そ　　の　　他 (32)	…	459	…	－	…	7
そ　　の　　他 (33)	…	4,410	…	1,283	…	517
自 給 飼 料 費 計 (34)	…	157	…	－	…	87
稲　　　　わ　　ら (35)	14.8	157	－	－	1.7	87
そ　　の　　他 (36)	…	－	…	－	…	－

50 ～ 100		100 ～ 200		200 頭 以 上		
数 量	価 額	数 量	価 額	数 量	価 額	
(7)	(8)	(9)	(10)	(11)	(12)	
kg	円	kg	円	kg	円	
…	71,098	…	66,087	…	79,549	(1)
…	71,092	…	66,041	…	79,318	(2)
…	－	…	－	…	－	(3)
－	－	－	－	－	－	(4)
－	－	－	－	－	－	(5)
－	－	－	－	－	－	(6)
－	－	－	－	－	－	(7)
－	－	－	－	－	－	(8)
…	－	…	－	…	－	(9)
…	－	…	－	…	－	(10)
－	－	－	－	－	－	(11)
－	－	－	－	－	－	(12)
…	－	…	－	…	－	(13)
…	803	…	20	…	413	(14)
3.7	421	－	－	7.7	413	(15)
6.9	382	－	－	－	－	(16)
…	－	…	20	…	－	(17)
918.0	54,151	915.0	47,128	1,095.8	57,818	(18)
0.2	14	－	－	－	－	(19)
…	6,622	…	4,561	…	7,371	(20)
－	－	－	－	－	－	(21)
…	515	…	62	…	753	(22)
23.8	515	1.4	62	17.7	753	(23)
…	－	…	－	…	－	(24)
－	－	－	－	－	－	(25)
…	6,959	…	13,343	…	5,411	(26)
10.6	545	3.2	293	－	－	(27)
…	6,414	…	13,050	…	5,411	(28)
…	1,216	…	342	…	752	(29)
91.7	1,216	28.8	342	－	－	(30)
84.0	1,092	13.5	219	－	－	(31)
…	…	…	－	…	752	(32)
…	812	…	585	…	6,800	(33)
…	6	…	46	…	231	(34)
0.6	6	2.3	46	23.1	231	(35)
…	－	…	－	…	－	(36)

5　去勢若齢肥育牛生産費

5 去勢若齢肥育牛生産費
(1) 経営の概況（1経営体当たり）

区　　　　　　　　分	集　計経営体数	世　帯　員			農　業　就　業　者			経計
		計	男	女	計	男	女	
	(1)	(2)	(3)	(4)	(5)	(6)	(7)	(8)
	経営体	人	人	人	人	人	人	a
全　　　　　　　　国 (1)	288	3.9	1.9	2.0	2.0	1.3	0.7	686
飼 養 頭 数 規 模 別								
1 ～ 10頭未満 (2)	57	3.5	1.6	1.9	1.7	1.1	0.6	659
10 ～ 20 (3)	46	3.9	1.8	2.1	1.8	1.1	0.7	800
20 ～ 30 (4)	35	3.5	1.7	1.8	1.7	1.1	0.6	783
30 ～ 50 (5)	50	3.6	1.9	1.7	1.9	1.3	0.6	596
50 ～ 100 (6)	51	4.6	2.2	2.4	2.2	1.4	0.8	700
100 ～ 200 (7)	33	4.6	2.3	2.3	2.4	1.5	0.9	583
200頭以上 (8)	16	3.6	2.1	1.5	2.3	1.5	0.8	777
全 国 農 業 地 域 別								
北　　海　　道 (9)	13	4.7	2.2	2.5	2.9	1.6	1.3	4,942
東　　　　　北 (10)	84	4.4	2.2	2.2	1.9	1.3	0.6	658
北　　　　　陸 (11)	4	4.8	2.0	2.8	2.3	1.5	0.8	461
関　東　・　東　山 (12)	39	4.2	2.1	2.1	1.9	1.3	0.6	543
東　　　　　海 (13)	17	3.2	1.8	1.4	1.9	1.4	0.5	492
近　　　　　畿 (14)	11	3.4	1.8	1.6	1.7	1.2	0.5	362
中　　　　　国 (15)	13	3.8	2.1	1.7	2.2	1.4	0.8	469
四　　　　　国 (16)	9	3.5	1.8	1.7	1.3	0.9	0.4	407
九　　　　　州 (17)	98	3.6	1.8	1.8	2.0	1.2	0.8	432

区　　　　　　　　分	畜舎の面積及び自動車・農機具の所有状況（10経営体当たり）				飼養月平　　均頭　　数	もと牛の概要（もと牛1頭当たり）		
	畜舎面積　1経営体当たり	カッター	貨物自動車	トラクター耕うん機を含む。		月齢	生体重	評価額
	(18)	(19)	(20)	(21)	(22)	(23)	(24)	(25)
	㎡	台	台	台	頭	月	kg	円
全　　　　　　　　国 (1)	1,093.4	3.8	27.1	18.8	72.0	9.2	305.7	871,586
飼 養 頭 数 規 模 別								
1 ～ 10頭未満 (2)	380.8	3.8	18.8	17.3	5.6	9.3	297.1	804,157
10 ～ 20 (3)	967.7	2.8	23.8	13.3	15.1	9.5	303.9	826,071
20 ～ 30 (4)	519.7	1.7	24.1	19.1	24.3	9.2	304.1	840,097
30 ～ 50 (5)	806.2	4.3	28.3	18.6	39.0	9.3	301.6	871,922
50 ～ 100 (6)	1,268.1	2.4	29.6	25.7	71.6	9.3	304.1	865,502
100 ～ 200 (7)	1,728.4	5.3	34.8	17.9	132.4	9.0	301.1	891,823
200頭以上 (8)	2,543.0	5.1	38.5	19.3	262.0	9.2	309.7	870,772
全 国 農 業 地 域 別								
北　　海　　道 (9)	916.3	－	37.7	50.0	30.5	10.2	308.8	718,482
東　　　　　北 (10)	658.8	1.5	25.9	18.8	38.4	9.5	326.8	918,200
北　　　　　陸 (11)	821.7	－	22.5	15.0	38.8	9.4	300.8	872,951
関　東　・　東　山 (12)	787.0	2.8	27.8	20.8	58.9	9.5	309.1	851,496
東　　　　　海 (13)	1,335.1	1.8	24.7	6.5	68.1	9.3	299.2	841,650
近　　　　　畿 (14)	1,692.8	1.8	27.3	23.6	56.8	8.7	295.5	893,623
中　　　　　国 (15)	1,133.6	3.8	27.7	15.4	41.4	8.8	281.6	781,813
四　　　　　国 (16)	1,269.6	6.7	26.7	13.3	58.2	8.2	271.9	806,591
九　　　　　州 (17)	1,110.4	7.0	28.1	18.1	70.2	9.0	296.5	903,211

営		土		地					
耕		地		畜 産 用 地				山 林 その他	
小 計	田	畑	牧草地	小 計	畜舎等	放牧地	採草地		
(9)	(10)	(11)	(12)	(13)	(14)	(15)	(16)	(17)	
a	a	a	a	a	a	a	a	a	
416	272	70	74	72	33	35	4	198	(1)
434	302	38	94	24	12	11	1	201	(2)
448	292	33	123	164	32	132	–	188	(3)
527	241	163	123	148	22	126	–	108	(4)
383	225	99	59	22	22	–	–	191	(5)
513	327	94	92	46	34	–	12	141	(6)
265	184	67	14	57	47	–	10	261	(7)
362	273	69	20	165	80	85	–	250	(8)
2,834	599	878	1,357	967	58	909	–	1,141	(9)
507	460	42	5	24	24	–	–	127	(10)
197	186	6	5	16	16	–	–	248	(11)
393	283	93	17	45	23	22	–	105	(12)
95	68	27	–	40	40	–	–	357	(13)
275	272	3	–	45	43	–	2	42	(14)
231	188	40	3	35	35	–	–	203	(15)
192	109	72	11	39	39	–	–	176	(16)
229	128	51	50	40	32	–	8	163	(17)

生 産 物 (1 頭 当 た り)						副 産 物				
主	産		物			き ゅ う 肥			その他	
販売頭数 1経営体 当たり	月 齢	生体重	価 格	増体量	肥育期間	数 量	利用量	価 額 (利用分)		
(26)	(27)	(28)	(29)	(30)	(31)	(32)	(33)	(34)	(35)	
頭	月	kg	円	kg	月	kg	kg	円	円	
42.3	29.2	794.9	1,365,496	489.1	20.0	13,945	4,422	7,571	1,027	(1)
3.6	30.2	796.2	1,287,731	498.1	21.0	15,237	9,069	23,215	170	(2)
9.5	29.2	776.2	1,235,924	472.3	19.8	13,105	7,826	17,744	2,136	(3)
15.1	29.5	777.5	1,273,280	473.0	20.3	13,576	7,606	16,877	146	(4)
24.1	29.5	780.9	1,286,499	479.0	20.1	14,124	7,129	15,165	121	(5)
42.9	29.3	787.5	1,320,016	483.2	19.9	14,535	7,547	10,836	1,560	(6)
76.2	29.0	796.6	1,352,154	495.5	20.0	13,872	4,488	8,520	669	(7)
152.1	29.2	800.1	1,412,967	490.2	20.0	13,753	2,423	3,177	1,200	(8)
21.6	27.1	754.4	1,100,064	445.5	16.9	12,043	11,595	26,288	1,919	(9)
21.0	30.5	837.3	1,356,415	510.3	21.0	14,792	8,558	16,687	27	(10)
24.3	30.4	814.1	1,350,236	513.4	21.1	13,185	3,508	10,000	5,796	(11)
34.7	29.7	815.2	1,303,636	505.9	20.2	13,775	6,682	12,348	270	(12)
40.7	29.3	759.8	1,382,635	460.7	20.0	14,203	3,173	2,136	739	(13)
34.5	29.8	718.9	1,641,975	423.5	21.1	14,062	7,430	19,319	484	(14)
23.8	27.8	753.6	1,205,865	471.9	19.0	11,661	5,601	8,958	163	(15)
33.3	27.9	768.0	1,353,095	496.3	19.6	9,291	2,217	5,550	–	(16)
42.1	28.9	795.0	1,350,992	498.4	20.0	15,012	3,960	5,872	2,358	(17)

133

5 去勢若齢肥育牛生産費（続き）

(2) 作業別労働時間（去勢若齢肥育牛1頭当たり）

区　　　　　　分	計	男	女	家　族　・　雇　用　別　内　訳					
				家　　　族			雇　　　用		
				小　計	男	女	小　計	男	女
	(1)	(2)	(3)	(4)	(5)	(6)	(7)	(8)	(9)
全　　　　　国　　(1)	49.72	36.82	12.90	43.79	32.41	11.38	5.93	4.41	1.52
飼 養 頭 数 規 模 別									
1 ～ 10頭未満　(2)	112.27	88.27	24.00	111.08	87.44	23.64	1.19	0.83	0.36
10 ～ 20　(3)	80.91	64.26	16.65	77.64	61.73	15.91	3.27	2.53	0.74
20 ～ 30　(4)	75.71	66.88	8.83	73.89	65.23	8.66	1.82	1.65	0.17
30 ～ 50　(5)	68.37	54.91	13.46	65.69	52.39	13.30	2.68	2.52	0.16
50 ～ 100　(6)	54.74	43.69	11.05	49.66	39.46	10.20	5.08	4.23	0.85
100 ～ 200　(7)	53.94	39.11	14.83	45.84	32.83	13.01	8.10	6.28	1.82
200頭以上　(8)	37.14	25.30	11.84	31.01	21.11	9.90	6.13	4.19	1.94
全 国 農 業 地 域 別									
北　海　道　(9)	46.60	34.42	12.18	45.62	33.76	11.86	0.98	0.66	0.32
東　　　　北　(10)	63.53	50.66	12.87	59.53	46.81	12.72	4.00	3.85	0.15
北　　　　陸　(11)	112.86	95.36	17.50	112.10	94.60	17.50	0.76	0.76	-
関 東 ・ 東 山　(12)	47.74	36.94	10.80	43.09	33.73	9.36	4.65	3.21	1.44
東　　　　海　(13)	50.03	43.08	6.95	46.20	39.97	6.23	3.83	3.11	0.72
近　　　　畿　(14)	47.57	39.19	8.38	40.31	34.54	5.77	7.26	4.65	2.61
中　　　　国　(15)	70.78	55.54	15.24	67.62	52.64	14.98	3.16	2.90	0.26
四　　　　国　(16)	52.34	43.65	8.69	45.71	37.02	8.69	6.63	6.63	-
九　　　　州　(17)	59.73	44.65	15.08	52.22	39.02	13.20	7.51	5.63	1.88

(3) 収益性

ア 去勢若齢肥育牛1頭当たり

区　　　　　　分	粗　　収　　益			生　　産　　費　　用		
	計	主 産 物	副 産 物	生産費総額	生産費総額から家族労働費、自己資本利子、自作地地代を控除した額	生産費総額から家族労働費を控除した額
	(1)	(2)	(3)	(4)	(5)	(6)
全　　　　　国　　(1)	1,374,094	1,365,496	8,598	1,397,912	1,320,053	1,329,522
飼 養 頭 数 規 模 別						
1 ～ 10頭未満　(2)	1,311,116	1,287,731	23,385	1,495,731	1,295,832	1,335,416
10 ～ 20　(3)	1,255,804	1,235,924	19,880	1,423,495	1,280,321	1,299,672
20 ～ 30　(4)	1,290,303	1,273,280	17,023	1,439,487	1,309,214	1,327,525
30 ～ 50　(5)	1,301,785	1,286,499	15,286	1,438,606	1,325,043	1,336,972
50 ～ 100　(6)	1,332,412	1,320,016	12,396	1,396,671	1,305,684	1,318,460
100 ～ 200　(7)	1,361,343	1,352,154	9,189	1,424,192	1,341,423	1,351,446
200頭以上　(8)	1,417,344	1,412,967	4,377	1,370,743	1,316,944	1,322,169
全 国 農 業 地 域 別						
北　海　道　(9)	1,128,271	1,100,064	28,207	1,278,443	1,178,183	1,196,160
東　　　　北　(10)	1,373,129	1,356,415	16,714	1,507,537	1,392,548	1,414,275
北　　　　陸　(11)	1,366,032	1,350,236	15,796	1,569,584	1,378,814	1,389,474
関 東 ・ 東 山　(12)	1,316,254	1,303,636	12,618	1,364,544	1,278,600	1,291,253
東　　　　海　(13)	1,385,510	1,382,635	2,875	1,392,278	1,306,344	1,315,197
近　　　　畿　(14)	1,661,778	1,641,975	19,803	1,429,607	1,348,914	1,355,864
中　　　　国　(15)	1,214,986	1,205,865	9,121	1,360,380	1,241,987	1,257,530
四　　　　国　(16)	1,358,645	1,353,095	5,550	1,369,049	1,291,496	1,299,806
九　　　　州　(17)	1,359,222	1,350,992	8,230	1,436,887	1,353,125	1,360,455

単位：時間

直 接 労 働 時 間				間 接 労 働 時 間		
小　計	飼 育 労 働 時 間		その他		自給牧草に係る労働時間	
	飼料の調理・給与・給水	敷料の搬入・きゅう肥の搬出				
(10)	(11)	(12)	(13)	(14)	(15)	
46.99	32.16	6.09	8.74	2.73	0.21	(1)
105.27	70.87	19.46	14.94	7.00	2.18	(2)
77.01	52.86	12.97	11.18	3.90	0.88	(3)
70.27	48.98	10.46	10.83	5.44	0.91	(4)
64.54	44.23	10.21	10.10	3.83	0.42	(5)
51.09	37.35	6.24	7.50	3.65	0.30	(6)
50.31	35.74	5.31	9.26	3.63	0.11	(7)
35.76	23.07	4.56	8.13	1.38	0.03	(8)
43.62	27.02	9.81	6.79	2.98	2.15	(9)
59.57	39.59	9.48	10.50	3.96	0.43	(10)
107.74	72.68	9.94	25.12	5.12	0.14	(11)
44.25	31.83	6.53	5.89	3.49	0.27	(12)
48.38	33.12	8.24	7.02	1.65	－	(13)
46.38	37.49	2.75	6.14	1.19	－	(14)
64.73	49.49	7.30	7.94	6.05	0.62	(15)
48.51	32.23	8.71	7.57	3.83	0.71	(16)
55.94	40.82	5.35	9.77	3.79	0.41	(17)

イ　1日当たり

単位：円　　　　　　　　　　　　　　　　　単位：円

所　得	家 族 労 働 報 酬	所　得	家 族 労 働 報 酬	
(7)	(8)	(1)	(2)	
54,041	44,572	9,873	8,143	(1)
15,284	△ 24,300	1,101	nc	(2)
△ 24,517	△ 43,868	nc	nc	(3)
△ 18,911	△ 37,222	nc	nc	(4)
△ 23,258	△ 35,187	nc	nc	(5)
26,728	13,952	4,306	2,248	(6)
19,920	9,897	3,476	1,727	(7)
100,400	95,175	25,901	24,553	(8)
△ 49,912	△ 67,889	nc	nc	(9)
△ 19,419	△ 41,146	nc	nc	(10)
△ 12,782	△ 23,442	nc	nc	(11)
37,654	25,001	6,991	4,642	(12)
79,166	70,313	13,708	12,175	(13)
312,864	305,914	62,092	60,712	(14)
△ 27,001	△ 42,544	nc	nc	(15)
67,149	58,839	11,752	10,298	(16)
6,097	△ 1,233	934	nc	(17)

5 去勢若齢肥育牛生産費（続き）

(4) 生産費

ア 去勢若齢肥育牛1頭当たり

区　分	物財費 計 (1)	もと畜費 (2)	飼料費 小計 (3)	流通飼料費 (4)	購入 (5)	牧草・放牧・採草費 (6)	敷料費 (7)	購入 (8)	光熱水料及び動力費 (9)	購入 (10)
全　　　　国 (1)	1,293,885	894,275	319,345	318,290	316,354	1,055	12,579	12,269	12,978	12,978
飼養頭数規模別										
1～10頭未満 (2)	1,289,007	833,826	352,874	349,077	340,517	3,797	11,313	9,128	12,638	12,638
10～20 (3)	1,270,881	848,955	336,448	329,994	325,281	6,454	13,097	11,411	12,702	12,702
20～30 (4)	1,294,565	862,767	351,640	341,399	331,746	10,241	13,251	12,504	10,243	10,243
30～50 (5)	1,312,790	895,153	331,381	330,061	327,873	1,320	14,101	13,383	12,289	12,289
50～100 (6)	1,289,147	889,793	319,627	318,019	315,074	1,608	14,311	13,527	11,844	11,844
100～200 (7)	1,324,063	908,195	333,819	333,198	332,331	621	13,721	13,588	14,014	14,014
200頭以上 (8)	1,278,829	895,541	306,029	305,825	304,581	204	11,237	11,235	13,086	13,086
全国農業地域別										
北　海　道 (9)	1,167,794	746,607	343,484	317,726	317,595	25,758	25,349	20,301	9,869	9,869
東　　北 (10)	1,380,216	940,049	344,692	342,562	337,817	2,130	12,787	11,923	13,215	13,215
北　　陸 (11)	1,366,220	899,950	393,768	393,538	385,085	230	8,025	7,923	13,328	13,328
関東・東山 (12)	1,269,418	876,040	320,004	319,668	314,935	336	8,856	8,349	12,122	12,122
東　　海 (13)	1,294,383	864,760	356,518	356,518	355,915	－	14,679	14,679	9,916	9,916
近　　畿 (14)	1,321,242	921,843	316,578	316,578	315,130	－	12,245	12,198	13,334	13,334
中　　国 (15)	1,235,242	812,175	327,105	325,333	324,524	1,772	13,157	13,071	10,291	10,291
四　　国 (16)	1,262,818	852,298	308,035	305,097	304,425	2,938	5,552	4,948	25,534	25,534
九　　州 (17)	1,327,215	922,228	323,509	321,509	320,332	2,000	14,710	14,695	13,891	13,891

区　分	物財費（続き） 農機具費 小計 (23)	購入 (24)	自給 (25)	償却 (26)	生産管理費 (27)	償却 (28)	労働費 計 (29)	家族 (30)	直接労働費 (31)	間接労働費 (32)	自給牧草に係る労働費 (33)
全　　　　国 (1)	11,494	4,240	－	7,254	1,755	24	75,799	68,390	71,564	4,235	331
飼養頭数規模別											
1～10頭未満 (2)	15,974	6,231	－	9,743	1,345	4	162,151	160,315	151,648	10,503	3,398
10～20 (3)	9,547	7,331	－	2,216	1,933	59	128,524	123,823	122,161	6,363	1,453
20～30 (4)	8,978	3,512	－	5,466	1,423	18	120,089	111,962	111,681	8,408	1,526
30～50 (5)	9,082	4,856	－	4,226	2,454	14	104,119	101,634	98,324	5,795	584
50～100 (6)	10,734	5,449	－	5,285	2,027	65	84,758	78,211	79,205	5,553	450
100～200 (7)	8,775	4,626	－	4,149	1,969	47	81,470	72,746	75,642	5,828	183
200頭以上 (8)	13,425	3,347	－	10,078	1,490	－	56,687	48,574	54,551	2,136	53
全国農業地域別											
北　海　道 (9)	11,360	6,252	－	5,108	891	－	83,623	82,283	78,256	5,367	3,859
東　　北 (10)	14,013	5,972	－	8,041	1,480	1	97,792	93,262	91,459	6,333	685
北　　陸 (11)	6,963	2,734	－	4,229	1,561	－	180,824	180,110	172,473	8,351	222
関東・東山 (12)	11,671	3,750	－	7,921	2,413	－	79,068	73,291	73,264	5,804	387
東　　海 (13)	5,510	3,761	－	1,749	2,430	37	80,735	77,081	77,942	2,793	－
近　　畿 (14)	10,031	5,670	－	4,361	2,740	81	86,185	73,743	83,966	2,219	－
中　　国 (15)	10,518	5,474	－	5,044	2,161	138	106,163	102,850	96,894	9,269	911
四　　国 (16)	6,392	4,282	－	2,110	4,760	－	93,090	69,243	87,378	5,712	839
九　　州 (17)	10,339	4,927	－	5,412	2,021	45	85,384	76,432	79,889	5,495	590

単位：円

その他の諸材料費	獣医師料及び医薬品費	賃借料及び料金	物件税及び公課諸負担	建物費				自動車費			
				小計	購入	自給	償却	小計	購入	自給	償却
(11)	(12)	(13)	(14)	(15)	(16)	(17)	(18)	(19)	(20)	(21)	(22)
292	10,424	6,704	5,324	12,804	3,462	-	9,342	5,911	3,424	-	2,487	(1)
369	14,907	5,280	10,929	16,018	7,578	-	8,440	13,534	5,795	-	7,739	(2)
619	8,942	4,164	9,224	13,548	6,557	-	6,991	11,702	7,810	-	3,892	(3)
691	9,897	4,425	8,590	9,929	2,731	-	7,198	12,731	6,159	-	6,572	(4)
448	12,036	6,124	7,044	14,840	5,082	-	9,758	7,838	5,687	-	2,151	(5)
133	9,785	4,553	5,861	13,063	3,680	-	9,383	7,416	3,630	-	3,786	(6)
220	12,815	5,320	5,205	13,723	3,687	-	10,036	6,287	4,137	-	2,150	(7)
320	9,047	8,494	4,321	11,901	2,716	-	9,185	3,938	2,210	-	1,728	(8)
188	5,240	2,724	5,478	10,934	3,884	-	7,050	5,670	2,025	-	3,645	(9)
240	13,923	5,460	7,816	16,716	3,817	-	12,899	9,825	4,951	-	4,874	(10)
367	14,848	5,178	5,350	9,969	2,254	-	7,715	6,913	3,298	-	3,615	(11)
289	8,243	6,109	5,389	11,517	3,622	-	7,895	6,765	4,268	-	2,497	(12)
318	8,475	13,007	3,071	10,312	1,697	-	8,615	5,387	4,729	-	658	(13)
1,089	13,438	6,698	7,193	8,471	3,848	-	4,623	7,582	6,017	-	1,565	(14)
456	17,486	10,316	6,105	18,116	6,956	-	11,160	7,356	4,710	-	2,646	(15)
67	16,550	3,413	10,418	23,550	14,883	-	8,667	6,249	3,407	-	2,842	(16)
230	11,066	3,392	6,214	12,935	3,788	-	9,147	6,680	3,847	-	2,833	(17)

費用合計				副産物価額	生産費（副産物価額差引）	支払利子	支払地代	支払利子・地代算入生産費	自己資本利子	自作地地代	資本利子・地代全額算入生産費（全算入生産費）
計	購入	自給	償却								
(34)	(35)	(36)	(37)	(38)	(39)	(40)	(41)	(42)	(43)	(44)	(45)
1,369,684	1,257,929	92,648	19,107	8,598	1,361,086	18,275	484	1,379,845	7,323	2,146	1,389,314	(1)
1,451,158	1,165,437	259,795	25,926	23,385	1,427,773	4,023	966	1,432,762	31,706	7,878	1,472,346	(2)
1,399,405	1,003,707	382,540	13,158	19,880	1,379,525	4,314	425	1,384,264	14,575	4,776	1,403,615	(3)
1,414,654	1,174,499	220,901	19,254	17,023	1,397,631	4,605	1,917	1,404,153	15,456	2,855	1,422,464	(4)
1,416,909	1,269,751	131,009	16,149	15,286	1,401,623	9,130	638	1,411,391	9,971	1,958	1,423,320	(5)
1,373,905	1,217,596	137,790	18,519	12,396	1,361,509	9,729	261	1,371,499	10,935	1,841	1,384,275	(6)
1,405,533	1,310,172	78,979	16,382	9,189	1,396,344	8,571	65	1,404,980	8,001	2,022	1,415,003	(7)
1,335,516	1,264,047	50,478	20,991	4,377	1,331,139	29,349	653	1,361,141	3,363	1,862	1,366,366	(8)
1,251,417	753,518	482,096	15,803	28,207	1,223,210	5,930	3,119	1,232,259	14,575	3,402	1,250,236	(9)
1,478,008	1,327,767	124,426	25,815	16,714	1,461,294	7,312	490	1,469,096	16,612	5,115	1,490,823	(10)
1,547,044	1,333,930	197,555	15,559	15,796	1,531,248	10,798	1,082	1,543,128	8,350	2,310	1,553,788	(11)
1,348,486	1,220,040	110,133	18,313	12,618	1,335,868	3,193	212	1,339,273	10,457	2,196	1,351,926	(12)
1,375,118	1,204,573	159,486	11,059	2,875	1,372,243	7,582	725	1,380,550	7,943	910	1,389,403	(13)
1,407,427	1,268,577	128,220	10,630	19,803	1,387,624	12,631	2,599	1,402,854	5,918	1,032	1,409,804	(14)
1,341,405	1,195,961	126,456	18,988	9,121	1,332,284	3,311	121	1,335,716	14,422	1,121	1,351,259	(15)
1,355,908	1,169,398	172,891	13,619	5,550	1,350,358	3,731	1,100	1,355,189	5,667	2,643	1,363,499	(16)
1,412,599	1,311,301	83,861	17,437	8,230	1,404,369	16,738	220	1,421,327	5,611	1,719	1,428,657	(17)

5 去勢若齢肥育牛生産費（続き）
(4) 生産費（続き）
イ 去勢若齢肥育牛生体100kg当たり

区分	物 計 (1)	もと畜費 (2)	飼料費 小計 (3)	流通飼料費 (4)	購入 (5)	牧草・放牧・採草費 (6)	敷料費 (7)	購入 (8)	光熱水料及び動力費 (9)	購入 (10)
全国 (1)	162,776	112,503	40,175	40,042	39,798	133	1,582	1,543	1,633	1,633
飼養頭数規模別										
1～10頭未満 (2)	161,890	104,723	44,319	43,842	42,767	477	1,420	1,146	1,587	1,587
10～20 (3)	163,730	109,373	43,346	42,514	41,907	832	1,687	1,470	1,636	1,636
20～30 (4)	166,500	110,965	45,226	43,909	42,667	1,317	1,704	1,608	1,317	1,317
30～50 (5)	168,121	114,638	42,438	42,269	41,989	169	1,806	1,714	1,574	1,574
50～100 (6)	163,709	112,995	40,589	40,385	40,011	204	1,818	1,718	1,504	1,504
100～200 (7)	166,224	114,015	41,908	41,830	41,721	78	1,723	1,706	1,759	1,759
200頭以上 (8)	159,836	111,931	38,249	38,224	38,069	25	1,404	1,404	1,636	1,636
全国農業地域別										
北海道 (9)	154,795	98,966	45,530	42,116	42,099	3,414	3,360	2,691	1,308	1,308
東北 (10)	164,841	112,271	41,167	40,913	40,346	254	1,527	1,424	1,578	1,578
北陸 (11)	167,829	110,552	48,371	48,343	47,305	28	986	973	1,637	1,637
関東・東山 (12)	155,710	107,457	39,253	39,212	38,631	41	1,086	1,024	1,487	1,487
東海 (13)	170,354	113,812	46,921	46,921	46,842	-	1,932	1,932	1,305	1,305
近畿 (14)	183,781	128,226	44,035	44,035	43,834	-	1,703	1,697	1,855	1,855
中国 (15)	163,901	107,767	43,403	43,168	43,061	235	1,745	1,734	1,365	1,365
四国 (16)	164,423	110,971	40,107	39,724	39,637	383	723	644	3,325	3,325
九州 (17)	166,937	115,997	40,691	40,439	40,291	252	1,850	1,848	1,747	1,747

区分	物財費（続き） 農機具費 小計 (23)	購入 (24)	自給 (25)	償却 (26)	生産管理費 (27)	償却 (28)	労働費 計 (29)	家族 (30)	直接労働費 (31)	間接労働費 (32)	自給牧草に係る労働費 (33)
全国 (1)	1,446	533	-	913	221	3	9,538	8,606	9,005	533	42
飼養頭数規模別											
1～10頭未満 (2)	2,007	783	-	1,224	168	0	20,366	20,135	19,047	1,319	427
10～20 (3)	1,230	944	-	286	249	8	16,558	15,952	15,738	820	187
20～30 (4)	1,155	452	-	703	183	2	15,442	14,397	14,361	1,081	196
30～50 (5)	1,163	622	-	541	314	2	13,373	13,054	12,630	743	75
50～100 (6)	1,363	692	-	671	257	8	10,763	9,932	10,058	705	57
100～200 (7)	1,102	581	-	521	247	6	10,229	9,134	9,497	732	23
200頭以上 (8)	1,678	418	-	1,260	186	-	7,085	6,071	6,818	267	7
全国農業地域別											
北海道 (9)	1,506	829	-	677	118	-	11,085	10,907	10,373	712	511
東北 (10)	1,673	713	-	960	177	0	11,680	11,139	10,924	756	82
北陸 (11)	855	336	-	519	192	-	22,213	22,125	21,187	1,026	27
関東・東山 (12)	1,432	460	-	972	296	-	9,699	8,990	8,987	712	48
東海 (13)	725	495	-	230	320	5	10,626	10,145	10,258	368	-
近畿 (14)	1,396	789	-	607	381	11	11,987	10,257	11,679	308	-
中国 (15)	1,395	726	-	669	286	18	14,087	13,647	12,857	1,230	121
四国 (16)	833	558	-	275	620	-	12,121	9,016	11,377	744	109
九州 (17)	1,301	620	-	681	255	6	10,747	9,621	10,055	692	74

単位：円

				財　　　　費							
その他の諸材料費	獣医師料及び医薬品費	賃借料及び料金	物件税及び公課諸負担	建　物　費				自　動　車　費			
				小計	購入	自給	償却	小計	購入	自給	償却
(11)	(12)	(13)	(14)	(15)	(16)	(17)	(18)	(19)	(20)	(21)	(22)	
37	1,311	843	670	1,611	436	–	1,175	744	431	–	313	(1)
46	1,872	663	1,373	2,012	952	–	1,060	1,700	728	–	972	(2)
80	1,152	536	1,188	1,746	845	–	901	1,507	1,006	–	501	(3)
89	1,273	569	1,105	1,277	351	–	926	1,637	792	–	845	(4)
57	1,541	784	902	1,901	651	–	1,250	1,003	728	–	275	(5)
17	1,243	578	744	1,659	467	–	1,192	942	461	–	481	(6)
28	1,609	668	653	1,723	463	–	1,260	789	519	–	270	(7)
40	1,131	1,062	540	1,487	339	–	1,148	492	276	–	216	(8)
25	695	361	726	1,449	515	–	934	751	268	–	483	(9)
29	1,663	652	934	1,997	456	–	1,541	1,173	591	–	582	(10)
45	1,824	636	657	1,225	277	–	948	849	405	–	444	(11)
35	1,011	749	661	1,413	444	–	969	830	524	–	306	(12)
42	1,115	1,712	404	1,357	223	–	1,134	709	622	–	87	(13)
151	1,869	932	1,000	1,178	535	–	643	1,055	837	–	218	(14)
61	2,320	1,369	810	2,404	923	–	1,481	976	625	–	351	(15)
9	2,155	444	1,356	3,066	1,938	–	1,128	814	444	–	370	(16)
29	1,392	427	782	1,626	476	–	1,150	840	484	–	356	(17)

費　用　合　計				副産物価額	生産費(副産物価額差引)	支払利子	支払地代	支払利子・地代算入生産費	自己資本利子	自作地地代	資本利子・地代全額算入生産費(全算入生産費)	
計	購入	自給	償却									
(34)	(35)	(36)	(37)	(38)	(39)	(40)	(41)	(42)	(43)	(44)	(45)	
172,314	158,252	11,658	2,404	1,082	171,232	2,299	61	173,592	921	270	174,783	(1)
182,256	146,371	32,629	3,256	2,937	179,319	505	121	179,945	3,982	989	184,916	(2)
180,288	129,309	49,283	1,696	2,561	177,727	556	55	178,338	1,878	615	180,831	(3)
181,942	151,058	28,408	2,476	2,189	179,753	592	247	180,592	1,988	367	182,947	(4)
181,494	162,610	16,816	2,068	1,958	179,536	1,169	82	180,787	1,277	251	182,315	(5)
174,472	154,622	17,498	2,352	1,574	172,898	1,235	33	174,166	1,389	234	175,789	(6)
176,453	164,479	9,917	2,057	1,154	175,299	1,076	8	176,383	1,004	254	177,641	(7)
166,921	157,989	6,308	2,624	547	166,374	3,668	82	170,124	420	233	170,777	(8)
165,880	99,883	63,903	2,094	3,739	162,141	786	413	163,340	1,932	451	165,723	(9)
176,521	158,577	14,861	3,083	1,996	174,525	873	58	175,456	1,984	611	178,051	(10)
190,042	163,863	24,268	1,911	1,940	188,102	1,326	133	189,561	1,026	284	190,871	(11)
165,409	149,653	13,509	2,247	1,548	163,861	392	26	164,279	1,283	269	165,831	(12)
180,980	158,534	20,990	1,456	378	180,602	998	95	181,695	1,045	120	182,860	(13)
195,768	176,455	17,834	1,479	2,754	193,014	1,757	362	195,133	823	144	196,100	(14)
177,988	158,691	16,778	2,519	1,210	176,778	439	16	177,233	1,914	149	179,296	(15)
176,544	152,260	22,511	1,773	723	175,821	486	143	176,450	738	344	177,532	(16)
177,684	164,935	10,556	2,193	1,035	176,649	2,105	28	178,782	706	216	179,704	(17)

5 去勢若齢肥育牛生産費（続き）

(5) 敷料の使用数量と価額（去勢若齢肥育牛1頭当たり）

区　　　　分	平　　均		1 ～ 10 頭 未 満		10　～　20		20　～　30	
	数　量	価　額	数　量	価　額	数　量	価　額	数　量	価　額
	(1)	(2)	(3)	(4)	(5)	(6)	(7)	(8)
	kg	円	kg	円	kg	円	kg	円
敷　料　費　計	…	12,579	…	11,313	…	13,097	…	13,251
稲　　わ　　ら	33.9	437	201.1	2,791	15.7	249	105.8	1,883
お　が　く　ず	1,359.7	11,362	1,104.6	7,038	1,303.6	10,456	1,130.6	10,540
そ　　の　　他	…	780	…	1,484	…	2,392	…	828

30	～	50	50	～	100	100	～	200	200	頭 以 上	
数 量		価 額	数 量		価 額	数 量		価 額	数 量		価 額
(9)		(10)	(11)		(12)	(13)		(14)	(15)		(16)
kg		円	kg		円	kg		円	kg		円
…		14,101	…		14,311	…		13,721	…		11,237
134.3		1,370	61.5		536	32.1		603	-		-
1,613.3		11,735	1,131.9		11,183	1,498.8		12,485	1,355.7		11,118
…		996	…		2,592	…		633	…		119

5 去勢若齢肥育牛生産費（続き）

(6) 流通飼料の使用数量と価額（去勢若齢肥育牛1頭当たり）

区分		平均		1 ～ 10 頭未満		10 ～ 20		20 ～ 30	
		数量	価額	数量	価額	数量	価額	数量	価額
		(1)	(2)	(3)	(4)	(5)	(6)	(7)	(8)
		kg	円	kg	円	kg	円	kg	円
流通飼料費合計	(1)	…	318,290	…	349,077		329,994	…	341,399
購入飼料費計	(2)	…	316,354	…	340,517		325,281		331,746
穀類									
小計	(3)	…	9,083	…	14,022	…	24,671	…	4,329
大麦	(4)	102.5	5,060	127.2	7,390	230.9	15,259	37.3	1,936
その他の麦	(5)	1.8	94	17.2	808	40.8	2,171	0.4	23
とうもろこし	(6)	70.7	3,358	103.3	5,188	120.4	6,031	29.6	1,468
大豆	(7)	3.6	389	3.8	371	9.8	813	5.9	565
飼料用米	(8)	1.5	67	－	－	－	－	0.6	20
その他	(9)	…	115	…	265	…	397	…	317
ぬか・ふすま類									
小計	(10)	…	3,498	…	8,435	…	8,041	…	2,113
ふすま	(11)	93.6	3,240	174.3	6,814	191.6	7,659	53.0	2,026
米・麦ぬか	(12)	6.9	247	23.7	1,320	7.3	382	2.4	87
その他	(13)	…	11	…	301				
植物性かす類									
小計	(14)	…	6,541	…	6,517	…	4,932	…	7,942
大豆油かす	(15)	31.3	2,538	44.5	3,897	32.0	2,789	38.5	3,501
ビートパルプ	(16)	5.5	278	6.1	400	4.5	285	－	－
その他	(17)	…	3,725	…	2,220	…	1,858	…	4,441
配合飼料	(18)	4,680.2	250,822	4,431.6	265,201	3,841.5	235,362	4,708.2	283,129
TMR	(19)	17.0	899	87.6	3,841	－	－		
牛乳・脱脂乳	(20)	…		…					
いも類及び野菜類	(21)	－	－	－	－				
わら類その他									
小計	(22)	…	21,840	…	13,258	…	17,259	…	14,372
稲わら	(23)	652.0	21,485	548.9	13,258	544.5	16,257	463.5	11,131
その他	(24)	…	355			…	1,002	…	3,241
生牧草	(25)								
乾牧草									
小計	(26)	…	15,331	…	14,423	…	25,484	…	13,998
まめ科・ヘイキューブ	(27)	13.4	1,060	10.8	881	81.3	9,625	24.1	1,885
その他	(28)	…	14,271	…	13,542	…	15,859	…	12,113
サイレージ									
小計	(29)	…	1,701	…	1,149	…	2,123	…	630
いね科	(30)	128.7	1,678	29.3	1,149	81.9	1,339	26.5	362
うち稲発酵粗飼料	(31)	124.9	1,545	29.3	1,149	56.4	629	26.5	362
その他	(32)	…	23	…	－	…	784		268
その他	(33)	…	6,639	…	13,671	…	7,409	…	5,233
自給飼料費計	(34)	…	1,936	…	8,560	…	4,713	…	9,653
稲わら	(35)	88.3	1,930	555.4	8,560	285.7	4,705	444.9	9,639
その他	(36)	…	6	…	－	…	8	…	14

30 ～ 50		50 ～ 100		100 ～ 200		200 頭 以 上		
数 量	価 額	数 量	価 額	数 量	価 額	数 量	価 額	
(9)	(10)	(11)	(12)	(13)	(14)	(15)	(16)	
kg	円	kg	円	kg	円	kg	円	
…	330,061	…	318,019	…	333,198	…	305,825	(1)
…	327,873	…	315,074	…	332,331	…	304,581	(2)
…	14,954	…	9,751	…	13,865	…	4,854	(3)
169.9	8,234	70.8	3,744	151.2	7,613	74.7	3,298	(4)
3.1	170	-	-	1.0	55	-	-	(5)
129.0	5,334	120.4	5,375	97.0	5,033	31.0	1,444	(6)
8.2	794	5.4	532	6.8	779	0.4	61	(7)
-	-	2.6	100	4.7	214	-	-	(8)
…	422	…	-	…	171	…	51	(9)
…	6,092	…	3,604	…	5,757	…	1,542	(10)
147.2	6,036	91.0	3,460	152.9	5,002	49.8	1,542	(11)
0.9	13	4.9	144	22.1	755	-	-	(12)
…	43							(13)
…	6,620	…	4,446	…	11,292	…	4,819	(14)
38.6	3,179	24.7	2,141	63.3	4,864	15.1	1,269	(15)
5.0	225	-	-	2.1	114	9.3	465	(16)
…	3,216	…	2,305	…	6,314	…	3,085	(17)
4,510.5	256,410	4,585.9	253,576	4,405.7	244,148	4,925.1	250,877	(18)
14.6	742	51.0	2,599	24.4	1,111	0.4	184	(19)
…		…		…		…	-	(20)
-	-	-	-	-	-	-	-	(21)
…	21,498	…	22,085	…	21,739	…	22,908	(22)
774.4	21,498	698.6	21,496	657.9	21,035	636.5	22,908	(23)
…	-	…	589	…	704	…	-	(24)
-	-	-	-	-	-	-	-	(25)
…	14,196	…	12,698	…	22,145	…	12,539	(26)
6.3	498	18.7	1,383	16.6	1,157	7.4	551	(27)
…	13,698	…	11,315	…	20,988	…	11,988	(28)
…	365	…	317	…	1,257	…	2,626	(29)
30.5	365	28.9	317	73.6	1,257	215.5	2,626	(30)
29.9	344	28.9	317	59.9	772	215.5	2,626	(31)
…		…		…		…	-	(32)
…	6,996	…	5,998	…	11,017	…	4,232	(33)
…	2,188	…	2,945	…	867	…	1,244	(34)
109.5	2,188	123.0	2,906	46.1	867	43.3	1,244	(35)
…	-	…	39	…	-	…	-	(36)

6　乳用雄肥育牛生産費

6 乳用雄肥育牛生産費
(1) 経営の概況（1経営体当たり）

区　分	集　計経営体数	世　帯　員　計	男	女	農　業　就　業　者　計	男	女	経　計
	(1)	(2)	(3)	(4)	(5)	(6)	(7)	(8)
	経営体	人	人	人	人	人	人	a
全　　　　　国 (1)	57	3.9	2.3	1.6	2.7	1.8	0.9	815
飼 養 頭 数 規 模 別								
1 ～ 10頭未満 (2)	2	x	x	x	x	x	x	x
10 ～ 20 (3)	12	4.3	2.5	1.8	2.4	1.8	0.6	841
20 ～ 30 (4)	3	4.0	2.7	1.3	1.7	1.7	－	456
30 ～ 50 (5)	6	2.3	1.3	1.0	1.5	1.0	0.5	1,439
50 ～ 100 (6)	10	4.0	2.3	1.7	2.9	1.9	1.0	2,470
100 ～ 200 (7)	13	4.4	2.2	2.2	2.4	1.5	0.9	392
200頭以上 (8)	11	4.6	2.2	2.4	3.1	1.8	1.3	836
全 国 農 業 地 域 別								
北　海　道 (9)	9	3.9	2.0	1.9	2.7	1.8	0.9	4,945
東　　　北 (10)	4	3.6	2.3	1.3	1.8	1.3	0.5	732
北　　　陸 (11)	1	x	x	x	x	x	x	x
関 東・東 山 (12)	17	3.8	1.9	1.9	2.2	1.4	0.8	243
東　　　海 (13)	5	5.2	2.4	2.8	3.0	1.8	1.2	457
近　　　畿 (14)	1	x	x	x	x	x	x	x
中　　　国 (15)	2	x	x	x	x	x	x	x
四　　　国 (16)	6	3.8	2.0	1.8	2.0	1.5	0.5	434
九　　　州 (17)	12	3.8	2.3	1.5	2.7	1.8	0.9	501

区　分	畜舎面積 1経営体当たり	カッター	貨物自動車	トラクター（耕うん機を含む。）	飼養月平均頭数	もと牛の概要 月齢	生体重	評価額
	(18)	(19)	(20)	(21)	(22)	(23)	(24)	(25)
	㎡	台	台	台	頭	月	kg	円
全　　　　　国 (1)	1,671.9	5.7	33.9	21.1	132.9	7.0	295.4	238,412
飼 養 頭 数 規 模 別								
1 ～ 10頭未満 (2)	x	x	x	x	x	x	x	x
10 ～ 20 (3)	1,461.4	2.5	40.8	13.3	14.2	7.3	272.7	186,241
20 ～ 30 (4)	1,938.6	3.3	33.3	13.3	23.8	6.8	282.0	238,587
30 ～ 50 (5)	769.2	－	38.3	20.0	36.9	7.7	307.6	240,956
50 ～ 100 (6)	1,358.0	3.0	35.3	32.0	71.6	7.2	297.3	220,408
100 ～ 200 (7)	1,887.3	4.3	31.7	14.9	144.9	7.5	310.1	228,339
200頭以上 (8)	3,305.3	3.4	38.2	12.7	404.1	6.9	293.0	244,808
全 国 農 業 地 域 別								
北　海　道 (9)	1,666.6	1.1	31.4	42.2	182.4	6.8	305.0	231,882
東　　　北 (10)	1,109.4	2.5	25.0	20.0	28.4	7.3	289.4	191,487
北　　　陸 (11)	x	x	x	x	x	x	x	x
関 東・東 山 (12)	1,623.8	1.8	34.1	12.9	158.0	7.6	306.3	230,581
東　　　海 (13)	2,781.9	2.0	44.0	6.0	204.9	7.0	291.5	237,159
近　　　畿 (14)	x	x	x	x	x	x	x	x
中　　　国 (15)	x	x	x	x	x	x	x	x
四　　　国 (16)	1,998.5	6.7	53.3	10.0	84.1	6.7	293.9	233,812
九　　　州 (17)	2,650.1	3.3	28.3	12.5	137.5	6.9	274.9	220,041

	営		土		地				
耕		地		畜 産 用 地				山 林 その他	
小 計	田	畑	牧草地	小 計	畜舎等	放牧地	採草地		
(9)	(10)	(11)	(12)	(13)	(14)	(15)	(16)	(17)	
a	a	a	a	a	a	a	a	a	
572	280	232	60	71	59	12	−	172	(1)
x	x	x	x	x	x	x	x	x	(2)
460	273	75	112	236	55	181	−	145	(3)
92	89	3	−	45	45	−	−	319	(4)
1,054	200	792	62	24	24	−	−	361	(5)
1,861	224	1,348	289	43	30	13	−	566	(6)
273	40	167	66	60	60	−	−	59	(7)
421	74	263	84	121	121	−	−	294	(8)
3,326	134	2,509	683	364	107	257	−	1,255	(9)
527	480	15	32	40	40	−	−	165	(10)
x	x	x	x	x	x	x	x	x	(11)
125	76	42	7	65	65	−	−	53	(12)
270	153	117	−	59	59	−	−	128	(13)
x	x	x	x	x	x	x	x	x	(14)
x	x	x	x	x	x	x	x	x	(15)
202	164	38	−	36	36	−	−	196	(16)
393	207	26	160	72	72	−	−	36	(17)

	生	産	物（1 頭 当 た り）							
主		産		物		副	産	物		
販売頭数 [1経営体 当たり]	月 齢	生体重	価 格	増体量	肥育期間	きゅう 肥		価 額 （利用分）	その他	
						数 量	利用量			
(26)	(27)	(28)	(29)	(30)	(31)	(32)	(33)	(34)	(35)	
頭	月	kg	円	kg	月	kg	kg	円	円	
121.4	20.9	779.7	499,280	484.1	13.9	8,590	5,356	4,983	517	(1)
x	x	x	x	x	x	x	x	x	x	(2)
17.5	22.4	740.3	467,717	466.4	15.1	12,555	6,480	12,496	1,146	(3)
34.7	21.6	778.6	586,504	496.6	14.8	11,418	6,984	16,271	−	(4)
34.5	20.5	740.8	464,343	484.7	12.8	8,733	4,887	19,103	−	(5)
72.8	20.8	792.7	513,633	495.3	13.6	9,653	6,149	14,135	141	(6)
127.6	21.3	766.5	527,673	456.4	13.7	9,131	5,326	5,763	278	(7)
353.8	20.7	785.3	492,034	492.1	13.8	8,158	5,308	3,526	633	(8)
177.9	19.3	792.4	490,321	487.5	12.4	7,232	6,939	16,788	800	(9)
27.8	21.1	724.7	417,192	435.0	13.7	8,929	5,340	8,625	−	(10)
x	x	x	x	x	x	x	x	x	x	(11)
137.5	21.2	764.8	489,468	458.2	13.6	8,948	3,531	3,048	501	(12)
183.0	21.0	777.5	536,630	485.9	14.0	11,141	9,882	4,029	215	(13)
x	x	x	x	x	x	x	x	x	x	(14)
x	x	x	x	x	x	x	x	x	x	(15)
76.3	21.4	791.3	596,514	497.4	14.7	8,685	2,261	3,617	−	(16)
131.8	21.1	781.3	519,788	506.3	14.2	10,347	5,235	6,002	966	(17)

6 乳用雄肥育牛生産費（続き）

(2) 作業別労働時間（乳用雄肥育牛1頭当たり）

区　　　　　分	計	男	女	家　族　・　雇　用　別　内　訳					
				家　　　族			雇　　　用		
				小　計	男	女	小　計	男	女
	(1)	(2)	(3)	(4)	(5)	(6)	(7)	(8)	(9)
全　　　　国　　(1)	15.76	12.50	3.26	14.17	11.02	3.15	1.59	1.48	0.11
飼 養 頭 数 規 模 別									
1 ～ 10頭未満　(2)	x	x	x	x	x	x	x	x	x
10 ～ 20　(3)	66.60	47.95	18.65	56.35	41.37	14.98	10.25	6.58	3.67
20 ～ 30　(4)	25.94	25.94	－	22.84	22.84	－	3.10	3.10	－
30 ～ 50　(5)	28.56	22.92	5.64	24.62	19.04	5.58	3.94	3.88	0.06
50 ～ 100　(6)	20.18	14.94	5.24	20.18	14.94	5.24	－	－	－
100 ～ 200　(7)	19.47	15.51	3.96	15.16	11.69	3.47	4.31	3.82	0.49
200頭以上　(8)	11.27	8.76	2.51	10.24	7.74	2.50	1.03	1.02	0.01
全 国 農 業 地 域 別									
北　　海　　道　(9)	11.16	9.53	1.63	8.86	7.23	1.63	2.30	2.30	－
東　　　　北　(10)	24.88	24.63	0.25	22.39	22.14	0.25	2.49	2.49	－
北　　　　陸　(11)	x	x	x	x	x	x	x	x	x
関 東 ・ 東 山　(12)	18.62	14.40	4.22	15.30	11.70	3.60	3.32	2.70	0.62
東　　　　海　(13)	14.71	10.71	4.00	14.54	10.63	3.91	0.17	0.08	0.09
近　　　　畿　(14)	x	x	x	x	x	x	x	x	x
中　　　　国　(15)	x	x	x	x	x	x	x	x	x
四　　　　国　(16)	24.10	19.71	4.39	20.69	16.32	4.37	3.41	3.39	0.02
九　　　　州　(17)	14.06	10.22	3.84	13.09	9.25	3.84	0.97	0.97	－

(3) 収益性

ア　乳用雄肥育牛1頭当たり

区　　　　　分	粗　　収　　益			生　　産　　費　　用		
	計	主 産 物	副 産 物	生産費総額	生産費総額から家族労働費、自己資本利子、自作地地代を控除した額	生産費総額から家族労働費を控除した額
	(1)	(2)	(3)	(4)	(5)	(6)
全　　　　国　　(1)	504,780	499,280	5,500	539,096	508,882	516,495
飼 養 頭 数 規 模 別						
1 ～ 10頭未満　(2)	x	x	x	x	x	x
10 ～ 20　(3)	481,359	467,717	13,642	618,180	523,106	538,370
20 ～ 30　(4)	602,775	586,504	16,271	585,588	547,541	554,520
30 ～ 50　(5)	483,446	464,343	19,103	524,194	477,535	483,779
50 ～ 100　(6)	527,909	513,633	14,276	526,154	483,638	491,928
100 ～ 200　(7)	533,714	527,673	6,041	550,648	517,160	524,514
200頭以上　(8)	496,193	492,034	4,159	532,878	508,550	516,036
全 国 農 業 地 域 別						
北　　海　　道　(9)	507,909	490,321	17,588	536,661	508,410	520,196
東　　　　北　(10)	425,817	417,192	8,625	522,881	481,989	493,779
北　　　　陸　(11)	x	x	x	x	x	x
関 東 ・ 東 山　(12)	493,017	489,468	3,549	520,581	487,186	495,632
東　　　　海　(13)	540,874	536,630	4,244	534,125	502,006	507,248
近　　　　畿　(14)	x	x	x	x	x	x
中　　　　国　(15)	x	x	x	x	x	x
四　　　　国　(16)	600,131	596,514	3,617	595,910	553,584	565,100
九　　　　州　(17)	526,756	519,788	6,968	561,865	538,894	541,688

単位：時間

直接労働時間				間接労働時間		
小計	飼育労働時間		その他		自給牧草に係る労働時間	
	飼料の調理・給与・給水	敷料の搬入・きゅう肥の搬出				
(10)	(11)	(12)	(13)	(14)	(15)	
14.90	9.43	2.14	3.33	0.86	0.20	(1)
x	x	x	x	x	x	(2)
64.54	37.55	5.98	21.01	2.06	0.29	(3)
22.94	16.55	3.27	3.12	3.00	-	(4)
27.35	18.80	4.93	3.62	1.21	-	(5)
18.48	13.16	3.17	2.15	1.70	0.69	(6)
18.55	11.91	2.33	4.31	0.92	0.20	(7)
10.55	6.70	1.48	2.37	0.72	0.19	(8)
10.10	5.93	2.62	1.55	1.06	0.71	(9)
22.88	17.18	3.33	2.37	2.00	1.23	(10)
x	x	x	x	x	x	(11)
17.69	10.23	2.18	5.28	0.93	0.03	(12)
14.44	9.87	1.92	2.65	0.27	0.00	(13)
x	x	x	x	x	x	(14)
x	x	x	x	x	x	(15)
22.76	16.61	2.55	3.60	1.34	0.33	(16)
13.23	8.59	1.60	3.04	0.83	0.10	(17)

イ　1日当たり

単位：円　　　　　　　　単位：円

所　得	家族労働報酬	所　得	家族労働報酬	
(7)	(8)	(1)	(2)	
△ 4,102	△ 11,715	nc	nc	(1)
x	x	x	x	(2)
△ 41,747	△ 57,011	nc	nc	(3)
55,234	48,255	19,346	16,902	(4)
5,911	△ 333	1,921	nc	(5)
44,271	35,981	17,550	14,264	(6)
16,554	9,200	8,736	4,855	(7)
△ 12,357	△ 19,843	nc	nc	(8)
△ 501	△ 12,287	nc	nc	(9)
△ 56,172	△ 67,962	nc	nc	(10)
x	x	x	x	(11)
5,831	△ 2,615	3,049	nc	(12)
38,868	33,626	21,385	18,501	(13)
x	x	x	x	(14)
x	x	x	x	(15)
46,547	35,031	17,998	13,545	(16)
△ 12,138	△ 14,932	nc	nc	(17)

6 乳用雄肥育牛生産費（続き）

(4) 生産費

ア 乳用雄肥育牛1頭当たり

区分	物財費 計 (1)	もと畜費 (2)	飼料費 小計 (3)	流通飼料費 (4)	流通飼料費 購入 (5)	牧草・放牧・採草費 (6)	敷料費 (7)	敷料費 購入 (8)	光熱水料及び動力費 (9)	光熱水料及び動力費 購入 (10)
全　　　　国 (1)	505,466	244,943	223,292	220,011	219,421	3,281	7,535	7,372	8,532	8,532
飼養頭数規模別										
1 ～ 10頭未満 (2)	x	x	x	x	x	x	x	x	x	x
10 ～ 20 (3)	505,842	195,152	239,018	236,452	234,410	2,566	7,210	7,210	17,324	17,324
20 ～ 30 (4)	543,340	240,881	258,739	258,739	258,739	－	6,905	6,905	10,832	10,832
30 ～ 50 (5)	472,575	246,776	180,699	180,699	180,433	－	16,289	8,733	6,482	6,482
50 ～ 100 (6)	481,122	225,857	209,113	200,510	200,321	8,603	13,346	11,362	6,896	6,896
100 ～ 200 (7)	510,137	235,266	239,051	237,051	236,902	2,000	5,995	5,995	7,832	7,832
200頭以上 (8)	505,830	251,887	218,502	214,923	214,539	3,579	7,629	7,629	8,590	8,590
全国農業地域別										
北　海　道 (9)	504,098	237,096	214,915	197,490	197,490	17,425	19,162	17,290	7,691	7,691
東　　　北 (10)	477,652	200,113	235,697	227,329	225,025	8,368	7,206	7,106	5,596	5,596
北　　　陸 (11)	x	x	x	x	x	x	x	x	x	x
関　東・東　山 (12)	483,029	237,386	211,085	210,820	209,181	265	4,633	4,633	8,135	8,135
東　　　海 (13)	500,886	245,712	223,623	223,601	223,590	22	5,158	5,158	9,898	9,898
近　　　畿 (14)	x	x	x	x	x	x	x	x	x	x
中　　　国 (15)	x	x	x	x	x	x	x	x	x	x
四　　　国 (16)	549,989	237,897	259,014	257,819	257,794	1,195	9,324	9,324	11,075	11,075
九　　　州 (17)	531,757	227,140	264,589	263,402	263,168	1,187	10,541	10,541	9,161	9,161

区分	物財費（続き） 農機具費 小計 (23)	購入 (24)	自給 (25)	償却 (26)	生産管理費 (27)	生産管理費 償却 (28)	労働費 計 (29)	家族 (30)	直接労働費 (31)	間接労働費 (32)	自給牧草に係る労働費 (33)
全　　　　国 (1)	3,767	2,173	－	1,594	525	8	24,940	22,601	23,515	1,425	316
飼養頭数規模別											
1 ～ 10頭未満 (2)	x	x	x	x	x	x	x	x	x	x	x
10 ～ 20 (3)	5,268	4,139	－	1,129	2,002	15	95,241	79,810	91,921	3,320	552
20 ～ 30 (4)	5,498	3,719	－	1,779	1,111	36	33,667	31,068	29,246	4,421	－
30 ～ 50 (5)	3,556	2,093	－	1,463	542	－	45,346	40,415	43,474	1,872	－
50 ～ 100 (6)	7,580	2,780	－	4,800	674	－	34,226	34,226	31,445	2,781	1,055
100 ～ 200 (7)	4,957	2,489	－	2,468	871	34	31,268	26,134	29,711	1,557	355
200頭以上 (8)	2,947	1,632	－	1,315	408	3	18,682	16,842	17,478	1,204	295
全国農業地域別											
北　海　道 (9)	6,261	3,661	－	2,600	466	23	20,122	16,465	18,266	1,856	1,234
東　　　北 (10)	11,318	3,151	－	8,167	401	34	31,014	29,102	28,422	2,592	1,582
北　　　陸 (11)	x	x	x	x	x	x	x	x	x	x	x
関　東・東　山 (12)	2,653	1,368	－	1,285	575	27	28,838	24,949	27,292	1,546	57
東　　　海 (13)	3,828	741	－	3,087	433	－	27,322	26,877	26,801	521	1
近　　　畿 (14)	x	x	x	x	x	x	x	x	x	x	x
中　　　国 (15)	x	x	x	x	x	x	x	x	x	x	x
四　　　国 (16)	3,085	1,804	－	1,281	929	7	33,719	30,810	31,689	2,030	472
九　　　州 (17)	5,848	3,236	－	2,612	795	－	22,346	20,177	21,094	1,252	146

単位：円

その他の諸材料費	獣医師料及び医薬品費	賃借料及び料金	物件税及び公課諸負担	建物費 小計	購入	自給	償却	自動車費 小計	購入	自給	償却	
(11)	(12)	(13)	(14)	(15)	(16)	(17)	(18)	(19)	(20)	(21)	(22)	
214	3,098	2,537	1,793	6,940	2,287	－	4,653	2,290	1,766	－	524	(1)
x	x	x	x	x	x	x	x	x	x	x	x	(2)
968	5,022	9,391	4,996	10,219	2,417	－	7,802	9,272	7,525	－	1,747	(3)
59	5,817	452	3,738	6,085	1,092	－	4,993	3,223	2,377	－	846	(4)
206	4,013	976	2,489	7,732	477	－	7,255	2,815	1,973	－	842	(5)
311	2,713	2,026	2,606	6,907	1,569	－	5,338	3,093	2,158	－	935	(6)
328	3,057	1,241	2,099	7,508	2,449	－	5,059	1,932	1,341	－	591	(7)
174	2,872	2,775	1,494	6,557	2,112	－	4,445	1,995	1,585	－	410	(8)
103	5,896	1,348	2,603	6,969	2,628	－	4,341	1,588	1,240	－	348	(9)
77	3,037	2,013	1,581	6,513	1,528	－	4,985	4,100	2,382	－	1,718	(10)
x	x	x	x	x	x	x	x	x	x	x	x	(11)
662	2,738	1,550	1,981	9,519	2,217	－	7,302	2,112	1,628	－	484	(12)
35	1,157	1,794	2,259	4,826	1,692	－	3,134	2,163	1,509	－	654	(13)
x	x	x	x	x	x	x	x	x	x	x	x	(14)
x	x	x	x	x	x	x	x	x	x	x	x	(15)
160	4,320	5,927	3,444	9,812	2,281	－	7,531	5,002	4,636	－	366	(16)
55	3,605	1,539	1,337	5,474	2,771	－	2,703	1,673	1,088	－	585	(17)

費用合計 計	購入	自給	償却	副産物価額	生産費（副産物価額差引）	支払利子	支払地代	支払利子・地代算入生産費	自己資本利子	自作地地代	資本利子・地代全額算入生産費（全算入生産費）	
(34)	(35)	(36)	(37)	(38)	(39)	(40)	(41)	(42)	(43)	(44)	(45)	
530,406	496,931	26,696	6,779	5,500	524,906	947	130	525,983	6,091	1,522	533,596	(1)
x	x	x	x	x	x	x	x	x	x	x	x	(2)
601,083	499,166	91,224	10,693	13,642	587,441	1,132	701	589,274	13,570	1,694	604,538	(3)
577,007	538,285	31,068	7,654	16,271	560,736	1,602	－	562,338	6,247	732	569,317	(4)
517,921	460,124	48,237	9,560	19,103	498,818	29	－	498,847	5,672	572	505,091	(5)
515,348	459,273	45,002	11,073	14,276	501,072	1,843	673	503,588	6,776	1,514	511,878	(6)
541,405	504,970	28,283	8,152	6,041	535,364	1,774	115	537,253	6,078	1,276	544,607	(7)
524,512	497,534	20,805	6,173	4,159	520,353	773	107	521,233	5,838	1,648	528,719	(8)
524,220	481,146	35,762	7,312	17,588	506,632	515	140	507,287	8,342	3,444	519,073	(9)
508,666	453,888	39,874	14,904	8,625	500,041	710	1,715	502,466	11,058	732	514,256	(10)
x	x	x	x	x	x	x	x	x	x	x	x	(11)
511,867	475,916	26,853	9,098	3,549	508,318	92	176	508,586	7,243	1,203	517,032	(12)
528,208	494,423	26,910	6,875	4,244	523,964	665	10	524,639	4,274	968	529,881	(13)
x	x	x	x	x	x	x	x	x	x	x	x	(14)
x	x	x	x	x	x	x	x	x	x	x	x	(15)
583,708	542,493	32,030	9,185	3,617	580,091	539	147	580,777	10,497	1,019	592,293	(16)
554,103	526,605	21,598	5,900	6,968	547,135	4,837	131	552,103	1,909	885	554,897	(17)

6 乳用雄肥育牛生産費（続き）
（4） 生産費（続き）
イ 乳用雄肥育牛生体100kg当たり

区　　　　　分		物							敷　料　費		光熱水料及び動力費	
		計	もと畜費	飼　　料　　費								
				小　計	流　通　飼　料　費		牧草・放牧・採草費			購　入		購　入
						購　入						
		(1)	(2)	(3)	(4)	(5)	(6)	(7)	(8)	(9)	(10)	
全　　　　国	(1)	64,829	31,416	28,640	28,219	28,143	421	966	945	1,094	1,094	
飼 養 頭 数 規 模 別												
1 〜 10頭未満	(2)	x	x	x	x	x	x	x	x	x	x	
10 〜 20	(3)	68,328	26,361	32,287	31,940	31,664	347	974	974	2,340	2,340	
20 〜 30	(4)	69,780	30,936	33,229	33,229	33,229	-	887	887	1,391	1,391	
30 〜 50	(5)	63,624	33,224	24,328	24,328	24,292	-	2,193	1,176	873	873	
50 〜 100	(6)	60,694	28,492	26,380	25,295	25,271	1,085	1,683	1,433	870	870	
100 〜 200	(7)	66,552	30,693	31,186	30,925	30,906	261	782	782	1,022	1,022	
200頭以上	(8)	64,411	32,075	27,824	27,368	27,319	456	971	971	1,094	1,094	
全 国 農 業 地 域 別												
北　海　道	(9)	63,617	29,921	27,122	24,923	24,923	2,199	2,418	2,182	971	971	
東　　北	(10)	65,915	27,614	32,525	31,370	31,052	1,155	995	981	772	772	
北　　陸	(11)	x	x	x	x	x	x	x	x	x	x	
関 東 ・ 東 山	(12)	63,159	31,039	27,600	27,565	27,351	35	606	606	1,064	1,064	
東　　海	(13)	64,422	31,602	28,761	28,758	28,757	3	663	663	1,273	1,273	
近　　畿	(14)	x	x	x	x	x	x	x	x	x	x	
中　　国	(15)	x	x	x	x	x	x	x	x	x	x	
四　　国	(16)	69,503	30,063	32,732	32,581	32,578	151	1,178	1,178	1,400	1,400	
九　　州	(17)	68,059	29,072	33,865	33,713	33,683	152	1,349	1,349	1,172	1,172	

区　　　　　分		物 財 費 （ 続 き ）				生産管理費		労　　働　　費			間 接 労 働 費	
		農　機　具　費										
		小　計	購　入	自　給	償　却		償　却	計	家　族	直接労働費		自給牧草に係る労働費
		(23)	(24)	(25)	(26)	(27)	(28)	(29)	(30)	(31)	(32)	(33)
全　　　　国	(1)	483	279	-	204	67	1	3,199	2,899	3,016	183	41
飼 養 頭 数 規 模 別												
1 〜 10頭未満	(2)	x	x	x	x	x	x	x	x	x	x	x
10 〜 20	(3)	711	559	-	152	270	2	12,864	10,780	12,416	448	75
20 〜 30	(4)	706	478	-	228	143	5	4,324	3,990	3,756	568	-
30 〜 50	(5)	479	282	-	197	73	-	6,104	5,441	5,853	251	-
50 〜 100	(6)	957	351	-	606	85	-	4,318	4,318	3,967	351	133
100 〜 200	(7)	647	325	-	322	113	4	4,079	3,410	3,876	203	46
200頭以上	(8)	375	208	-	167	52	0	2,380	2,145	2,226	154	38
全 国 農 業 地 域 別												
北　海　道	(9)	790	462	-	328	59	3	2,539	2,078	2,305	234	156
東　　北	(10)	1,562	435	-	1,127	56	5	4,280	4,016	3,922	358	218
北　　陸	(11)	x	x	x	x	x	x	x	x	x	x	x
関 東 ・ 東 山	(12)	347	179	-	168	75	3	3,770	3,262	3,568	202	7
東　　海	(13)	492	95	-	397	56	-	3,514	3,457	3,447	67	0
近　　畿	(14)	x	x	x	x	x	x	x	x	x	x	x
中　　国	(15)	x	x	x	x	x	x	x	x	x	x	x
四　　国	(16)	390	228	-	162	118	1	4,260	3,893	4,004	256	60
九　　州	(17)	748	414	-	334	102	-	2,860	2,582	2,700	160	19

単位：円

	財 費			建 物 費				自 動 車 費				
その他の諸材料費	獣医師料及び医薬品費	賃借料及び料金	物件税及び公課諸負担	小 計	購 入	自 給	償 却	小 計	購 入	自 給	償 却	
(11)	(12)	(13)	(14)	(15)	(16)	(17)	(18)	(19)	(20)	(21)	(22)	
27	397	325	230	890	293	-	597	294	227	-	67	(1)
x	x	x	x	x	x	x	x	x	x	x	x	(2)
131	678	1,269	675	1,380	326	-	1,054	1,252	1,016	-	236	(3)
8	747	58	480	781	140	-	641	414	305	-	109	(4)
28	540	131	335	1,041	64	-	977	379	266	-	113	(5)
39	342	256	329	871	198	-	673	390	272	-	118	(6)
43	399	162	274	979	319	-	660	252	175	-	77	(7)
22	366	353	190	835	269	-	566	254	202	-	52	(8)
13	744	170	328	880	332	-	548	201	157	-	44	(9)
11	419	278	218	899	211	-	688	566	329	-	237	(10)
x	x	x	x	x	x	x	x	x	x	x	x	(11)
87	358	203	259	1,245	290	-	955	276	213	-	63	(12)
5	149	231	291	621	218	-	403	278	194	-	84	(13)
x	x	x	x	x	x	x	x	x	x	x	x	(14)
x	x	x	x	x	x	x	x	x	x	x	x	(15)
20	546	749	435	1,240	288	-	952	632	586	-	46	(16)
7	461	197	171	701	355	-	346	214	139	-	75	(17)

費 用 合 計				副産物価額	生産費（副産物価額差引）	支払利子	支払地代	支払利子・地代算入生産費	自己資本利子	自作地地代	資本利子・地代全額算入生産費（全算入生産費）	
計	購 入	自 給	償 却									
(34)	(35)	(36)	(37)	(38)	(39)	(40)	(41)	(42)	(43)	(44)	(45)	
68,028	63,734	3,425	869	705	67,323	121	17	67,461	781	195	68,437	(1)
x	x	x	x	x	x	x	x	x	x	x	x	(2)
81,192	67,426	12,322	1,444	1,843	79,349	153	95	79,597	1,833	229	81,659	(3)
74,104	69,131	3,990	983	2,090	72,014	206	-	72,220	802	94	73,116	(4)
69,728	61,947	6,494	1,287	2,572	67,156	4	-	67,160	764	77	68,001	(5)
65,012	57,938	5,677	1,397	1,801	63,211	233	85	63,529	855	191	64,575	(6)
70,631	65,878	3,690	1,063	788	69,843	231	15	70,089	793	167	71,049	(7)
66,791	63,356	2,650	785	530	66,261	98	14	66,373	743	210	67,326	(8)
66,156	60,720	4,513	923	2,220	63,936	65	18	64,019	1,053	435	65,507	(9)
70,195	62,635	5,503	2,057	1,190	69,005	98	237	69,340	1,526	101	70,967	(10)
x	x	x	x	x	x	x	x	x	x	x	x	(11)
66,929	62,229	3,511	1,189	464	66,465	12	23	66,500	947	157	67,604	(12)
67,936	63,591	3,461	884	546	67,390	86	1	67,477	550	125	68,152	(13)
x	x	x	x	x	x	x	x	x	x	x	x	(14)
x	x	x	x	x	x	x	x	x	x	x	x	(15)
73,763	68,555	4,047	1,161	457	73,306	68	19	73,393	1,327	129	74,849	(16)
70,919	67,400	2,764	755	892	70,027	619	17	70,663	244	113	71,020	(17)

6 乳用雄肥育牛生産費（続き）

(5) 敷料の使用数量と価額（乳用雄肥育牛1頭当たり）

区　　　分	平　　　均		1 ～ 10 頭 未 満		10　～　20		20　～　30	
	数　量	価　額	数　量	価　額	数　量	価　額	数　量	価　額
	(1)	(2)	(3)	(4)	(5)	(6)	(7)	(8)
	kg	円	kg	円	kg	円	kg	円
敷　料　費　計	…	7,535	x	x	…	7,210	…	6,905
稲　　わ　　ら	-	-	x	x	-	-	-	-
お　が　く　ず	799.9	6,798	x	x	1,432.3	6,519	1,385.5	5,939
そ　の　他	…	737	x	x	…	691	…	966

30 〜 50		50 〜 100		100 〜 200		200 頭 以 上	
数 量	価 額	数 量	価 額	数 量	価 額	数 量	価 額
(9)	(10)	(11)	(12)	(13)	(14)	(15)	(16)
kg	円	kg	円	kg	円	kg	円
…	16,289	…	13,346	…	5,995	…	7,629
−	−	−	−	−	−	−	−
457.4	5,275	964.0	10,028	786.8	5,603	768.0	7,116
…	11,014	…	3,318	…	392	…	513

6 乳用雄肥育牛生産費（続き）

(6) 流通飼料の使用数量と価額（乳用雄肥育牛１頭当たり）

区　　分	平均 数量	平均 価額	1～10頭未満 数量	1～10頭未満 価額	10～20 数量	10～20 価額	20～30 数量	20～30 価額
	(1)	(2)	(3)	(4)	(5)	(6)	(7)	(8)
	kg	円	kg	円	kg	円	kg	円
流通飼料費合計 (1)	…	220,011	x	x	…	236,452	…	258,739
購入飼料費計 (2)	…	219,421	x	x	…	234,410	…	258,739
穀　　類								
小　　計 (3)	…	1,803	x	x	…	6,668	…	－
大　　麦 (4)	13.6	267	x	x	84.0	4,010	－	－
その他の麦 (5)	－	－	x	x	－	－	－	－
とうもろこし (6)	14.8	550	x	x	62.3	2,534	－	－
大　　豆 (7)	0.0	1	x	x	0.9	68	－	－
飼料用米 (8)	24.1	985	x	x	0.9	56	－	－
そ　の　他 (9)	…	－	x	x	…	－	－	－
ぬか・ふすま類								
小　　計 (10)	…	239	x	x	…	5,100	…	－
ふ　す　ま (11)	6.5	223	x	x	219.6	5,096	－	－
米・麦ぬか (12)	0.5	16	x	x	0.2	3	－	－
そ　の　他 (13)	…	0	x	x	…	1	－	－
植物性かす類								
小　　計 (14)	…	1,766	x	x	…	7,723	…	2,067
大豆油かす (15)	3.0	195	x	x	0.3	22	－	－
ビートパルプ (16)	0.1	8	x	x	11.0	630	－	－
そ　の　他 (17)	…	1,563	x	x	…	7,071	…	2,067
配　合　飼　料 (18)	4,004.1	191,773	x	x	3,423.4	192,855	4,636.1	224,635
Ｔ　Ｍ　Ｒ (19)	0.1	10	x	x	－	－	4.3	450
牛乳・脱脂乳 (20)	－	－	x	x	－	－		
いも類及び野菜類 (21)	2.4	2	x	x	267.9	268	－	－
わら類その他								
小　　計 (22)	…	6,950	x	x	…	5,470	…	18,445
稲　わ　ら (23)	152.3	5,234	x	x	206.6	5,470	447.6	18,445
そ　の　他 (24)	…	1,716	x	x				
生　牧　草 (25)	－	－	x	x				
乾　牧　草								
小　　計 (26)	…	14,191	x	x	…	10,532	…	12,310
まめ科・ヘイキューブ (27)	29.2	1,324	x	x	31.6	1,888	3.1	278
そ　の　他 (28)	…	12,867	x	x	…	8,644	…	12,032
サイレージ								
小　　計 (29)	…	492	x	x	…	2,279	…	－
いね科 (30)	58.3	492	x	x	206.7	2,279	－	－
うち 稲発酵粗飼料 (31)	40.7	461	x	x	206.7	2,279	－	－
そ　の　他 (32)	…	－	x	x	…	－	－	－
そ　の　他 (33)	…	2,195	x	x	…	3,515	…	832
自給飼料費計 (34)	…	590	x	x	…	2,042	…	－
稲　わ　ら (35)	31.6	586	x	x	88.9	1,595	－	－
そ　の　他 (36)	…	4	x	x	…	447	…	－

30 ～ 50		50 ～ 100		100 ～ 200		200 頭 以 上		
数 量	価 額	数 量	価 額	数 量	価 額	数 量	価 額	
(9)	(10)	(11)	(12)	(13)	(14)	(15)	(16)	
kg	円	kg	円	kg	円	kg	円	
…	180,699	…	200,510	…	237,051	…	214,923	(1)
…	180,433	…	200,321	…	236,902	…	214,539	(2)
…	1,651	…	4,484	…	9,178	…	241	(3)
491.4	796	24.1	1,105	-	-	9.2	241	(4)
-	-	-	-	-	-	-	-	(5)
23.9	855	90.3	3,379	68.2	2,527	-	-	(6)
-	-	0.7	0	-	-	-	-	(7)
-	-	-	-	162.6	6,651	-	-	(8)
…	-	…	-	…	-	…	-	(9)
…	2,369	…	1,722	…	642	…	-	(10)
61.5	2,369	30.7	1,422	17.3	623	-	-	(11)
-	-	9.1	300	0.9	19	-	-	(12)
…	-	…	-	…	-	…	-	(13)
…	1,881	…	2,870	…	1,409	…	1,796	(14)
-	-	13.2	795	-	-	3.3	222	(15)
3.3	270	-	-	-	-	-	-	(16)
…	1,611	…	2,075	…	1,409	…	1,574	(17)
2,940.8	154,084	3,688.8	179,677	3,849.0	203,929	4,064.2	187,858	(18)
	-		-		-		-	(19)
…		…		…		…		(20)
-		-		-		-		(21)
…	5,510	…	4,953	…	10,092	…	6,304	(22)
321.6	5,510	158.3	4,953	287.1	8,543	99.3	4,252	(23)
…	-	…	-	…	1,549	…	2,052	(24)
	-		-		-		-	(25)
…	13,077	…	4,852	…	10,034	…	16,321	(26)
5.5	365	-	-	-	-	39.8	1,789	(27)
…	12,712	…	4,852	…	10,034	…	14,532	(28)
…	316	…	28	…	387	…	323	(29)
15.8	316	356.0	28	26.0	387	29.9	323	(30)
15.8	316	-	-	9.9	186	29.9	323	(31)
…	-	…	-	…	-	…	-	(32)
…	1,545	…	1,735	…	1,231	…	1,696	(33)
…	266	…	189	…	149	…	384	(34)
13.4	266	25.8	189	13.2	149	19.2	384	(35)
…	-	…	-	…	-	…	-	(36)

7 交雑種肥育牛生産費

7 交雑種肥育牛生産費
(1) 経営の概況（1経営体当たり）

区　　　　　　　分	集　計経営体数	世　帯　員			農　業　就　業　者			経計
		計	男	女	計	男	女	
	(1)	(2)	(3)	(4)	(5)	(6)	(7)	(8)
	経営体	人	人	人	人	人	人	a
全　　　　　　国　(1)	93	3.6	1.8	1.8	2.2	1.3	0.9	586
飼 養 頭 数 規 模 別								
1 ～ 10頭未満　(2)	10	3.4	1.6	1.8	1.7	1.0	0.7	377
10 ～ 20　(3)	8	3.6	2.1	1.5	1.8	0.9	0.9	388
20 ～ 30　(4)	3	2.6	1.3	1.3	1.7	1.0	0.7	1,058
30 ～ 50　(5)	13	3.6	1.8	1.8	2.1	1.2	0.9	414
50 ～ 100　(6)	17	3.7	1.8	1.9	2.2	1.4	0.8	444
100 ～ 200　(7)	26	4.0	2.0	2.0	2.5	1.5	1.0	544
200頭以上　(8)	16	3.8	1.9	1.9	2.2	1.3	0.9	806
全 国 農 業 地 域 別								
北　　海　　道　(9)	2	x	x	x	x	x	x	x
東　　　　北　(10)	12	4.1	2.3	1.8	2.1	1.3	0.8	1,050
北　　　　陸　(11)	1	x	x	x	x	x	x	x
関 東 ・ 東 山　(12)	29	3.3	1.6	1.7	2.1	1.3	0.8	423
東　　　　海　(13)	14	3.7	1.7	2.0	2.2	1.1	1.1	250
近　　　　畿　(14)	3	3.7	2.0	1.7	2.7	1.7	1.0	673
中　　　　国　(15)	4	5.1	3.3	1.8	2.8	2.0	0.8	361
四　　　　国　(16)	7	3.3	1.7	1.6	2.0	1.3	0.7	415
九　　　　州　(17)	21	4.5	2.3	2.2	2.3	1.4	0.9	416

区　　　　　　分	畜舎の面積及び自動車・農機具の所有状況（10経営体当たり）				飼養月平均頭　数	もと牛の概要（もと牛1頭当たり）		
	畜舎面積1経営体当たり	カッター	貨物自動車	トラクター耕うん機を含む。		月　齢	生体重	評価額
	(18)	(19)	(20)	(21)	(22)	(23)	(24)	(25)
	㎡	台	台	台	頭	月	kg	円
全　　　　国　(1)	2,149.1	1.8	30.7	16.7	144.4	7.9	293.8	422,500
飼 養 頭 数 規 模 別								
1 ～ 10頭未満　(2)	486.0	1.0	26.0	19.3	3.5	8.2	277.2	371,330
10 ～ 20　(3)	614.0	-	21.3	11.6	14.6	7.4	275.9	422,740
20 ～ 30　(4)	646.2	-	33.3	26.7	27.7	8.2	304.8	393,287
30 ～ 50　(5)	1,093.3	4.6	28.1	15.4	40.2	7.6	296.7	407,281
50 ～ 100　(6)	1,697.6	1.3	27.9	11.2	73.2	8.2	303.6	420,302
100 ～ 200　(7)	1,761.2	5.0	29.7	16.6	144.4	7.7	283.5	403,086
200頭以上　(8)	4,355.4	0.1	36.8	17.5	327.0	7.9	295.9	430,463
全 国 農 業 地 域 別								
北　　海　　道　(9)	x	x	x	x	x	x	x	x
東　　　　北　(10)	898.0	3.3	35.8	24.2	65.1	7.9	269.0	351,318
北　　　　陸　(11)	x	x	x	x	x	x	x	x
関 東 ・ 東 山　(12)	1,302.8	1.7	27.8	17.1	103.9	7.9	301.9	449,793
東　　　　海　(13)	1,640.7	1.4	23.6	7.9	83.6	7.9	292.9	415,749
近　　　　畿　(14)	4,098.4	6.7	36.7	36.7	80.6	7.8	286.2	426,063
中　　　　国　(15)	1,839.3	5.0	32.5	17.5	135.4	8.8	292.7	326,614
四　　　　国　(16)	1,007.7	-	35.7	11.4	96.6	7.8	300.4	382,696
九　　　　州　(17)	2,378.7	4.3	29.5	13.8	157.9	7.7	285.4	425,156

営				土				地	
耕		地		畜 産 用 地				山 林 その他	
小 計	田	畑	牧草地	小 計	畜舎等	放牧地	採草地		
(9)	(10)	(11)	(12)	(13)	(14)	(15)	(16)	(17)	
a	a	a	a	a	a	a	a	a	
360	189	79	92	56	56	–	–	170	(1)
293	120	86	87	16	16	–	–	68	(2)
276	195	78	3	21	21	–	–	91	(3)
510	80	131	299	15	15	–	–	533	(4)
273	116	43	114	38	38	–	–	103	(5)
333	189	67	77	49	49	–	–	62	(6)
363	220	33	110	47	47	–	–	134	(7)
422	248	114	60	106	106	–	–	278	(8)
x	x	x	x	x	x	x	x	x	(9)
805	412	56	337	27	27	–	–	218	(10)
x	x	x	x	x	x	x	x	x	(11)
261	164	60	37	46	46	–	–	116	(12)
176	119	41	16	39	39	–	–	35	(13)
554	554	–	–	97	97	–	–	22	(14)
256	95	15	146	40	40	–	–	65	(15)
266	165	101	–	37	37	–	–	112	(16)
198	81	56	61	67	67	–	–	151	(17)

生 産 物 （1 頭 当 た り）									
主	産		物			副 産 物			
販売頭数 〔1経営体 当たり〕	月 齢	生体重	価 格	増体量	肥育期間	きゅう 肥 数 量	利用量	価 額 （利用分）	その他
(26)	(27)	(28)	(29)	(30)	(31)	(32)	(33)	(34)	(35)
頭	月	kg	円	kg	月	kg	kg	円	円
94. 7	26. 5	824. 7	798, 525	530. 9	18. 6	12, 194	6, 322	6, 580	106	(1)
3. 7	27. 8	770. 8	766, 422	493. 6	19. 6	12, 507	10, 328	16, 816	–	(2)
11. 0	26. 6	811. 7	797, 764	536. 1	19. 1	12, 623	7, 263	19, 413	–	(3)
23. 7	26. 0	789. 0	709, 427	484. 2	17. 8	14, 851	11, 957	9, 702	–	(4)
32. 1	26. 0	827. 0	799, 740	530. 4	18. 5	12, 112	4, 740	5, 850		(5)
47. 1	26. 6	807. 8	765, 217	504. 1	18. 4	12, 919	8, 250	12, 370	632	(6)
92. 9	26. 0	812. 0	790, 323	528. 6	18. 3	13, 219	4, 833	5, 912	97	(7)
212. 5	26. 6	831. 7	806, 674	535. 9	18. 7	11, 746	6, 484	5, 932	59	(8)
x	x	x	x	x	x	x	x	x	x	(9)
41. 7	27. 0	738. 7	664, 703	470. 0	19. 3	13, 271	4, 833	9, 056	–	(10)
x	x	x	x	x	x	x	x	x	x	(11)
67. 4	26. 7	850. 0	818, 134	548. 2	18. 8	11, 656	6, 416	6, 387	30	(12)
54. 5	26. 1	805. 1	800, 265	512. 2	18. 1	12, 701	5, 398	6, 050	531	(13)
58. 3	24. 8	707. 3	830, 155	420. 7	17. 0	13, 974	8, 619	17, 526	575	(14)
101. 0	25. 8	785. 7	757, 638	492. 9	17. 0	14, 488	1, 851	2, 971	–	(15)
66. 6	26. 9	799. 1	783, 532	498. 0	19. 2	14, 679	6, 753	10, 705	–	(16)
108. 2	25. 7	827. 0	787, 912	541. 4	18. 0	12, 166	5, 119	4, 958	127	(17)

7 交雑種肥育牛生産費（続き）

(2) 作業別労働時間（交雑種肥育牛1頭当たり）

区　　　　　分	計	男	女	家　族・雇　用　別　内　訳					
				家　　族			雇　　用		
				小　計	男	女	小　計	男	女
	(1)	(2)	(3)	(4)	(5)	(6)	(7)	(8)	(9)
全　　　　　国　(1)	24.81	18.27	6.54	19.01	14.02	4.99	5.80	4.25	1.55
飼 養 頭 数 規 模 別									
1 ～ 10頭未満　(2)	94.60	59.04	35.56	93.99	58.43	35.56	0.61	0.61	－
10 ～ 20　(3)	94.66	65.14	29.52	92.93	64.27	28.66	1.73	0.87	0.86
20 ～ 30　(4)	43.48	42.03	1.45	40.28	38.83	1.45	3.20	3.20	－
30 ～ 50　(5)	54.28	37.52	16.76	49.83	33.07	16.76	4.45	4.45	－
50 ～ 100　(6)	44.26	31.97	12.29	43.05	30.76	12.29	1.21	1.21	－
100 ～ 200　(7)	30.29	23.09	7.20	26.15	19.02	7.13	4.14	4.07	0.07
200頭以上　(8)	18.25	13.32	4.93	11.24	8.61	2.63	7.01	4.71	2.30
全 国 農 業 地 域 別									
北　　海　　道　(9)	x	x	x	x	x	x	x	x	x
東　　　　北　(10)	34.35	25.46	8.89	28.76	20.21	8.55	5.59	5.25	0.34
北　　　　陸　(11)	x	x	x	x	x	x	x	x	x
関　東・東　山　(12)	32.75	25.10	7.65	27.09	19.44	7.65	5.66	5.66	－
東　　　　海　(13)	34.90	21.15	13.75	29.94	19.42	10.52	4.96	1.73	3.23
近　　　　畿　(14)	38.36	22.47	15.89	38.36	22.47	15.89	－	－	－
中　　　　国　(15)	25.00	23.20	1.80	23.66	21.86	1.80	1.34	1.34	－
四　　　　国　(16)	42.90	35.07	7.83	33.21	27.78	5.43	9.69	7.29	2.40
九　　　　州　(17)	26.94	20.03	6.91	23.70	16.79	6.91	3.24	3.24	－

(3) 収益性

ア 交雑種肥育牛1頭当たり

区　　　　　分	粗　　収　　益			生　　産　　費　　用		
	計	主　産　物	副　産　物	生産費総額	生産費総額から家族労働費、自己資本利子、自作地地代を控除した額	生産費総額から家族労働費を控除した額
	(1)	(2)	(3)	(4)	(5)	(6)
全　　　　　国　(1)	805,211	798,525	6,686	835,805	795,163	804,686
飼 養 頭 数 規 模 別						
1 ～ 10頭未満　(2)	783,238	766,422	16,816	1,017,859	832,600	874,898
10 ～ 20　(3)	817,177	797,764	19,413	1,029,134	840,892	861,355
20 ～ 30　(4)	719,129	709,427	9,702	854,239	772,187	793,695
30 ～ 50　(5)	805,590	799,740	5,850	886,904	791,083	803,042
50 ～ 100　(6)	778,219	765,217	13,002	921,577	834,829	847,760
100 ～ 200　(7)	796,332	790,323	6,009	827,011	771,167	785,302
200頭以上　(8)	812,665	806,674	5,991	823,469	798,090	805,081
全 国 農 業 地 域 別						
北　　海　　道　(9)	x	x	x	x	x	x
東　　　　北　(10)	673,759	664,703	9,056	780,202	714,253	734,659
北　　　　陸　(11)	x	x	x	x	x	x
関　東・東　山　(12)	824,551	818,134	6,417	862,421	803,039	817,076
東　　　　海　(13)	806,846	800,265	6,581	887,133	811,355	827,710
近　　　　畿　(14)	848,256	830,155	18,101	807,521	727,301	735,358
中　　　　国　(15)	760,609	757,638	2,971	696,964	655,985	661,665
四　　　　国　(16)	794,237	783,532	10,705	813,400	758,527	768,037
九　　　　州　(17)	792,997	787,912	5,085	848,109	808,709	813,308

単位：時間

直　接　労　働　時　間				間　接　労　働　時　間		
小　計	飼　育　労　働　時　間				自給牧草に係る労働時間	
	飼料の調理・給与・給水	敷料の搬入・きゅう肥の搬出	そ　の　他			
(10)	(11)	(12)	(13)	(14)	(15)	
23.27	17.02	2.73	3.52	1.54	0.19	(1)
91.62	67.15	13.13	11.34	2.98	0.55	(2)
92.02	67.58	12.36	12.08	2.64	-	(3)
35.54	28.62	5.00	1.92	7.94	3.17	(4)
52.74	40.08	4.12	8.54	1.54	0.16	(5)
41.79	30.38	4.95	6.46	2.47	0.18	(6)
28.36	21.52	2.78	4.06	1.93	0.41	(7)
17.07	12.15	2.21	2.71	1.18	0.06	(8)
x	x	x	x	x	x	(9)
31.70	24.40	4.11	3.19	2.65	1.44	(10)
x	x	x	x	x	x	(11)
31.06	22.03	3.19	5.84	1.69	0.08	(12)
33.42	25.88	3.31	4.23	1.48	0.04	(13)
36.68	29.52	2.33	4.83	1.68	-	(14)
23.08	17.40	2.89	2.79	1.92	0.40	(15)
38.78	27.03	4.74	7.01	4.12	0.94	(16)
25.49	19.56	2.39	3.54	1.45	0.07	(17)

単位：円　　イ　1日当たり　　単位：円

所　得	家　族　労　働　報　酬	所　得	家　族　労　働　報　酬	
(7)	(8)	(1)	(2)	
10,048	525	4,229	221	(1)
△ 49,362	△ 91,660	nc	nc	(2)
△ 23,715	△ 44,178	nc	nc	(3)
△ 53,058	△ 74,566	nc	nc	(4)
14,507	2,548	2,329	409	(5)
△ 56,610	△ 69,541	nc	nc	(6)
25,165	11,030	7,699	3,374	(7)
14,575	7,584	10,374	5,398	(8)
x	x	x	x	(9)
△ 40,494	△ 60,900	nc	nc	(10)
x	x	x	x	(11)
21,512	7,475	6,353	2,207	(12)
△ 4,509	△ 20,864	nc	nc	(13)
120,955	112,898	25,225	23,545	(14)
104,624	98,944	35,376	33,455	(15)
35,710	26,200	8,602	6,311	(16)
△ 15,712	△ 20,311	nc	nc	(17)

7 交雑種肥育牛生産費（続き）

(4) 生産費

ア 交雑種肥育牛1頭当たり

区分	計	もと畜費	飼料費 小計	流通飼料費	購入	牧草・放牧・採草費	敷料費	購入	光熱水料及び動力費	購入
	(1)	(2)	(3)	(4)	(5)	(6)	(7)	(8)	(9)	(10)
全 国 (1)	780,187	430,702	298,560	297,100	296,049	1,460	7,940	7,809	9,807	9,807
飼養頭数規模別										
1 ～ 10頭未満 (2)	828,280	371,330	335,993	329,708	329,094	6,285	13,294	12,847	20,067	20,067
10 ～ 20 (3)	839,032	432,348	309,153	309,153	303,975	-	4,026	3,715	11,775	11,775
20 ～ 30 (4)	766,587	393,287	308,621	306,468	306,468	2,153	4,902	4,159	10,237	10,237
30 ～ 50 (5)	784,248	420,955	300,159	299,961	297,697	198	6,497	6,472	14,799	14,799
50 ～ 100 (6)	829,748	436,846	330,525	328,899	326,882	1,626	9,014	7,530	10,430	10,430
100 ～ 200 (7)	761,220	411,648	291,979	288,876	288,702	3,103	7,805	7,804	12,236	12,236
200頭以上 (8)	779,763	437,598	296,336	295,405	294,242	931	7,944	7,935	8,654	8,654
全国農業地域別										
北 海 道 (9)	x	x	x	x	x	x	x	x	x	x
東 北 (10)	704,096	364,668	275,613	266,189	265,802	9,424	8,700	8,661	10,653	10,653
北 陸 (11)	x	x	x	x	x	x	x	x	x	x
関 東・東 山 (12)	793,609	458,995	287,353	286,716	284,716	637	6,942	6,653	8,978	8,978
東 海 (13)	803,817	426,102	308,457	307,149	306,231	1,308	4,159	4,135	13,476	13,476
近 畿 (14)	726,908	440,671	232,934	232,934	232,541	-	6,563	6,563	6,502	6,502
中 国 (15)	653,379	330,657	269,612	267,091	267,059	2,521	11,948	11,948	9,883	9,883
四 国 (16)	744,747	391,729	304,216	301,508	301,100	2,708	5,271	3,781	11,115	11,115
九 州 (17)	793,487	432,268	314,014	313,539	313,196	475	8,272	8,233	10,555	10,555

区分	農機具費 小計	購入	自給	償却	生産管理費	償却	労働費 計	家族	直接労働費	間接労働費	自給牧草に係る労働費
	(23)	(24)	(25)	(26)	(27)	(28)	(29)	(30)	(31)	(32)	(33)
全 国 (1)	5,456	2,864	-	2,592	1,043	5	39,749	31,119	37,296	2,453	279
飼養頭数規模別											
1 ～ 10頭未満 (2)	12,270	4,569	-	7,701	3,371	-	143,616	142,961	138,869	4,747	996
10 ～ 20 (3)	9,099	7,671	-	1,428	2,989	-	169,279	167,779	164,675	4,604	-
20 ～ 30 (4)	6,687	4,566	-	2,121	1,802	-	65,799	60,544	53,342	12,457	5,552
30 ～ 50 (5)	9,800	5,457	-	4,343	1,711	-	89,654	83,862	87,132	2,522	248
50 ～ 100 (6)	11,073	5,645	-	5,428	1,065	-	76,397	73,817	72,273	4,124	308
100 ～ 200 (7)	8,405	5,375	-	3,030	1,109	23	46,597	41,709	43,584	3,013	608
200頭以上 (8)	3,626	1,593	-	2,033	943	1	29,151	18,388	27,281	1,870	73
全国農業地域別											
北 海 道 (9)	x	x	x	x	x	x	x	x	x	x	x
東 北 (10)	13,385	8,193	-	5,192	1,318	47	52,172	45,543	48,124	4,048	2,127
北 陸 (11)	x	x	x	x	x	x	x	x	x	x	x
関 東・東 山 (12)	4,381	2,086	-	2,295	1,076	1	54,056	45,345	51,234	2,822	139
東 海 (13)	10,258	5,631	-	4,627	2,162	37	65,774	59,423	63,116	2,658	85
近 畿 (14)	8,820	3,188	-	5,632	1,327	-	72,163	72,163	69,006	3,157	-
中 国 (15)	3,437	3,087	-	350	505	-	37,154	35,299	34,161	2,993	576
四 国 (16)	3,169	2,245	-	924	1,212	59	56,920	45,363	51,224	5,696	1,436
九 州 (17)	7,087	4,827	-	2,260	886	-	39,524	34,801	37,326	2,198	88

単位：円

	財				費							
その他の諸材料費	獣医師料及び医薬品費	賃借料及び料金	物件税及び公課諸負担	建物費 小計	購入	自給	償却	自動車費 小計	購入	自給	償却	
(11)	(12)	(13)	(14)	(15)	(16)	(17)	(18)	(19)	(20)	(21)	(22)	
254	4,966	3,170	2,583	12,382	2,502	–	9,880	3,324	2,055	–	1,269	(1)
204	6,192	6,503	17,264	23,560	2,200	–	21,360	18,232	16,591	–	1,641	(2)
610	7,918	7,122	12,453	24,446	14,849	–	9,597	17,093	13,173	–	3,920	(3)
230	5,344	1,320	4,772	22,483	8,012	–	14,471	6,902	3,181	–	3,721	(4)
374	6,939	1,609	6,422	8,389	4,150	–	4,239	6,594	4,926	–	1,668	(5)
144	5,218	1,367	5,200	11,891	4,779	–	7,112	6,975	3,442	–	3,533	(6)
243	5,985	2,421	3,713	10,776	4,136	–	6,640	4,900	2,925	–	1,975	(7)
263	4,504	3,642	1,533	12,727	1,503	–	11,224	1,993	1,275	–	718	(8)
x	x	x	x	x	x	x	x	x	x	x	x	(9)
459	3,807	683	3,265	11,887	4,299	–	7,588	9,658	6,100	–	3,558	(10)
x	x	x	x	x	x	x	x	x	x	x	x	(11)
342	2,750	1,941	4,433	11,849	2,050	–	9,799	4,569	2,449	–	2,120	(12)
349	8,306	5,616	3,970	16,084	5,606	–	10,478	4,878	3,301	–	1,577	(13)
115	8,564	1,458	4,325	12,577	4,455	–	8,122	3,052	2,774	–	278	(14)
210	9,728	2,016	4,090	7,535	3,129	–	4,406	3,758	2,881	–	877	(15)
116	5,053	1,622	4,418	12,811	3,868	–	8,943	4,015	3,395	–	620	(16)
70	4,784	2,578	2,181	6,777	2,984	–	3,793	4,015	2,129	–	1,886	(17)

費用合計 計	購入	自給	償却	副産物価額	生産費（副産物価額差引）	支払利子	支払地代	支払利子・地代算入生産費	自己資本利子	自作地地代	資本利子・地代全額算入生産費（全算入生産費）	
(34)	(35)	(36)	(37)	(38)	(39)	(40)	(41)	(42)	(43)	(44)	(45)	
819,936	770,311	35,879	13,746	6,686	813,250	6,068	278	819,596	7,983	1,540	829,119	(1)
971,896	716,714	224,480	30,702	16,816	955,080	3,354	311	958,745	28,255	14,043	1,001,043	(2)
1,008,311	820,098	173,268	14,945	19,413	988,898	360	–	989,258	16,835	3,628	1,009,721	(3)
832,386	748,633	63,440	20,313	9,702	822,684	–	345	823,029	19,945	1,563	844,537	(4)
873,902	777,303	86,349	10,250	5,850	868,052	809	234	869,095	9,163	2,796	881,054	(5)
906,145	811,128	78,944	16,073	13,002	893,143	2,234	267	895,644	10,731	2,307	908,676	(6)
807,817	743,398	52,751	11,668	6,009	801,808	4,189	870	806,867	12,375	1,760	821,002	(7)
808,914	774,447	20,491	13,976	5,991	802,923	7,467	97	810,487	5,790	1,201	817,478	(8)
x	x	x	x	x	x	x	x	x	x	x	x	(9)
756,268	682,490	57,393	16,385	9,056	747,212	250	3,278	750,740	15,790	4,616	771,146	(10)
x	x	x	x	x	x	x	x	x	x	x	x	(11)
847,665	785,179	48,271	14,215	6,417	841,248	625	94	841,967	12,023	2,014	856,004	(12)
869,591	767,457	85,415	16,719	6,581	863,010	954	233	864,197	14,313	2,042	880,552	(13)
799,071	712,483	72,556	14,032	18,101	780,970	393	–	781,363	7,470	587	789,420	(14)
690,533	647,048	37,852	5,633	2,971	687,562	367	384	688,313	5,415	265	693,993	(15)
801,667	741,152	49,969	10,546	10,705	790,962	2,040	183	793,185	8,170	1,340	802,695	(16)
833,011	788,646	36,426	7,939	5,085	827,926	10,352	147	838,425	3,592	1,007	843,024	(17)

7 交雑種肥育牛生産費（続き）
(4) 生産費（続き）
イ 交雑種肥育牛生体100kg当たり

区分	物		飼料費				敷料費		光熱水料及び動力費	
	計	もと畜費	小計	流通飼料費	購入	牧草・放牧・採草費		購入		購入
	(1)	(2)	(3)	(4)	(5)	(6)	(7)	(8)	(9)	(10)
全　　　国　(1)	94,599	52,224	36,201	36,024	35,897	177	963	947	1,189	1,189
飼養頭数規模別										
1 ～ 10頭未満 (2)	107,463	48,177	43,593	42,778	42,698	815	1,725	1,667	2,603	2,603
10 ～ 20 (3)	103,370	53,266	38,089	38,089	37,451	-	496	458	1,451	1,451
20 ～ 30 (4)	97,161	49,848	39,117	38,844	38,844	273	621	527	1,297	1,297
30 ～ 50 (5)	94,837	50,904	36,297	36,273	35,999	24	786	783	1,790	1,790
50 ～ 100 (6)	102,716	54,077	40,916	40,715	40,465	201	1,116	932	1,291	1,291
100 ～ 200 (7)	93,741	50,693	35,956	35,574	35,553	382	961	961	1,507	1,507
200頭以上 (8)	93,752	52,614	35,630	35,518	35,378	112	955	954	1,041	1,041
全国農業地域別										
北　海　道 (9)	x	x	x	x	x	x	x	x	x	x
東　　北 (10)	95,311	49,365	37,309	36,033	35,981	1,276	1,177	1,172	1,442	1,442
北　　陸 (11)	x	x	x	x	x	x	x	x	x	x
関東・東山 (12)	93,366	54,001	33,807	33,732	33,497	75	817	783	1,056	1,056
東　　海 (13)	99,846	52,928	38,315	38,153	38,039	162	517	514	1,674	1,674
近　　畿 (14)	102,774	62,305	32,934	32,934	32,878	-	928	928	919	919
中　　国 (15)	83,157	42,082	34,313	33,992	33,988	321	1,521	1,521	1,258	1,258
四　　国 (16)	93,203	49,024	38,072	37,733	37,682	339	659	473	1,391	1,391
九　　州 (17)	95,943	52,267	37,968	37,911	37,869	57	1,001	996	1,276	1,276

区分	物財費（続き）				生産管理費		労働費			間接労働費	
	農機具費								直接労働費		自給牧草に係る労働費
	小計	購入	自給	償却		償却	計	家族			
	(23)	(24)	(25)	(26)	(27)	(28)	(29)	(30)	(31)	(32)	(33)
全　　　国　(1)	661	347	-	314	127	1	4,821	3,775	4,524	297	34
飼養頭数規模別											
1 ～ 10頭未満 (2)	1,592	593	-	999	437	-	18,952	18,867	18,336	616	129
10 ～ 20 (3)	1,121	945	-	176	368	-	20,856	20,671	20,289	567	-
20 ～ 30 (4)	848	579	-	269	228	-	8,340	7,674	6,761	1,579	704
30 ～ 50 (5)	1,185	660	-	525	207	-	10,841	10,141	10,536	305	30
50 ～ 100 (6)	1,371	699	-	672	132	-	9,457	9,138	8,947	510	38
100 ～ 200 (7)	1,035	662	-	373	137	3	5,739	5,137	5,368	371	75
200頭以上 (8)	435	191	-	244	113	0	3,505	2,211	3,280	225	9
全国農業地域別											
北　海　道 (9)	x	x	x	x	x	x	x	x	x	x	x
東　　北 (10)	1,812	1,109	-	703	178	6	7,062	6,165	6,514	548	288
北　　陸 (11)	x	x	x	x	x	x	x	x	x	x	x
関東・東山 (12)	515	245	-	270	126	0	6,360	5,335	6,028	332	16
東　　海 (13)	1,274	699	-	575	269	5	8,171	7,382	7,840	331	11
近　　畿 (14)	1,247	451	-	796	188	-	10,203	10,203	9,757	446	-
中　　国 (15)	438	393	-	45	64	-	4,729	4,493	4,348	381	73
四　　国 (16)	397	281	-	116	151	7	7,123	5,677	6,410	713	180
九　　州 (17)	857	584	-	273	107	-	4,784	4,213	4,518	266	11

単位：円

その他の諸材料費	獣医師料及び医薬品費	賃借料及び料金	物件税及び公課諸負担	建物費 小計	購入	自給	償却	自動車費 小計	購入	自給	償却	
(11)	(12)	(13)	(14)	(15)	(16)	(17)	(18)	(19)	(20)	(21)	(22)	
31	602	384	313	1,501	303	-	1,198	403	249	-	154	(1)
27	803	844	2,240	3,056	285	-	2,771	2,366	2,153	-	213	(2)
75	976	877	1,534	3,011	1,829	-	1,182	2,106	1,623	-	483	(3)
29	677	167	605	2,849	1,015	-	1,834	875	403	-	472	(4)
45	839	195	777	1,014	502	-	512	798	596	-	202	(5)
18	646	169	644	1,473	592	-	881	863	426	-	437	(6)
30	737	298	457	1,327	509	-	818	603	360	-	243	(7)
32	541	438	184	1,530	181	-	1,349	239	153	-	86	(8)
x	x	x	x	x	x	x	x	x	x	x	x	(9)
62	515	92	442	1,609	582	-	1,027	1,308	826	-	482	(10)
x	x	x	x	x	x	x	x	x	x	x	x	(11)
40	324	228	521	1,394	241	-	1,153	537	288	-	249	(12)
43	1,032	698	493	1,997	696	-	1,301	606	410	-	196	(13)
16	1,211	206	611	1,778	630	-	1,148	431	392	-	39	(14)
27	1,238	257	521	959	398	-	561	479	367	-	112	(15)
15	632	203	553	1,603	484	-	1,119	503	425	-	78	(16)
8	578	312	264	820	361	-	459	485	257	-	228	(17)

費用合計 計	購入	自給	償却	副産物価額	生産費（副産物価額差引）	支払利子	支払地代	支払利子・地代算入生産費	自己資本利子	自作地地代	資本利子・地代全額算入生産費（全算入生産費）	
(34)	(35)	(36)	(37)	(38)	(39)	(40)	(41)	(42)	(43)	(44)	(45)	
99,420	93,401	4,352	1,667	811	98,609	736	34	99,379	968	187	100,534	(1)
126,415	92,989	29,443	3,983	2,182	124,233	435	40	124,708	3,666	1,822	130,196	(2)
124,226	101,038	21,347	1,841	2,392	121,834	44	-	121,878	2,074	447	124,399	(3)
105,501	94,885	8,041	2,575	1,230	104,271	-	44	104,315	2,528	198	107,041	(4)
105,678	93,997	10,442	1,239	707	104,971	98	28	105,097	1,108	338	106,543	(5)
112,173	100,410	9,773	1,990	1,610	110,563	277	33	110,873	1,327	273	112,473	(6)
99,480	91,547	6,496	1,437	740	98,740	516	107	99,363	1,524	217	101,104	(7)
97,257	93,114	2,464	1,679	720	96,537	898	12	97,447	696	145	98,288	(8)
x	x	x	x	x	x	x	x	x	x	x	x	(9)
102,373	92,386	7,769	2,218	1,226	101,147	34	444	101,625	2,138	625	104,388	(10)
x	x	x	x	x	x	x	x	x	x	x	x	(11)
99,726	92,375	5,679	1,672	755	98,971	74	11	99,056	1,415	237	100,708	(12)
108,017	95,330	10,610	2,077	817	107,200	119	29	107,348	1,778	254	109,380	(13)
112,977	100,735	10,259	1,983	2,559	110,418	56	-	110,474	1,056	83	111,613	(14)
87,886	82,350	4,818	718	378	87,508	47	49	87,604	689	34	88,327	(15)
100,326	92,753	6,253	1,320	1,340	98,986	255	23	99,264	1,022	168	100,454	(16)
100,727	95,357	4,410	960	615	100,112	1,252	18	101,382	434	122	101,938	(17)

7 交雑種肥育牛生産費（続き）

(5) 敷料の使用数量と価額（交雑種肥育牛1頭当たり）

区　　　分	平　　均		1 ～ 10 頭 未 満		10 ～ 20		20 ～ 30	
	数　量	価　額	数　量	価　額	数　量	価　額	数　量	価　額
	(1)	(2)	(3)	(4)	(5)	(6)	(7)	(8)
	kg	円	kg	円	kg	円	kg	円
敷　料　費　計	…	7,940	…	13,294	…	4,026	…	4,902
稲　　わ　　ら	2.4	46	108.8	1,825	-	-	-	-
お　が　く　ず	927.9	7,127	1,113.0	10,378	202.3	1,719	772.0	4,159
そ　　の　　他	…	767	…	1,091	…	2,307	…	743

30 ～ 50		50 ～ 100		100 ～ 200		200 頭 以 上	
数 量	価 額	数 量	価 額	数 量	価 額	数 量	価 額
(9)	(10)	(11)	(12)	(13)	(14)	(15)	(16)
kg	円	kg	円	kg	円	kg	円
…	6,497	…	9,014	…	7,805	…	7,944
-	-	20.1	403	-	-	0.1	4
631.3	5,807	1,105.2	6,855	1,042.4	7,307	890.4	7,209
…	690	…	1,756	…	498	…	731

7 交雑種肥育牛生産費（続き）

(6) 流通飼料の使用数量と価額（交雑種肥育牛1頭当たり）

区分		平均		1～10頭未満		10 ～ 20		20 ～ 30	
		数量	価額	数量	価額	数量	価額	数量	価額
		(1)	(2)	(3)	(4)	(5)	(6)	(7)	(8)
		kg	円	kg	円	kg	円	kg	円
流 通 飼 料 費 合 計	(1)	…	297,100	…	329,708	…	309,153	…	306,468
購 入 飼 料 費 計	(2)	…	296,049	…	329,094	…	303,975	…	306,468
穀　類　小　計	(3)	…	3,048	…	38,670	…	16,890	…	－
大　　麦	(4)	20.9	999	552.1	25,454	53.4	3,153	－	－
そ の 他 の 麦	(5)	－	－	－	－	－	－	－	－
と う も ろ こ し	(6)	41.4	1,919	185.6	10,786	236.6	11,552	－	－
大　　豆	(7)	0.5	51	17.8	1,748	－	－	－	－
飼 料 用 米	(8)	1.0	58	18.6	682	－	－	－	－
そ の 他	(9)	…	21	…	－	…	2,185	…	－
ぬか・ふすま類　小　計	(10)	…	1,243	…	24,937	…	5,671	…	61
ふ　す　ま	(11)	28.4	967	528.1	22,813	96.6	3,565	1.7	61
米 ・ 麦 ぬ か	(12)	5.1	133	4.7	163	9.1	18	－	－
そ の 他	(13)	…	143	…	1,961	…	2,088	…	－
植物性かす類　小　計	(14)	…	5,604	…	4,072	…	6,653	…	71
大 豆 油 か す	(15)	10.9	1,243	4.9	472	38.2	2,957	0.9	71
ビ ー ト パ ル プ	(16)	0.7	42	－	－	－	－	－	－
そ の 他	(17)	…	4,319	…	3,600	…	3,696	…	－
配 合 飼 料	(18)	4,853.8	245,165	3,739.9	227,825	4,015.8	220,127	4,906.3	264,948
T　M　R	(19)	0.4	29	－	－	109.2	7,266	－	－
牛 乳 ・ 脱 脂 乳	(20)	…	133	…	－	…	176	…	－
い も 類 及 び 野 菜 類	(21)	－	－	－	－	－	－	－	－
わ ら 類 そ の 他　小　計	(22)	…	13,767	…	12,028	…	10,933	…	22,536
稲　　わ　　ら	(23)	373.6	11,604	603.9	12,028	505.4	10,933	919.5	22,536
そ の 他	(24)	…	2,163	…	－	…	－	…	－
生 牧 草	(25)	－	－	－	－	－	－	－	－
乾 牧 草　小　計	(26)	…	21,546	…	17,260	…	25,748	…	10,103
まめ科・ヘイキューブ	(27)	2.9	194	－	－	－	－	－	－
そ の 他	(28)	…	21,352	…	17,260	…	25,748	…	10,103
サ イ レ ー ジ　小　計	(29)	…	1,281	…	20	…	3,119	…	－
い ね 科	(30)	104.5	1,238	1.0	20	207.9	3,119	－	－
うち 稲発酵粗飼料	(31)	88.8	1,053	1.0	20	207.9	3,119	－	－
そ の 他	(32)	…	43	…	－	…	－	…	－
そ の 他	(33)	…	4,233	…	4,282	…	7,392	…	8,749
自 給 飼 料 費 計	(34)	…	1,051	…	614	…	5,178	…	－
稲　　わ　　ら	(35)	51.5	1,036	45.4	614	142.8	2,663	－	－
そ の 他	(36)	…	15	…	－	…	2,515	…	－

30 ～ 50		50 ～ 100		100 ～ 200		200 頭 以 上		
数 量	価 額	数 量	価 額	数 量	価 額	数 量	価 額	
(9)	(10)	(11)	(12)	(13)	(14)	(15)	(16)	
kg	円	kg	円	kg	円	kg	円	
…	299,961	…	328,899	…	288,876	…	295,405	(1)
…	297,697	…	326,882	…	288,702	…	294,242	(2)
…	196	…	5,268	…	370	…	3,349	(3)
3.2	171	84.6	3,984	5.8	295	13.8	671	(4)
－	－	－	－	－	－	－	－	(5)
0.5	25	2.2	69	0.5	20	58.2	2,676	(6)
－	－	4.6	499	－	－	0.0	2	(7)
－	－	11.9	716	－	－	－	－	(8)
…	－	…	－	…	55	…	0	(9)
…	7,963	…	537	…	322	…	1,077	(10)
86.5	3,295	14.4	485	7.0	322	29.0	898	(11)
25.2	335	3.0	40	－	－	6.2	179	(12)
…	4,333	…	12	…	－	…	－	(13)
…	2,509	…	2,550	…	4,702	…	6,461	(14)
12.0	980	7.7	779	16.4	1,336	9.6	1,296	(15)
－	－	1.4	90	2.7	170	－	－	(16)
…	1,529	…	1,681	…	3,196	…	5,165	(17)
4,602.2	247,886	4,894.2	275,230	4,756.6	244,104	4,905.4	242,006	(18)
－	－	－	－	－	－	－	－	(19)
…	4,178	…	－	…	81	…	－	(20)
－	－	－	－	－	－	－	－	(21)
…	11,213	…	13,313	…	14,237	…	13,654	(22)
377.8	11,213	438.0	13,313	447.3	14,237	330.4	10,417	(23)
…	－	…	－	…	－	…	3,237	(24)
－	－	－	－	－	－	－	－	(25)
…	19,686	…	24,599	…	18,725	…	22,383	(26)
0.8	44	1.4	102	8.0	564	1.7	103	(27)
…	19,642	…	24,497	…	18,161	…	22,280	(28)
…	87	…	882	…	1,570	…	1,312	(29)
2.3	87	125.9	882	117.6	1,360	104.6	1,312	(30)
－	－	125.9	882	42.0	477	104.6	1,312	(31)
…	－	…	－	…	210	…	－	(32)
…	3,979	…	4,503	…	4,591		4,000	(33)
…	2,264	…	2,017	…	174	…	1,163	(34)
137.2	2,264	88.8	2,017	10.8	174	56.8	1,155	(35)
…	－	…	－	…	－	…	8	(36)

8 肥育豚生産費

8 肥育豚生産費
(1) 経営の概況（1経営体当たり）

区分	集計経営体数	世帯員 計	世帯員 男	世帯員 女	農業就業者 計	農業就業者 男	農業就業者 女	経 計	経 耕 小計
	(1)	(2)	(3)	(4)	(5)	(6)	(7)	(8)	(9)
	経営体	人	人	人	人	人	人	a	a
全 国 (1)	161	3.8	1.9	1.9	2.1	1.3	0.8	336	123
飼養頭数規模別									
1 ～ 100頭未満 (2)	3	2.4	1.2	1.2	1.3	1.0	0.3	161	64
100 ～ 300 (3)	20	3.5	1.7	1.8	2.0	1.2	0.8	247	133
300 ～ 500 (4)	18	3.6	2.0	1.6	2.1	1.4	0.7	474	164
500 ～ 1,000 (5)	47	3.9	2.0	1.9	2.2	1.3	0.9	337	111
1,000 ～ 2,000 (6)	42	4.6	2.1	2.5	2.7	1.6	1.1	349	139
2,000頭以上 (7)	31	4.8	2.6	2.2	3.1	1.9	1.2	494	109
全国農業地域別									
北 海 道 (8)	5	4.3	2.7	1.6	2.9	1.9	1.0	1,029	575
東 北 (9)	16	4.1	1.9	2.2	2.2	1.5	0.7	654	247
北 陸 (10)	6	3.8	1.7	2.1	2.2	1.1	1.1	398	261
関 東 ・ 東 山 (11)	66	4.3	2.3	2.0	2.3	1.5	0.8	335	119
東 海 (12)	15	4.0	1.8	2.2	1.8	1.1	0.7	170	39
近 畿 (13)	1	x	x	x	x	x	x	x	x
中 国 (14)	1	x	x	x	x	x	x	x	x
四 国 (15)	7	2.7	1.6	1.1	2.0	1.2	0.8	448	93
九 州 (16)	41	3.4	1.7	1.7	2.2	1.3	0.9	252	89
沖 縄 (17)	3	2.3	1.3	1.0	1.6	1.3	0.3	46	–

区分	建物等（1経営体当たり） 畜舎	建物等（1経営体当たり） たい肥舎	建物等（1経営体当たり） ふん乾燥施設	自動車（10経営体当たり） 貨物自動車	農機具（10経営体当たり） バキュームカー	農機具（10経営体当たり） 動力噴霧機	農機具（10経営体当たり） トラクター
	(17)	(18)	(19)	(20)	(21)	(22)	(23)
	m²	m²	基	台	台	台	台
全 国 (1)	1,492.3	172.3	5.4	24.0	3.2	5.2	9.9
飼養頭数規模別							
1 ～ 100頭未満 (2)	290.1	16.3	–	10.0	1.6	–	13.2
100 ～ 300 (3)	753.1	94.1	0.0	21.7	0.9	3.2	9.7
300 ～ 500 (4)	1,197.1	166.3	0.0	20.2	3.8	4.8	8.4
500 ～ 1,000 (5)	1,523.6	177.3	11.1	25.6	4.3	6.2	9.0
1,000 ～ 2,000 (6)	2,020.9	199.2	2.3	30.5	3.9	7.5	10.7
2,000頭以上 (7)	4,839.1	589.0	28.9	40.8	4.2	11.3	9.2
全国農業地域別							
北 海 道 (8)	1,461.4	161.8	–	27.0	3.8	0.7	30.2
東 北 (9)	1,344.3	280.7	0.0	25.7	4.0	2.5	13.3
北 陸 (10)	1,261.4	172.2	0.2	23.9	–	5.9	9.0
関 東 ・ 東 山 (11)	1,528.3	158.9	0.2	25.2	4.0	4.6	10.6
東 海 (12)	1,847.1	146.4	0.3	27.4	0.6	3.2	3.8
近 畿 (13)	x	x	x	x	x	x	x
中 国 (14)	x	x	x	x	x	x	x
四 国 (15)	1,063.2	107.7	3.1	25.5	0.8	6.1	6.1
九 州 (16)	1,513.0	182.1	16.4	22.8	3.8	8.2	8.8
沖 縄 (17)	1,496.7	83.9	–	16.8	0.3	6.5	–

営 土 地					肉 豚 飼養月平均頭数	繁 殖 雌 豚 飼養月平均頭数	
地		畜 産 用 地		山 林 その他			
田	畑	小 計	畜舎等				
(10)	(11)	(12)	(13)	(14)	(15)	(16)	
a	a	a	a	a	頭	頭	
66	56	50	50	163	796.4	77.8	(1)
40	24	10	10	87	73.4	9.2	(2)
79	54	25	25	89	197.3	26.4	(3)
122	42	32	32	278	407.3	45.5	(4)
53	53	58	58	168	745.6	73.4	(5)
51	88	69	69	141	1,360.7	129.9	(6)
33	76	148	148	237	3,368.6	298.9	(7)
150	310	119	119	335	1,147.5	106.9	(8)
188	55	38	38	369	657.7	68.0	(9)
245	16	34	34	103	645.7	60.7	(10)
63	56	49	49	167	858.6	85.6	(11)
12	27	76	76	55	1,034.3	104.2	(12)
x	x	x	x	x	x	x	(13)
x	x	x	x	x	x	x	(14)
78	15	23	23	332	730.9	63.1	(15)
33	56	47	47	116	760.1	70.9	(16)
–	–	44	44	2	444.8	60.3	(17)

生 産 物 （ 1 頭 当 た り ）								
主 産 物				副 産 物				
販売頭数 〔1経営体 当たり〕	生 体 重	販売価格	販売月齢	きゅう肥			その他	
				数 量	利用量	価 額 （利用分）		
(24)	(25)	(26)	(27)	(28)	(29)	(30)	(31)	
頭	kg	円	月	kg	kg	円	円	
1,399.0	113.8	35,983	6.3	604.3	91.0	111	852	(1)
105.9	114.2	42,107	7.7	1,365.6	164.8	709	327	(2)
300.1	112.7	38,837	7.1	776.3	156.1	348	1,005	(3)
664.2	113.2	36,099	6.5	548.3	110.3	388	838	(4)
1,297.3	113.0	36,666	6.4	661.0	132.9	90	876	(5)
2,472.9	114.3	35,614	6.2	585.9	69.8	64	1,031	(6)
6,037.0	114.3	35,188	6.2	543.5	61.6	54	619	(7)
2,150.8	112.6	37,043	6.3	498.3	113.6	92	249	(8)
1,255.6	114.7	34,492	6.1	488.7	187.9	225	696	(9)
1,219.5	114.5	35,887	5.8	516.2	138.4	219	538	(10)
1,525.7	115.0	35,277	6.3	675.6	119.8	152	925	(11)
1,926.7	112.6	34,920	6.2	609.2	78.2	62	1,457	(12)
x	x	x	x	x	x	x	x	(13)
x	x	x	x	x	x	x	x	(14)
1,264.2	112.3	37,395	6.0	446.8	116.4	270	884	(15)
1,210.6	113.1	37,984	6.6	578.8	40.3	32	589	(16)
984.7	108.0	37,526	6.2	565.0	–	–	886	(17)

8　肥育豚生産費（続き）
(2)　作業別労働時間
ア　肥育豚1頭当たり

区分	計	直接労働時間 小計	飼料の調理・給与・給水	敷料の搬入・きゅう肥の搬出	その他	間接労働時間	家 家 小計
	(1)	(2)	(3)	(4)	(5)	(6)	(7)
全　　国 (1)	2.91	2.77	0.92	0.62	1.23	0.14	2.36
飼養頭数規模別							
1　～　100頭未満 (2)	9.78	9.01	4.41	2.61	1.99	0.77	9.78
100　～　300 (3)	7.67	7.09	2.89	1.86	2.34	0.58	7.12
300　～　500 (4)	4.06	3.97	1.50	1.12	1.35	0.09	3.87
500　～　1,000 (5)	3.35	3.22	1.05	0.79	1.38	0.13	3.05
1,000　～　2,000 (6)	2.49	2.39	0.77	0.48	1.14	0.10	1.94
2,000頭以上 (7)	1.83	1.71	0.44	0.25	1.02	0.12	0.91
全国農業地域別							
北　海　道 (8)	3.61	3.26	0.98	1.28	1.00	0.35	3.05
東　　北 (9)	2.66	2.53	0.73	0.76	1.04	0.13	2.51
北　　陸 (10)	2.65	2.40	0.54	0.53	1.33	0.25	2.62
関東・東山 (11)	2.77	2.67	0.80	0.62	1.25	0.10	2.17
東　　海 (12)	2.50	2.38	0.71	0.49	1.18	0.12	1.94
近　　畿 (13)	x	x	x	x	x	x	x
中　　国 (14)	x	x	x	x	x	x	x
四　　国 (15)	3.02	2.91	0.93	1.11	0.87	0.11	2.44
九　　州 (16)	3.23	3.06	1.21	0.56	1.29	0.17	2.72
沖　　縄 (17)	7.33	6.76	2.98	1.34	2.44	0.57	5.55

(2)　作業別労働時間（続き）
イ　肥育豚生体100kg当たり（続き）

単位：時間

区分	間接労働時間	家族・雇用別労働時間 家族 小計	男	女	雇用 小計	男	女
	(6)	(7)	(8)	(9)	(10)	(11)	(12)
全　　国 (1)	0.12	2.07	1.47	0.60	0.48	0.45	0.03
飼養頭数規模別							
1　～　100頭未満 (2)	0.68	8.57	7.80	0.77	-	-	-
100　～　300 (3)	0.51	6.31	4.56	1.75	0.50	0.43	0.07
300　～　500 (4)	0.09	3.43	2.49	0.94	0.18	0.18	-
500　～　1,000 (5)	0.12	2.71	1.83	0.88	0.26	0.25	0.01
1,000　～　2,000 (6)	0.09	1.70	1.20	0.50	0.47	0.46	0.01
2,000頭以上 (7)	0.11	0.79	0.57	0.22	0.79	0.71	0.08
全国農業地域別							
北　海　道 (8)	0.31	2.71	2.02	0.69	0.50	0.50	-
東　　北 (9)	0.12	2.19	1.66	0.53	0.13	0.12	0.01
北　　陸 (10)	0.22	2.30	1.39	0.91	0.03	0.03	-
関東・東山 (11)	0.09	1.87	1.40	0.47	0.54	0.50	0.04
東　　海 (12)	0.11	1.71	1.19	0.52	0.50	0.42	0.08
近　　畿 (13)	x	x	x	x	x	x	x
中　　国 (14)	x	x	x	x	x	x	x
四　　国 (15)	0.10	2.18	1.38	0.80	0.51	0.35	0.16
九　　州 (16)	0.14	2.39	1.58	0.81	0.45	0.43	0.02
沖　　縄 (17)	0.53	5.13	4.25	0.88	1.64	1.64	-

イ 肥育豚生体100kg当たり

単位：時間 / 単位：時間

男 (8)	女 (9)	小計 (10)	男 (11)	女 (12)	計 (1)	小計 (2)	飼料の調理・給与・給水 (3)	敷料の搬入・きゅう肥の搬出 (4)	その他 (5)	
1.68	0.68	0.55	0.51	0.04	2.55	2.43	0.81	0.54	1.08	(1)
8.90	0.88	-	-	-	8.57	7.89	3.86	2.28	1.75	(2)
5.14	1.98	0.55	0.48	0.07	6.81	6.30	2.57	1.65	2.08	(3)
2.82	1.05	0.19	0.19	-	3.61	3.52	1.34	0.99	1.19	(4)
2.07	0.98	0.30	0.29	0.01	2.97	2.85	0.93	0.70	1.22	(5)
1.37	0.57	0.55	0.53	0.02	2.17	2.08	0.66	0.42	1.00	(6)
0.66	0.25	0.92	0.82	0.10	1.58	1.47	0.37	0.22	0.88	(7)
2.26	0.79	0.56	0.56	-	3.21	2.90	0.87	1.14	0.89	(8)
1.90	0.61	0.15	0.14	0.01	2.32	2.20	0.63	0.66	0.91	(9)
1.59	1.03	0.03	0.03	-	2.33	2.11	0.47	0.47	1.17	(10)
1.61	0.56	0.60	0.57	0.03	2.41	2.32	0.69	0.54	1.09	(11)
1.35	0.59	0.56	0.48	0.08	2.21	2.10	0.62	0.44	1.04	(12)
x	x	x	x	x	x	x	x	x	x	(13)
x	x	x	x	x	x	x	x	x	x	(14)
1.55	0.89	0.58	0.40	0.18	2.69	2.59	0.83	0.99	0.77	(15)
1.79	0.93	0.51	0.49	0.02	2.84	2.70	1.06	0.49	1.15	(16)
4.60	0.95	1.78	1.78	-	6.77	6.24	2.75	1.23	2.26	(17)

族・雇用別労働時間（族：男・女／雇用：小計・男・女）｜直接労働時間（小計・飼料の調理給与給水・敷料の搬入きゅう肥の搬出・その他）

(3) 収益性

ア 肥育豚1頭当たり　　　　　イ 1日当たり

単位：円 / 単位：円

計 (1)	主産物 (2)	副産物 (3)	生産費総額 (4)	生産費総額から家族労働費、自己資本利子、自作地地代を控除した額 (5)	生産費総額から家族労働費を控除した額 (6)	所得 (7)	家族労働報酬 (8)	所得 (1)	家族労働報酬 (2)	
36,946	35,983	963	33,906	29,442	30,115	7,504	6,831	25,437	23,156	(1)
43,143	42,107	1,036	51,128	35,190	36,185	7,953	6,958	6,506	5,692	(2)
40,190	38,837	1,353	41,966	30,841	31,717	9,349	8,473	10,504	9,520	(3)
37,325	36,099	1,226	37,994	31,141	31,828	6,184	5,497	12,783	11,363	(4)
37,632	36,666	966	35,710	30,080	30,784	7,552	6,848	19,809	17,962	(5)
36,709	35,614	1,095	32,926	29,050	29,674	7,659	7,035	31,584	29,010	(6)
35,861	35,188	673	30,637	28,471	29,132	7,390	6,729	64,967	59,156	(7)
37,384	37,043	341	36,217	30,028	30,676	7,356	6,708	19,294	17,595	(8)
35,413	34,492	921	34,860	30,636	31,228	4,777	4,185	15,225	13,339	(9)
36,644	35,887	757	31,222	26,201	26,918	10,443	9,726	31,887	29,698	(10)
36,354	35,277	1,077	33,221	28,728	29,480	7,626	6,874	28,114	25,342	(11)
36,439	34,920	1,519	33,445	29,088	29,690	7,351	6,749	30,313	27,831	(12)
x	x	x	x	x	x	x	x	x	x	(13)
x	x	x	x	x	x	x	x	x	x	(14)
38,549	37,395	1,154	29,586	25,591	26,058	12,958	12,491	42,485	40,954	(15)
38,605	37,984	621	34,731	30,128	30,807	8,477	7,798	24,932	22,935	(16)
38,412	37,526	886	42,254	34,776	35,406	3,636	3,006	5,241	4,333	(17)

8 肥育豚生産費（続き）

(4) 生産費

ア 肥育豚1頭当たり

区分		計 (1)	種付料 (2)	もと畜費 (3)	飼料費 小計 (4)	流通飼料費 小計 (5)	流通飼料費 購入 (6)	牧草・放牧・採草費 (7)	敷料費 (8)	敷料費 購入 (9)	光熱水料及び動力費 (10)	その他の諸材料費 (11)
全国	(1)	28,540	151	74	20,451	20,450	20,448	1	106	101	1,661	52
飼養頭数規模別												
1 ～ 100頭未満	(2)	35,170	–	–	28,789	28,789	28,789	–	178	–	1,541	6
100 ～ 300	(3)	29,703	30	–	21,220	21,220	21,196	–	246	221	2,227	8
300 ～ 500	(4)	30,691	17	392	23,792	23,787	23,787	5	174	146	1,760	29
500 ～ 1,000	(5)	29,668	134	81	21,705	21,704	21,704	1	107	107	1,914	32
1,000 ～ 2,000	(6)	28,260	211	–	20,041	20,041	20,039	–	84	83	1,570	58
2,000頭以上	(7)	26,885	157	74	18,487	18,487	18,487	–	92	92	1,442	76
全国農業地域別												
北海道	(8)	28,956	7	–	21,424	21,424	21,424	–	236	229	1,491	21
東北	(9)	30,409	224	202	21,918	21,915	21,915	3	119	100	2,261	32
北陸	(10)	25,967	108	–	19,501	19,501	19,428	–	31	30	1,817	38
関東・東山	(11)	27,880	140	82	19,974	19,973	19,973	1	119	115	1,558	62
東海	(12)	27,786	236	–	18,779	18,779	18,779	–	87	87	1,744	45
近畿	(13)	x	x	x	x	x	x	x	x	x	x	x
中国	(14)	x	x	x	x	x	x	x	x	x	x	x
四国	(15)	24,823	58	–	18,637	18,637	18,637	–	128	128	1,562	83
九州	(16)	29,268	133	68	21,171	21,171	21,171	–	99	95	1,640	55
沖縄	(17)	32,918	2	–	25,050	25,050	25,050	–	24	24	1,490	5

区分		物財費（続き） 農機具費（続き） 購入 (24)	償却 (25)	生産管理費 (26)	生産管理費 償却 (27)	労働費 計 (28)	家族 (29)	直接労働費 (30)	間接労働費 (31)	費用 計 (32)	購入 (33)
全国	(1)	453	404	136	2	4,610	3,791	4,378	232	33,150	27,839
飼養頭数規模別											
1 ～ 100頭未満	(2)	74	–	118	–	14,943	14,943	13,736	1,207	50,113	34,462
100 ～ 300	(3)	525	482	145	4	11,210	10,249	10,393	817	40,913	29,133
300 ～ 500	(4)	420	185	182	–	6,494	6,166	6,329	165	37,185	30,022
500 ～ 1,000	(5)	465	264	118	2	5,246	4,926	5,038	208	34,914	28,790
1,000 ～ 2,000	(6)	401	547	147	3	3,998	3,252	3,821	177	32,258	27,647
2,000頭以上	(7)	515	430	126	3	2,997	1,505	2,769	228	29,882	26,209
全国農業地域別											
北海道	(8)	552	511	170	5	6,347	5,541	5,738	609	35,303	27,683
東北	(9)	402	335	104	3	3,793	3,632	3,590	203	34,202	29,301
北陸	(10)	408	290	192	–	4,364	4,304	3,960	404	30,331	24,709
関東・東山	(11)	484	369	149	1	4,556	3,741	4,387	169	32,436	27,311
東海	(12)	602	644	162	3	5,016	3,755	4,751	265	32,802	27,565
近畿	(13)	x	x	x	x	x	x	x	x	x	x
中国	(14)	x	x	x	x	x	x	x	x	x	x
四国	(15)	350	171	144	2	4,206	3,528	4,060	146	29,029	24,778
九州	(16)	364	344	116	3	4,638	3,924	4,400	238	33,906	28,167
沖縄	(17)	221	390	8	–	8,599	6,848	7,898	701	41,517	33,697

単位：円

	財						費						
獣医師料及び医薬品費	賃借料及び料金	物件税及び公課諸負担	繁殖雌豚費	種雄豚費	建　物　費			自　動　車　費			農機具費	
					小　計	購　入	償　却	小　計	購　入	償　却	小　計	
(12)	(13)	(14)	(15)	(16)	(17)	(18)	(19)	(20)	(21)	(22)	(23)	
1,992	228	183	739	93	1,510	538	972	307	173	134	857	(1)
1,073	105	468	1,344	181	384	273	111	909	490	419	74	(2)
1,527	162	434	879	130	1,225	405	820	463	287	176	1,007	(3)
1,130	369	225	515	154	1,109	399	710	238	169	69	605	(4)
2,096	173	189	581	116	1,348	542	806	344	221	123	730	(5)
2,141	253	194	893	91	1,258	635	623	371	188	183	948	(6)
2,065	223	110	727	49	2,129	489	1,640	183	88	95	945	(7)
1,167	235	202	814	141	1,731	340	1,391	254	89	165	1,063	(8)
1,611	456	176	806	132	1,274	523	751	357	199	158	737	(9)
1,079	61	283	751	51	1,082	237	845	275	169	106	698	(10)
2,002	207	200	750	85	1,368	504	864	331	186	145	853	(11)
2,434	293	188	553	61	1,570	882	688	388	241	147	1,246	(12)
x	x	x	x	x	x	x	x	x	x	x	x	(13)
x	x	x	x	x	x	x	x	x	x	x	x	(14)
1,564	185	115	817	198	693	173	520	118	88	30	521	(15)
1,974	135	156	834	94	1,871	500	1,371	213	122	91	709	(16)
4,090	255	322	69	120	273	90	183	599	200	399	611	(17)

合　　　計		副産物価額	生産費（副産物価額差引）	支払利子	支払地代	支払利子・地代算入生産費	自己資本利子	自作地地代	資本利子・地代全額算入生産費（全算入生産費）	
自　給	償　却									
(34)	(35)	(36)	(37)	(38)	(39)	(40)	(41)	(42)	(43)	
3,799	1,512	963	32,187	72	11	32,270	579	94	32,943	(1)
15,121	530	1,036	49,077	-	20	49,097	681	314	50,092	(2)
10,298	1,482	1,353	39,560	159	18	39,737	658	218	40,613	(3)
6,199	964	1,226	35,959	117	5	36,081	546	141	36,768	(4)
4,929	1,195	966	33,948	74	18	34,040	587	117	34,744	(5)
3,255	1,356	1,095	31,163	40	4	31,207	551	73	31,831	(6)
1,505	2,168	673	29,209	84	10	29,303	599	62	29,964	(7)
5,548	2,072	341	34,962	266	-	35,228	585	63	35,876	(8)
3,654	1,247	921	33,281	59	7	33,347	483	109	33,939	(9)
4,381	1,241	757	29,574	171	3	29,748	532	185	30,465	(10)
3,746	1,379	1,077	31,359	19	14	31,392	646	106	32,144	(11)
3,755	1,482	1,519	31,283	28	13	31,324	495	107	31,926	(12)
x	x	x	x	x	x	x	x	x	x	(13)
x	x	x	x	x	x	x	x	x	x	(14)
3,528	723	1,154	27,875	90	-	27,965	423	44	28,432	(15)
3,930	1,809	621	33,285	140	6	33,431	604	75	34,110	(16)
6,848	972	886	40,631	51	56	40,738	596	34	41,368	(17)

8 肥育豚生産費（続き）

(4) 生産費（続き）

イ 肥育豚生体100kg当たり

区　分	物財費 計(1)	種付料(2)	もと畜費(3)	飼料費 小計(4)	流通飼料費(5)	購入(6)	牧草・放牧・採草費(7)	敷料費(8)	購入(9)	光熱水料及び動力費(10)	その他の諸材料費(11)
全　国 (1)	25,079	133	65	17,968	17,968	17,967	0	94	89	1,460	46
飼養頭数規模別											
1 ～ 100頭未満 (2)	30,799	－	－	25,210	25,210	25,210	－	156	－	1,350	5
100 ～ 300 (3)	26,347	27	－	18,821	18,821	18,800	－	219	197	1,975	8
300 ～ 500 (4)	27,106	15	346	21,017	21,013	21,013	4	153	129	1,554	25
500 ～ 1,000 (5)	26,262	118	72	19,215	19,214	19,214	1	94	94	1,696	28
1,000 ～ 2,000 (6)	24,736	184	－	17,539	17,539	17,537	－	73	72	1,375	51
2,000頭以上 (7)	23,517	137	64	16,171	16,171	16,171	－	80	80	1,262	66
全国農業地域別											
北海道 (8)	25,721	6	－	19,032	19,032	19,032	－	209	203	1,323	19
東北 (9)	26,517	196	176	19,111	19,108	19,108	3	104	87	1,971	28
北陸 (10)	22,681	94	－	17,031	17,031	16,967	－	28	27	1,587	34
関東・東山 (11)	24,244	122	72	17,368	17,368	17,368	0	103	100	1,355	54
東海 (12)	24,673	209	－	16,676	16,676	16,676	－	77	77	1,549	40
近畿 (13)	x	x	x	x	x	x	x	x	x	x	x
中国 (14)	x	x	x	x	x	x	x	x	x	x	x
四国 (15)	22,099	51	－	16,591	16,591	16,591	－	114	114	1,390	74
九州 (16)	25,886	118	60	18,724	18,724	18,724	－	87	84	1,450	49
沖縄 (17)	30,492	2	－	23,204	23,204	23,204	－	22	22	1,380	5

区　分	農機具費 購入(24)	農機具費 償却(25)	生産管理費(26)	償却(27)	労働費 計(28)	家族(29)	直接労働費(30)	間接労働費(31)	費用 計(32)	購入(33)
全　国 (1)	398	355	119	2	4,049	3,329	3,845	204	29,128	24,463
飼養頭数規模別										
1 ～ 100頭未満 (2)	65	－	104	－	13,087	13,087	12,030	1,057	43,886	30,179
100 ～ 300 (3)	466	427	129	4	9,942	9,089	9,218	724	36,289	25,841
300 ～ 500 (4)	371	163	161	－	5,737	5,447	5,591	146	32,843	26,518
500 ～ 1,000 (5)	411	234	104	1	4,640	4,356	4,456	184	30,902	25,487
1,000 ～ 2,000 (6)	351	479	129	3	3,498	2,845	3,343	155	28,234	24,197
2,000頭以上 (7)	451	376	110	2	2,622	1,316	2,423	199	26,139	22,926
全国農業地域別										
北海道 (8)	491	454	150	4	5,644	4,928	5,103	541	31,365	24,591
東北 (9)	350	292	91	3	3,306	3,166	3,129	177	29,823	25,549
北陸 (10)	356	254	168	－	3,810	3,758	3,457	353	26,491	21,580
関東・東山 (11)	421	321	130	1	3,961	3,251	3,814	147	28,205	23,751
東海 (12)	535	571	144	3	4,453	3,334	4,218	235	29,126	24,477
近畿 (13)	x	x	x	x	x	x	x	x	x	x
中国 (14)	x	x	x	x	x	x	x	x	x	x
四国 (15)	312	152	129	2	3,745	3,141	3,615	130	25,844	22,059
九州 (16)	322	303	102	2	4,101	3,470	3,890	211	29,987	24,912
沖縄 (17)	205	361	7	－	7,966	6,344	7,316	650	38,458	31,215

単位：円

獣医師料及び医薬品費	賃借料及び料金	物件税及び公課諸負担	繁殖雌豚費	種雄豚費	建物費 小計	建物費 購入	建物費 償却	自動車費 小計	自動車費 購入	自動車費 償却	農機具費 小計	
(12)	(13)	(14)	(15)	(16)	(17)	(18)	(19)	(20)	(21)	(22)	(23)	
1,750	201	161	649	82	1,328	473	855	270	152	118	753	(1)
939	92	410	1,177	159	336	239	97	796	429	367	65	(2)
1,354	143	385	779	115	1,087	359	728	412	255	157	893	(3)
998	326	198	455	136	978	352	626	210	149	61	534	(4)
1,856	153	167	515	102	1,193	480	713	303	195	108	646	(5)
1,874	221	170	782	80	1,103	556	547	325	165	160	830	(6)
1,806	195	96	636	43	1,864	428	1,436	160	77	83	827	(7)
1,037	209	180	723	125	1,538	302	1,236	225	79	146	945	(8)
1,405	398	154	703	115	1,111	456	655	312	174	138	642	(9)
942	54	247	656	44	945	207	738	241	148	93	610	(10)
1,741	180	173	652	74	1,190	438	752	288	162	126	742	(11)
2,162	260	167	491	54	1,394	783	611	344	214	130	1,106	(12)
x	x	x	x	x	x	x	x	x	x	x	x	(13)
x	x	x	x	x	x	x	x	x	x	x	x	(14)
1,392	164	103	728	177	617	154	463	105	78	27	464	(15)
1,746	120	138	738	83	1,657	442	1,215	188	108	80	626	(16)
3,788	237	299	64	111	252	83	169	555	186	369	566	(17)

合計 自給	合計 償却	副産物価額	生産費（副産物価額差引）	支払利子	支払地代	支払利子・地代算入生産費	自己資本利子	自作地地代	資本利子・地代全額算入生産費（全算入生産費）	
(34)	(35)	(36)	(37)	(38)	(39)	(40)	(41)	(42)	(43)	
3,335	1,330	845	28,283	63	9	28,355	509	83	28,947	(1)
13,243	464	907	42,979	-	18	42,997	596	275	43,868	(2)
9,132	1,316	1,201	35,088	141	16	35,245	584	194	36,023	(3)
5,475	850	1,083	31,760	103	5	31,868	482	124	32,474	(4)
4,359	1,056	856	30,046	66	16	30,128	520	103	30,751	(5)
2,848	1,189	960	27,274	35	4	27,313	482	64	27,859	(6)
1,316	1,897	588	25,551	74	9	25,634	524	54	26,212	(7)
4,934	1,840	303	31,062	236	-	31,298	519	56	31,873	(8)
3,186	1,088	804	29,019	51	6	29,076	422	96	29,594	(9)
3,826	1,085	661	25,830	150	2	25,982	465	161	26,608	(10)
3,254	1,200	936	27,269	17	13	27,299	562	92	27,953	(11)
3,334	1,315	1,349	27,777	25	11	27,813	439	95	28,347	(12)
x	x	x	x	x	x	x	x	x	x	(13)
x	x	x	x	x	x	x	x	x	x	(14)
3,141	644	1,027	24,817	80	-	24,897	376	39	25,312	(15)
3,475	1,600	549	29,438	124	6	29,568	534	66	30,168	(16)
6,344	899	820	37,638	47	52	37,737	552	32	38,321	(17)

8 肥育豚生産費（続き）
(5) 敷料の使用数量と価額（肥育豚1頭当たり）

区　分	平均 数量	平均 価額	1～100頭未満 数量	1～100頭未満 価額	100～300 数量	100～300 価額
	(1)	(2)	(3)	(4)	(5)	(6)
	kg	円	kg	円	kg	円
敷料費計	…	106	…	178	…	246
稲わら	0.5	8	12.2	176	1.5	25
おがくず	11.0	72	－	－	29.3	197
その他	…	26	…	2	…	24

(6) 流通飼料の使用数量と価額（肥育豚1頭当たり）

区　分		平均 数量	平均 価額	1～100頭未満 数量	1～100頭未満 価額	100～300 数量	100～300 価額
		(1)	(2)	(3)	(4)	(5)	(6)
		kg	円	kg	円	kg	円
流通飼料費計	(1)	…	20,450	…	28,789	…	21,220
購入飼料費計	(2)	…	20,448	…	28,789	…	21,196
穀類 小計	(3)	…	153		－	…	6
大麦	(4)	0.5	22	－	－	0.1	6
その他の麦類	(5)	0.1	5	－	－	－	－
とうもろこし	(6)	3.2	98	－	－	－	－
飼料用米	(7)	0.3	9	－	－	－	－
その他	(8)	…	19				
ぬか・ふすま類 小計	(9)	…	7	…	63	…	64
ふすま	(10)	0.2	6	－	－	1.1	55
その他	(11)	…	1	…	63	…	9
植物性かす類	(12)	…	83	…		…	
配合飼料	(13)	357.1	18,429	479.6	27,607	364.9	19,100
脱脂乳	(14)	…	1,271	…	1,114	…	1,474
エコフィード	(15)	5.0	105	－	－	－	－
いも類及び野菜類	(16)	0.2	0	－	－	1.6	1
その他	(17)	…	400	…	5	…	551
自給飼料費計	(18)	…	2	…	－	…	24

300 ~ 500		500 ~ 1,000		1,000 ~ 2,000		2,000 頭 以 上	
数 量	価 額	数 量	価 額	数 量	価 額	数 量	価 額
(7)	(8)	(9)	(10)	(11)	(12)	(13)	(14)
kg	円	kg	円	kg	円	kg	円
…	174	…	107	…	84	…	92
2.7	53	0.3	5	0.0	1	-	-
6.5	65	18.3	89	7.7	66	7.4	51
…	56	…	13	…	17	…	41

300 ~ 500		500 ~ 1,000		1,000 ~ 2,000		2,000 頭 以 上		
数 量	価 額	数 量	価 額	数 量	価 額	数 量	価 額	
(7)	(8)	(9)	(10)	(11)	(12)	(13)	(14)	
kg	円	kg	円	kg	円	kg	円	
…	23,787	…	21,704	…	20,041	…	18,487	(1)
…	23,787	…	21,704	…	20,039	…	18,487	(2)
…	-	…	95	…	373	…	19	(3)
-	-	1.9	85	-	-	-	-	(4)
-	-	-	-	0.0	0	0.5	17	(5)
-	-	-	-	9.6	297	-	-	(6)
-	-	-	-	0.9	28	-	-	(7)
…	-	…	10	…	48	…	2	(8)
…	-	…	2	…	4	…	8	(9)
-	-	0.0	2	0.1	4	0.3	7	(10)
…	-	…	-	…	-	…	1	(11)
…	-	…	79	…	172	…	22	(12)
416.2	21,821	377.1	19,575	345.3	17,917	331.4	16,653	(13)
…	1,896	…	1,429	…	1,140	…	1,082	(14)
-	-	2.7	27	0.0	2	15.1	341	(15)
-	-	0.5	0	-	-	-	-	(16)
…	70	…	497	…	431	…	362	(17)
…	-	…	-	…	2	…	-	(18)

累 年 統 計 表

累年統計表

1　牛乳生産費（全国）

区　　　　分	単位	平成2年	7	10	11	平成11年度	12	13	14	15	16
		(1)	(2)	(3)	(4)	(5)	(6)	(7)	(8)	(9)	(10)
搾乳牛1頭当たり											
物　　　財　　　費 (1)	円	417,120	403,221	439,772	435,734	436,741	441,626	450,048	473,484	488,090	502,089
種　　付　　料 (2)	〃	8,188	9,686	10,132	10,033	10,323	10,403	10,347	10,578	10,811	10,726
飼　　料　　費 (3)	〃	298,171	234,451	269,032	257,491	255,066	258,163	266,757	277,129	285,141	294,268
流 通 飼 料 費 (4)	〃	189,303	177,456	214,892	201,857	196,247	197,981	206,071	215,778	223,453	230,646
牧草・放牧・採草費 (5)	〃	108,868	56,995	54,140	55,634	58,819	60,182	60,686	61,351	61,688	63,622
敷　　料　　費 (6)	〃	5,343	4,944	5,078	5,269	5,305	5,794	5,694	5,754	5,979	6,201
光熱水料及び動力費 (7)	〃	11,776	12,360	13,228	13,480	13,486	14,504	14,298	14,867	15,528	16,831
その他の諸材料費 (8)	〃	…	1,574	1,449	1,473	1,390	1,351	1,326	1,335	1,322	1,611
獣医師料及び医薬品費 (9)	〃	14,736	15,701	16,448	18,188	18,812	19,501	19,440	19,428	20,423	21,590
賃 借 料 及 び 料 金 (10)	〃	4,830	8,056	8,961	8,936	9,248	9,788	9,873	10,890	11,861	13,016
物件税及び公課諸負担 (11)	〃	…	8,663	9,307	9,536	9,699	9,797	9,638	9,912	10,057	10,373
乳 牛 償 却 費 (12)	〃	39,701	76,675	72,692	76,874	77,970	74,349	74,484	84,366	86,862	84,130
建　　物　　費 (13)	〃	12,023	11,364	11,660	12,006	12,694	13,338	13,656	13,879	15,017	16,179
自　動　車　費 (14)	〃	…	…	…	…	…	…	…	…	…	3,562
農　機　具　費 (15)	〃	22,352	18,471	20,048	20,825	21,031	22,852	22,692	23,394	23,101	21,732
生 産 管 理 費 (16)	〃	…	1,276	1,737	1,623	1,717	1,786	1,843	1,952	1,988	1,870
労　　働　　費 (17)	〃	154,166	187,307	208,534	203,377	197,174	196,566	193,011	186,503	181,520	179,683
う　　ち　　家　　族 (18)	〃	152,893	182,420	201,041	196,025	189,268	186,576	182,967	175,337	170,278	168,460
費　　用　　合　　計 (19)	〃	571,286	590,528	648,306	639,111	633,915	638,192	643,059	659,987	669,610	681,772
副 産 物 価 額 (20)	〃	124,808	52,019	48,450	43,483	43,221	53,802	49,427	59,581	61,392	64,339
生産費（副産物価額差引） (21)	〃	446,478	538,509	599,856	595,628	590,694	584,390	593,632	600,406	608,218	617,433
支　　払　　利　　子 (22)	〃	…	7,172	7,240	7,476	7,128	6,725	6,719	7,072	6,674	6,532
支　　払　　地　　代 (23)	〃	…	4,523	3,936	4,228	4,476	4,632	4,759	4,856	5,062	4,660
支払利子・地代算入生産費 (24)	〃	…	550,204	611,032	607,332	602,298	595,747	605,110	612,334	619,954	628,625
自 己 資 本 利 子 (25)	〃	29,996	16,940	16,418	16,523	16,653	17,033	17,051	17,156	17,744	20,035
自 作 地 地 代 (26)	〃	21,838	14,747	14,364	14,551	14,985	14,974	14,698	14,277	14,566	14,868
資本利子・地代全額算入 生産費（全算入生産費） (27)	〃	498,312	581,891	641,814	638,406	633,936	627,754	636,859	643,767	652,264	663,528
1経営体（戸）当たり											
搾 乳 牛 通 年 換 算 頭 数 (28)	頭	23.1	30.6	34.8	36.0	37.0	37.5	38.7	39.9	40.9	41.2
搾乳牛1頭当たり											
実　　搾　　乳　　量 (29)	kg	6,669	7,180	7,498	7,498	7,598	7,692	7,678	7,759	7,896	7,989
乳脂肪分3.5％換算乳量 (30)	〃	7,136	7,851	8,317	8,323	8,461	8,624	8,634	8,834	8,999	9,101
生　乳　価　額 (31)	円	605,596	629,410	637,971	638,308	643,893	649,397	653,858	664,931	677,221	676,633
労　　働　　時　　間 (32)	時間	134.2	127.99	121.69	120.57	119.23	118.18	116.83	115.79	114.62	113.61
自給牧草に係る労働時間 (33)	〃	17.3	10.12	9.14	9.07	8.99	8.90	8.70	8.64	8.33	7.98
所　　　　　得 (34)	円	312,011	261,626	227,980	227,001	230,863	240,226	231,715	227,934	227,545	216,468
1日当たり											
所　　　　　得 (35)	〃	18,739	16,805	15,546	15,646	16,187	17,145	16,823	16,774	16,960	16,337
家 族 労 働 報 酬 (36)	〃	15,626	14,769	13,447	13,504	13,968	14,861	14,518	14,461	14,552	13,703

注： 1　平成11年度〜平成17年度は、既に公表した『平成12年　牛乳生産費』〜『平成18年　牛乳生産費』のデータである。
　　 2　「労働費のうち家族」について、平成3年までは調査対象経営体の所在するその地方の農村雇用賃金により評価し、平成4年から毎月勤労統計調査（厚生労働省）結果を用いた評価に改訂した。
　　 3　平成7年から飼育管理等の直接的な労働以外の労働（自給牧草生産に係る労働、資材等の購入付帯労働及び建物・農機具の修繕労働）を間接労働として関係費目から分離し、「労働費」及び「労働時間」に計上した。

17	18	19	20	21	22	23	24	25	26	27	28	29	30	
(11)	(12)	(13)	(14)	(15)	(16)	(17)	(18)	(19)	(20)	(21)	(22)	(23)	(24)	
513,802	525,687	565,471	598,188	581,399	584,675	600,123	610,338	636,843	653,430	651,784	676,079	708,017	749,211	(1)
11,102	11,266	11,860	11,613	11,361	11,294	11,448	11,853	12,098	12,262	12,941	13,414	14,231	14,929	(2)
295,292	301,717	329,027	354,535	333,383	329,594	343,117	354,121	380,092	394,800	389,653	386,897	392,155	402,009	(3)
231,679	238,442	262,509	282,296	258,195	257,148	273,199	285,995	310,043	323,307	316,930	313,721	319,092	329,466	(4)
63,613	63,275	66,518	72,239	75,188	72,446	69,918	68,126	70,049	71,493	72,723	73,176	73,063	72,543	(5)
6,325	6,193	6,915	7,378	7,693	8,245	8,631	8,885	9,413	9,649	9,787	9,646	9,834	11,406	(6)
18,729	20,061	21,389	22,489	20,530	21,679	22,706	24,089	25,973	26,953	25,187	24,872	26,260	28,334	(7)
1,581	1,520	1,785	1,766	1,607	1,568	1,553	1,626	1,474	1,549	1,591	1,666	1,873	1,597	(8)
22,368	22,519	22,598	23,153	23,979	24,842	24,127	24,219	24,453	25,805	27,251	28,560	28,209	29,510	(9)
12,963	13,329	13,723	14,111	14,655	14,909	15,163	15,044	15,265	16,214	16,080	17,104	16,516	17,581	(10)
10,656	10,572	10,695	10,779	10,372	10,189	10,370	10,089	9,950	10,430	10,052	10,366	10,576	11,072	(11)
90,268	93,800	95,721	97,964	104,339	107,764	108,848	110,129	107,746	104,274	105,820	123,417	143,674	164,315	(12)
16,186	16,906	18,663	19,325	19,931	20,284	20,232	17,254	18,311	18,844	18,904	20,485	20,022	21,168	(13)
3,670	3,664	4,054	4,227	4,014	4,033	3,887	3,689	4,042	3,909	4,040	4,495	4,639	5,229	(14)
22,601	22,062	26,715	28,743	27,335	28,103	27,864	27,194	25,803	26,504	28,362	32,847	37,852	39,632	(15)
2,061	2,078	2,326	2,105	2,200	2,171	2,177	2,146	2,223	2,237	2,116	2,310	2,176	2,429	(16)
178,112	173,055	168,640	167,196	163,635	161,632	159,767	160,389	159,746	161,464	161,703	168,105	169,255	168,847	(17)
165,530	159,386	152,137	153,011	149,407	146,896	144,524	144,668	143,126	143,735	142,814	146,307	143,171	139,456	(18)
691,914	698,742	734,111	765,384	745,034	746,307	759,890	770,727	796,589	814,894	813,487	844,184	877,272	918,058	(19)
68,247	70,354	69,496	61,664	62,131	71,281	69,747	72,128	82,499	88,306	116,654	147,355	165,191	181,622	(20)
623,667	628,388	664,615	703,720	682,903	675,026	690,143	698,599	714,090	726,588	696,833	696,829	712,081	736,436	(21)
6,718	6,775	6,603	6,527	6,493	5,942	5,223	5,036	5,068	4,712	4,369	4,014	3,285	2,926	(22)
4,838	4,880	4,800	4,900	4,984	5,149	4,604	4,818	4,725	4,895	5,063	4,879	5,040	4,541	(23)
635,223	640,043	676,018	715,147	694,380	686,117	699,970	708,453	723,883	736,195	706,265	705,722	720,406	743,903	(24)
20,186	19,790	19,951	18,968	17,663	17,023	16,184	16,017	16,347	17,089	17,141	19,552	23,343	25,403	(25)
14,152	14,281	14,396	13,676	13,730	13,389	12,983	13,492	13,305	12,640	13,074	13,040	13,294	13,129	(26)
669,561	674,114	710,365	747,791	725,773	716,529	729,137	737,962	753,535	765,924	736,480	738,314	757,043	782,435	(27)
42.3	42.7	43.8	45.3	46.4	46.9	49.2	50.0	50.4	51.4	53.2	54.0	55.5	56.4	(28)
8,048	7,994	7,999	8,075	8,155	8,066	8,047	8,167	8,219	8,335	8,470	8,511	8,526	8,683	(29)
9,125	9,055	9,045	9,129	9,174	9,002	9,024	9,123	9,137	9,240	9,428	9,478	9,496	9,696	(30)
665,484	647,568	649,159	689,078	738,569	715,101	726,050	746,804	759,422	816,802	858,540	868,727	883,512	895,672	(31)
112.59	111.83	110.79	109.92	108.18	107.09	105.24	104.95	104.68	104.94	104.40	105.71	104.02	101.48	(32)
7.97	7.69	6.74	6.38	6.15	6.28	5.69	5.54	5.41	5.23	5.31	5.05	5.01	4.71	(33)
195,791	166,911	125,278	126,942	193,596	175,880	170,604	183,019	178,665	224,342	295,089	309,312	306,277	291,225	(34)
15,035	13,072	10,155	10,215	15,873	14,666	14,537	15,747	15,618	19,759	26,380	27,926	29,083	29,064	(35)
12,398	10,404	7,371	7,588	13,299	12,130	12,051	13,208	13,026	17,141	23,679	24,983	25,604	25,219	(36)

4 平成7年以降の「労働時間」は「自給牧草に係る労働時間」を含む総労働時間である。
5 平成7年から、「光熱水料及び動力費」に含めていた「その他の諸材料費」を分離した。
6 平成10年から、家族労働評価をそれまでの男女別評価から男女同一評価に改正した。
7 平成16年度から、「農機具費」に含めていた「自動車費」を分離した。
8 平成19年度は、平成19年度税制改正における減価償却計算の見直しを行った結果を表章した。

累年統計表（続き）

1 牛乳生産費（全国）（続き）

区　　　　分	単位	平成2年	7	10	11	平成11年度	12	13	14	15	16
		(1)	(2)	(3)	(4)	(5)	(6)	(7)	(8)	(9)	(10)
生乳100kg当たり（乳脂肪分3.5%換算乳量）											
物　　　　財　　　　費 (37)	円	5,847	5,136	5,287	5,237	5,162	5,122	5,214	5,358	5,425	5,516
種　　　　付　　　　料 (38)	〃	115	123	122	121	122	121	120	120	120	117
飼　　　　料　　　　費 (39)	〃	4,179	2,986	3,234	3,094	3,015	2,993	3,090	3,136	3,170	3,234
流　通　飼　料　費 (40)	〃	2,653	2,260	2,583	2,426	2,320	2,295	2,387	2,442	2,484	2,535
牧草・放牧・採草費 (41)	〃	1,526	726	651	668	695	698	703	694	686	699
敷　　　　　　　　　料　　費 (42)	〃	75	63	61	63	63	67	66	65	66	68
光熱水料及び動力費 (43)	〃	166	157	159	162	159	168	166	168	172	185
その他の諸材料費 (44)	〃	…	20	17	18	16	16	15	15	15	18
獣医師料及び医薬品費 (45)	〃	207	200	198	219	222	226	225	220	227	237
賃　借　料　及　び　料　金 (46)	〃	68	103	108	107	109	114	114	123	132	143
物件税及び公課諸負担 (47)	〃	…	110	112	115	115	114	112	112	112	114
乳　牛　償　却　費 (48)	〃	556	977	874	924	922	862	863	955	965	924
建　　　　物　　　　費 (49)	〃	168	145	140	144	150	155	158	157	167	178
自　　　動　　　車　　　費 (50)	〃	…	…	…	…	…	…	…	…	…	39
農　　機　　具　　費 (51)	〃	313	235	241	250	249	265	263	265	257	239
生　産　管　理　費 (52)	〃	…	17	21	20	20	21	22	22	22	20
労　　　　　　　　　働　　費 (53)	〃	2,161	2,387	2,507	2,443	2,330	2,278	2,236	2,111	2,018	1,975
う　　　ち　　　家　　　族 (54)	〃	2,143	2,324	2,417	2,355	2,237	2,163	2,120	1,985	1,893	1,851
費　　用　　合　　計 (55)	〃	8,008	7,523	7,794	7,680	7,492	7,400	7,450	7,469	7,443	7,491
副　産　物　価　額 (56)	〃	1,749	663	583	523	511	624	572	674	683	707
生産費（副産物価額差引） (57)	〃	6,259	6,860	7,211	7,157	6,981	6,776	6,878	6,795	6,760	6,784
支　　払　　利　　子 (58)	〃	…	91	87	90	84	78	78	80	74	72
支　　払　　地　　代 (59)	〃	…	58	47	51	53	54	55	55	56	51
支払利子・地代算入生産費 (60)	〃	…	7,009	7,345	7,298	7,118	6,908	7,011	6,930	6,890	6,907
自　己　資　本　利　子 (61)	〃	420	216	197	199	197	198	197	194	197	220
自　作　地　地　代 (62)	〃	306	188	173	175	177	174	170	162	162	163
資本利子・地代全額算入 生産費（全算生産費）(63)	〃	6,985	7,413	7,715	7,672	7,492	7,280	7,378	7,286	7,249	7,290

注：1　平成11年度～平成17年度は、既に公表した『平成12年　牛乳生産費』～『平成18年　牛乳生産費』のデータである。
　　2　「労働費のうち家族」について、平成3年までは調査対象経営体の所在するその地方の農村雇用賃金により評価し、平成4年から毎月勤
　　　労統計調査（厚生労働省）結果を用いた評価に改訂した。
　　3　平成7年から飼育管理等の直接的な労働以外の労働（自給牧草生産に係る労働、資材等の購入付帯労働及び建物・農機具の修繕労働）を
　　　間接労働として関係費目から分離し、「労働費」及び「労働時間」に計上した。

17	18	19	20	21	22	23	24	25	26	27	28	29	30	
(11)	(12)	(13)	(14)	(15)	(16)	(17)	(18)	(19)	(20)	(21)	(22)	(23)	(24)	
5,629	5,809	6,250	6,552	6,337	6,495	6,651	6,690	6,970	7,071	6,912	7,131	7,455	7,726	(37)
121	125	131	127	124	126	127	130	132	132	137	141	150	154	(38)
3,236	3,332	3,637	3,883	3,635	3,661	3,803	3,882	4,161	4,273	4,133	4,082	4,129	4,146	(39)
2,539	2,633	2,902	3,092	2,815	2,856	3,028	3,135	3,394	3,499	3,362	3,310	3,360	3,398	(40)
697	699	735	791	820	805	775	747	767	774	771	772	769	748	(41)
69	69	76	81	84	91	96	97	103	104	103	102	104	118	(42)
205	222	236	246	224	241	252	264	284	292	267	262	277	292	(43)
17	17	20	19	17	17	17	18	16	17	17	18	20	16	(44)
245	249	250	254	261	276	267	265	268	279	289	301	297	304	(45)
142	147	152	155	160	166	168	165	167	175	171	180	174	181	(46)
117	117	118	118	113	113	115	111	109	113	107	109	111	114	(47)
989	1,036	1,058	1,073	1,137	1,197	1,206	1,207	1,179	1,129	1,122	1,302	1,513	1,695	(48)
177	187	207	212	217	225	224	189	201	204	201	216	211	218	(49)
41	41	44	46	43	45	43	40	44	42	43	47	49	54	(50)
247	244	295	315	298	312	309	298	282	287	300	347	398	409	(51)
23	23	26	23	24	25	24	24	24	24	22	24	22	25	(52)
1,951	1,911	1,865	1,831	1,784	1,795	1,770	1,757	1,748	1,748	1,716	1,774	1,783	1,741	(53)
1,814	1,760	1,682	1,676	1,629	1,632	1,601	1,585	1,566	1,556	1,515	1,544	1,508	1,438	(54)
7,580	7,720	8,115	8,383	8,121	8,290	8,421	8,447	8,718	8,819	8,628	8,905	9,238	9,467	(55)
748	776	768	675	677	792	773	791	903	955	1,237	1,555	1,740	1,873	(56)
6,832	6,944	7,347	7,708	7,444	7,498	7,648	7,656	7,815	7,864	7,391	7,350	7,498	7,594	(57)
74	75	73	71	71	66	58	55	55	51	46	42	35	30	(58)
53	54	53	54	54	57	51	53	52	53	54	51	53	47	(59)
6,959	7,073	7,473	7,833	7,569	7,621	7,757	7,764	7,922	7,968	7,491	7,443	7,586	7,671	(60)
221	219	221	208	193	189	179	176	179	185	182	206	246	262	(61)
155	158	159	150	150	149	144	148	146	137	139	138	140	135	(62)
7,335	7,450	7,853	8,191	7,912	7,959	8,080	8,088	8,247	8,290	7,812	7,787	7,972	8,068	(63)

4　平成７年から、「光熱水料及び動力費」に含めていた「その他の諸材料費」を分離した。
5　平成10年から、家族労働評価をそれまでの男女別評価から男女同一評価に改正した。
6　平成16年度から、「農機具費」に含めていた「自動車費」を分離した。
7　平成19年度は、平成19年度税制改正における減価償却計算の見直しを行った結果を表章した。

累年統計表（続き）

2　牛乳生産費（北海道）

区　　分	単位	平成2年	7	10	11	平成11年度	12	13	14	15	16
		(1)	(2)	(3)	(4)	(5)	(6)	(7)	(8)	(9)	(10)
搾乳牛1頭当たり											
物　財　費 (1)	円	388,377	353,234	383,235	381,240	389,540	397,098	404,504	427,444	440,841	456,309
種　付　料 (2)	〃	9,049	9,358	10,084	9,299	9,499	9,384	9,217	9,588	9,906	9,793
飼　料　費 (3)	〃	273,917	196,186	224,348	214,303	219,263	223,178	230,830	240,444	245,192	254,848
流通飼料費 (4)	〃	125,772	112,243	138,653	127,327	125,759	126,647	133,973	141,369	143,753	150,547
牧草・放牧・採草費 (5)	〃	148,145	83,943	85,695	86,976	93,504	96,531	96,857	99,075	101,439	104,301
敷　料　費 (6)	〃	6,333	5,039	5,625	5,002	5,048	5,706	5,608	6,236	6,760	6,871
光熱水料及び動力費 (7)	〃	10,665	10,655	10,730	11,311	11,419	12,570	12,488	12,850	13,692	14,846
その他の諸材料費 (8)	〃	…	1,233	1,010	1,006	916	793	810	926	1,033	1,225
獣医師料及び医薬品費 (9)	〃	12,176	13,162	13,848	14,810	15,085	16,507	16,788	17,269	18,727	19,711
賃借料及び料金 (10)	〃	5,650	7,150	7,919	8,025	8,123	9,006	9,009	9,946	10,987	11,867
物件税及び公課諸負担 (11)	〃	…	10,244	10,601	10,809	11,021	11,055	10,945	11,100	11,136	11,665
乳牛償却費 (12)	〃	37,809	73,737	69,135	75,724	77,156	73,434	73,177	82,265	85,363	84,627
建　物　費 (13)	〃	11,610	10,670	12,142	12,711	13,165	14,135	14,147	14,618	15,855	16,909
自　動　車　費 (14)	〃	…	…	…	…	…	…	…	…	…	1,994
農　機　具　費 (15)	〃	21,168	14,925	16,725	17,200	17,780	20,115	20,267	20,936	20,841	20,546
生　産　管　理　費 (16)	〃	…	875	1,068	1,040	1,065	1,215	1,218	1,266	1,349	1,407
労　　働　　費 (17)	〃	121,873	149,564	177,212	170,242	164,579	166,056	166,583	156,747	153,613	153,479
う　ち　家　族 (18)	〃	121,634	145,747	173,146	166,148	160,075	161,467	161,711	151,014	147,542	146,783
費　用　合　計 (19)	〃	510,250	502,798	560,447	551,482	554,119	563,154	571,087	584,191	594,454	609,788
副産物価額 (20)	〃	140,974	53,978	48,067	43,137	48,822	64,436	64,503	75,535	76,345	79,472
生産費（副産物価額差引）(21)	〃	369,276	448,820	513,380	508,345	505,297	498,718	506,584	508,656	518,109	530,316
支　払　利　子 (22)	〃	…	12,312	11,532	11,054	11,131	10,593	10,691	10,761	9,990	9,743
支　払　地　代 (23)	〃	…	4,655	4,311	4,617	4,927	5,303	5,423	5,512	5,667	5,027
支払利子・地代算入生産費 (24)	〃	…	465,787	528,223	524,016	521,355	514,614	522,698	524,929	533,766	545,086
自　己　資　本　利　子 (25)	〃	33,282	15,046	15,639	15,632	15,567	15,879	15,518	15,748	16,577	18,095
自　作　地　地　代 (26)	〃	33,808	27,514	26,941	26,755	27,139	26,296	25,798	24,713	24,885	25,410
資本利子・地代全額算入生産費（全算入生産費）(27)	〃	436,366	508,347	570,803	566,403	564,061	556,789	564,014	565,390	575,228	588,591
1経営体（戸）当たり											
搾乳牛通年換算頭数 (28)	頭	36.0	47.4	51.1	52.9	54.6	55.1	56.8	58.5	60.1	60.3
搾乳牛1頭当たり											
実　搾　乳　量 (29)	kg	6,837	7,194	7,453	7,365	7,427	7,460	7,568	7,641	7,766	7,788
乳脂肪分3.5％換算乳量 (30)	〃	7,339	7,949	8,345	8,255	8,382	8,491	8,618	8,836	8,997	8,987
生　乳　価　額 (31)	円	534,781	563,136	571,255	566,517	569,182	569,407	578,776	591,414	599,920	588,308
労　働　時　間 (32)	時間	115.4	108.28	102.98	101.95	100.53	100.50	99.34	98.65	97.85	96.36
自給牧草に係る労働時間 (33)	〃	13.4	10.22	9.70	9.72	9.87	10.12	9.76	9.83	9.49	8.69
所　　　得 (34)	円	287,139	243,096	216,178	208,649	207,902	216,260	217,789	217,499	213,696	190,005
1日当たり											
所　　　得 (35)	〃	19,940	18,515	17,351	16,943	17,198	17,902	18,383	18,623	18,498	16,707
家族労働報酬 (36)	〃	15,281	15,273	13,934	13,501	13,665	14,411	14,895	15,159	14,909	12,882

注：1　平成11年度～平成17年度は、既に公表した『平成12年　牛乳生産費』～『平成18年　牛乳生産費』のデータである。
　　2　「労働費のうち家族」について、平成3年までは調査対象経営体の所在するその地方の農村雇用賃金により評価し、平成4年から毎月勤労統計調査（厚生労働省）結果を用いた評価に改訂した。
　　3　平成7年から飼育管理等の直接的な労働以外の労働（自給牧草生産に係る労働、資材等の購入付帯労働及び建物・農機具の修繕労働）を間接労働として関係費目から分離し、「労働費」及び「労働時間」に計上した。

	17	18	19	20	21	22	23	24	25	26	27	28	29	30	
	(11)	(12)	(13)	(14)	(15)	(16)	(17)	(18)	(19)	(20)	(21)	(22)	(23)	(24)	
	469,488	472,409	505,215	542,836	541,209	548,713	559,917	571,826	591,419	600,691	600,319	638,032	659,545	706,982	(1)
	10,198	10,580	11,346	11,167	10,714	10,882	10,823	11,142	11,383	11,817	12,401	12,444	12,904	13,014	(2)
	256,252	255,954	281,783	306,994	299,048	295,997	304,903	313,063	332,675	341,274	335,074	340,003	341,323	348,342	(3)
	154,038	154,342	180,196	200,450	185,056	188,831	200,821	210,026	229,314	237,487	229,894	234,012	241,568	250,000	(4)
	102,214	101,612	101,587	106,544	113,992	107,166	104,082	103,037	103,361	103,787	105,180	105,991	99,755	98,342	(5)
	7,097	6,858	7,173	7,624	8,126	8,873	9,113	9,194	9,250	9,478	9,473	9,050	9,137	10,360	(6)
	17,011	18,012	19,093	19,627	18,125	19,599	20,948	21,869	23,648	24,679	23,077	22,679	24,424	26,445	(7)
	1,157	1,173	1,178	1,368	950	894	875	977	1,008	1,098	1,162	1,249	1,361	1,193	(8)
	19,963	19,443	19,791	20,706	20,830	21,460	21,557	21,635	22,166	23,881	25,150	25,653	23,660	25,172	(9)
	11,468	11,511	11,513	12,596	13,626	14,068	13,966	14,541	14,789	15,364	16,110	16,647	16,315	16,978	(10)
	12,220	12,232	13,050	13,046	12,064	11,793	11,824	11,550	11,473	11,484	11,254	11,576	11,706	12,171	(11)
	92,960	95,752	93,717	99,196	107,135	113,485	114,648	118,430	114,830	110,173	112,465	136,050	153,696	181,644	(12)
	16,276	16,238	17,331	17,905	18,426	18,475	18,077	16,375	17,822	18,836	19,728	22,303	21,165	23,262	(13)
	2,012	1,998	2,000	2,326	2,522	2,557	2,474	2,339	2,430	2,574	2,577	2,829	3,579	4,268	(14)
	21,292	21,164	25,646	28,575	28,012	29,003	29,205	29,064	28,264	28,359	30,320	35,880	38,721	42,335	(15)
	1,582	1,494	1,594	1,706	1,631	1,627	1,504	1,647	1,681	1,674	1,528	1,669	1,554	1,798	(16)
	152,567	145,585	136,990	139,127	138,057	138,609	138,188	140,835	140,029	142,595	142,251	149,525	150,801	153,745	(17)
	144,307	137,109	124,047	127,809	126,643	126,505	125,768	127,988	127,431	128,818	126,883	132,340	129,020	128,116	(18)
	622,055	617,994	642,205	681,963	679,266	687,322	698,105	712,661	731,448	743,286	742,570	787,557	810,346	860,727	(19)
	83,979	84,314	88,495	80,088	79,451	91,260	91,080	95,860	107,242	111,696	152,336	179,214	185,119	190,597	(20)
	538,076	533,680	553,710	601,875	599,815	596,062	607,025	616,801	624,206	631,590	590,234	608,343	625,227	670,130	(21)
	9,920	9,793	10,380	9,784	9,336	8,602	7,221	7,209	7,393	7,109	6,444	6,032	4,684	4,043	(22)
	5,364	5,558	5,052	5,125	5,296	5,105	4,544	4,955	4,653	5,037	4,942	4,502	4,435	3,931	(23)
	553,360	549,031	569,142	616,784	614,447	609,769	618,790	628,965	636,252	643,736	601,620	618,877	634,346	678,104	(24)
	18,341	17,459	18,583	16,777	15,990	15,685	14,805	14,507	14,464	15,529	15,352	18,787	22,732	26,264	(25)
	23,531	23,882	23,889	22,162	21,795	21,024	20,012	20,534	20,462	19,183	19,733	19,698	19,571	19,261	(26)
	595,232	590,372	611,614	655,723	652,232	646,478	653,607	664,006	671,178	678,448	636,705	657,362	676,649	723,629	(27)
	61.8	61.7	64.4	66.7	67.8	68.2	71.5	71.5	71.6	72.3	75.6	76.5	78.6	80.1	(28)
	7,851	7,736	7,731	7,830	7,901	7,856	7,822	7,924	7,974	8,121	8,262	8,300	8,357	8,507	(29)
	9,022	8,860	8,842	9,002	9,083	8,896	8,885	9,002	9,023	9,137	9,365	9,425	9,469	9,669	(30)
	576,720	552,446	555,047	601,303	642,302	611,292	626,627	657,680	664,366	718,663	766,038	776,710	804,885	818,714	(31)
	95.32	94.40	91.19	90.70	90.40	90.24	89.80	91.31	91.19	92.21	91.29	91.89	90.12	87.35	(32)
	8.48	8.57	6.14	5.59	5.70	5.77	5.61	5.37	5.10	4.80	4.74	4.49	4.14	3.95	(33)
	167,667	140,524	109,952	112,328	154,498	128,028	133,605	156,703	155,545	203,745	291,301	290,173	299,559	268,726	(34)
	15,068	12,795	10,807	10,947	15,132	12,572	13,250	15,410	15,325	19,968	29,291	29,314	32,185	30,567	(35)
	11,305	9,031	6,633	7,152	11,431	8,967	9,797	11,964	11,884	16,566	25,763	25,426	27,640	25,389	(36)

4 平成7年以降の「労働時間」は「自給牧草に係る労働時間」を含む総労働時間である。
5 平成7年から、「光熱水料及び動力費」に含めていた「その他の諸材料費」を分離した。
6 平成10年から、家族労働評価をそれまでの男女別評価から男女同一評価に改正した。
7 平成16年度から、「農機具費」に含めていた「自動車費」を分離した。
8 平成19年度は、平成19年度税制改正における減価償却計算の見直しを行った結果を表章した。

累年統計表（続き）

3　牛乳生産費（北海道）（続き）

生乳100kg当たり（乳脂肪分3.5%換算乳量）

区　　分	単位	平成2年	7	10	11	平成11年度	12	13	14	15	16
		(1)	(2)	(3)	(4)	(5)	(6)	(7)	(8)	(9)	(10)
物　　財　　費 (37)	円	5,292	4,443	4,592	4,619	4,649	4,674	4,694	4,836	4,900	5,077
種　　付　　料 (38)	〃	123	118	121	112	113	110	107	108	110	109
飼　　料　　費 (39)	〃	3,733	2,467	2,688	2,597	2,616	2,628	2,679	2,721	2,726	2,836
流　通　飼　料　費 (40)	〃	1,714	1,411	1,661	1,543	1,500	1,491	1,555	1,600	1,598	1,675
牧草・放牧・採草費 (41)	〃	2,019	1,056	1,027	1,054	1,116	1,137	1,124	1,121	1,128	1,161
敷　　料　　費 (42)	〃	86	63	67	61	61	67	65	70	76	76
光熱水料及び動力費 (43)	〃	145	134	129	137	136	148	145	145	152	165
その他の諸材料費 (44)	〃	…	15	12	12	11	9	9	10	11	14
獣医師料及び医薬品費 (45)	〃	166	166	166	179	180	194	195	195	208	219
賃借料及び料金 (46)	〃	77	90	95	97	97	106	105	113	122	132
物件税及び公課諸負担 (47)	〃	…	129	127	131	131	130	127	126	124	130
乳　牛　償　却　費 (48)	〃	515	928	828	917	921	865	849	931	949	942
建　　物　　費 (49)	〃	158	134	146	154	157	166	164	166	176	188
自　動　車　費 (50)	〃	…	…	…	…	…	…	…	…	…	22
農　機　具　費 (51)	〃	289	188	200	209	213	237	235	237	231	228
生　産　管　理　費 (52)	〃	…	11	13	13	13	14	14	14	15	16
労　　働　　費 (53)	〃	1,660	1,881	2,124	2,063	1,964	1,957	1,934	1,773	1,708	1,707
う　　ち　　家　　族 (54)	〃	1,657	1,833	2,075	2,013	1,910	1,902	1,877	1,709	1,640	1,633
費　用　合　計 (55)	〃	6,952	6,324	6,716	6,682	6,613	6,631	6,628	6,609	6,608	6,784
副　産　物　価　額 (56)	〃	1,921	679	576	522	583	759	748	855	849	884
生産費（副産物価額差引）(57)	〃	5,031	5,645	6,140	6,160	6,030	5,872	5,880	5,754	5,759	5,900
支　　払　　利　　子 (58)	〃	…	155	138	134	133	125	124	122	111	108
支　　払　　地　　代 (59)	〃	…	59	52	56	59	62	63	62	63	56
支払利子・地代算入生産費 (60)	〃	…	5,859	6,330	6,350	6,222	6,059	6,067	5,938	5,933	6,064
自　己　資　本　利　子 (61)	〃	453	189	187	189	186	187	180	178	184	201
自　作　地　地　代 (62)	〃	460	346	323	324	324	310	299	280	277	283
資本利子・地代全額算入生産費（全算入生産費）(63)	〃	5,944	6,394	6,840	6,863	6,732	6,556	6,546	6,396	6,394	6,548

注：1　平成11年度〜平成17年度は、既に公表した『平成12年　牛乳生産費』〜『平成18年　牛乳生産費』のデータである。
　　2　「労働費のうち家族」について、平成3年までは調査対象経営体の所在するその地方の農村雇用賃金により評価し、平成4年から毎月勤労統計調査（厚生労働省）結果を用いた評価に改訂した。
　　3　平成7年から飼育管理の直接的な労働以外の労働（自給牧草生産に係る労働、資材等の購入付帯労働及び建物・農機具の修繕労働）を間接労働として関係費目から分離し、「労働費」及び「労働時間」に計上した。

17	18	19	20	21	22	23	24	25	26	27	28	29	30	
(11)	(12)	(13)	(14)	(15)	(16)	(17)	(18)	(19)	(20)	(21)	(22)	(23)	(24)	
5,203	5,332	5,715	6,030	5,959	6,165	6,303	6,353	6,556	6,575	6,408	6,770	6,965	7,311	(37)
113	119	128	124	118	122	122	124	126	129	132	132	136	135	(38)
2,840	2,889	3,187	3,411	3,292	3,327	3,432	3,478	3,688	3,735	3,578	3,608	3,604	3,602	(39)
1,707	1,742	2,038	2,227	2,037	2,122	2,261	2,333	2,542	2,599	2,455	2,483	2,551	2,585	(40)
1,133	1,147	1,149	1,184	1,255	1,205	1,171	1,145	1,146	1,136	1,123	1,125	1,053	1,017	(41)
79	78	82	85	89	99	103	102	103	104	101	96	97	107	(42)
188	203	216	218	200	220	236	243	262	270	246	241	258	273	(43)
13	13	13	15	10	10	10	11	11	12	12	13	14	12	(44)
221	219	224	230	229	241	243	240	246	261	269	272	250	260	(45)
127	130	130	140	150	158	157	162	164	168	172	177	172	176	(46)
135	138	148	145	133	133	133	128	127	126	120	123	124	126	(47)
1,030	1,081	1,060	1,102	1,180	1,276	1,290	1,316	1,273	1,206	1,201	1,443	1,623	1,879	(48)
181	183	196	199	203	207	203	182	198	207	211	237	224	241	(49)
22	23	22	26	28	28	28	26	27	28	27	30	38	44	(50)
236	239	290	317	309	326	329	323	313	311	323	381	409	438	(51)
18	17	19	18	18	18	17	18	18	18	16	17	16	18	(52)
1,691	1,643	1,549	1,545	1,520	1,558	1,555	1,565	1,551	1,560	1,519	1,587	1,592	1,591	(53)
1,600	1,547	1,403	1,419	1,394	1,422	1,415	1,422	1,412	1,410	1,355	1,404	1,362	1,325	(54)
6,894	6,975	7,264	7,575	7,479	7,723	7,858	7,918	8,107	8,135	7,927	8,357	8,557	8,902	(55)
931	951	1,001	890	875	1,026	1,025	1,065	1,188	1,222	1,627	1,901	1,955	1,971	(56)
5,963	6,024	6,263	6,685	6,604	6,697	6,833	6,853	6,919	6,913	6,300	6,456	6,602	6,931	(57)
110	111	117	109	103	97	81	80	82	78	69	64	49	42	(58)
60	60	57	57	50	57	51	55	50	55	50	10	17	11	(59)
6,132	6,198	6,437	6,851	6,765	6,851	6,965	6,988	7,053	7,046	6,422	6,568	6,698	7,014	(60)
203	197	210	186	176	176	167	161	160	170	164	199	240	272	(61)
261	270	270	246	240	236	225	228	227	210	211	209	207	199	(62)
6,596	6,665	6,917	7,283	7,181	7,263	7,357	7,377	7,440	7,426	6,797	6,976	7,145	7,485	(63)

4 平成7年から、「光熱水料及び動力費」に含めていた「その他の諸材料費」を分離した。
5 平成10年から、家族労働評価をそれまでの男女別評価から男女同一評価に改正した。
6 平成16年度から、「農機具費」に含めていた「自動車費」を分離した。
7 平成19年度は、平成19年度税制改正における減価償却計算の見直しを行った結果を表章した。

累年統計表（続き）

3　牛乳生産費（都府県）

区　　　分	単位	平成2年	7	10	11	平成11年度	12	13	14	15	16
		(1)	(2)	(3)	(4)	(5)	(6)	(7)	(8)	(9)	(10)
搾乳牛1頭当たり											
物　　財　　費 (1)	円	435,785	436,732	480,103	475,812	472,832	476,534	486,345	511,575	528,245	541,843
種　　付　　料 (2)	〃	7,648	9,906	10,166	10,572	10,953	11,202	11,249	11,397	11,578	11,535
飼　　　料　　　費 (3)	〃	313,871	260,112	300,902	289,256	282,441	285,586	295,390	307,481	319,099	328,506
流　通　飼　料　費 (4)	〃	229,866	221,199	269,260	256,672	250,147	253,884	263,535	277,348	291,198	300,205
牧草・放牧・採草費 (5)	〃	84,005	38,913	31,642	32,584	32,294	31,702	31,855	30,133	27,901	28,301
敷　　　料　　　費 (6)	〃	4,719	4,882	4,690	5,466	5,501	5,865	5,763	5,355	5,314	5,616
光熱水料及び動力費 (7)	〃	12,494	13,503	15,009	15,076	15,070	16,020	15,739	16,533	17,085	18,553
その他の諸材料費 (8)	〃	…	1,803	1,761	1,816	1,752	1,788	1,737	1,672	1,569	1,944
獣医師料及び医薬品費 (9)	〃	16,377	17,401	18,303	20,672	21,662	21,848	21,552	21,215	21,864	23,221
賃　借　料　及　び　料　金 (10)	〃	4,313	8,661	9,708	9,607	10,110	10,400	10,563	11,671	12,602	14,010
物件税及び公課諸負担 (11)	〃	…	7,600	8,384	8,599	8,688	8,812	8,594	8,927	9,139	9,253
乳　牛　償　却　費 (12)	〃	40,941	78,646	75,229	77,719	78,592	75,066	75,526	86,105	88,135	83,699
建　　　物　　　費 (13)	〃	12,298	11,827	11,316	11,487	12,331	12,714	13,266	13,271	14,305	15,545
自　　動　　車　　費 (14)	〃	…	…	…	…	…	…	…	…	…	4,922
農　　機　　具　　費 (15)	〃	23,124	20,847	22,420	23,489	23,515	24,999	24,624	25,428	25,023	22,767
生　　産　　管　　理　　費 (16)	〃	…	1,544	2,215	2,053	2,217	2,234	2,342	2,520	2,532	2,272
労　　　　　働　　　　　費 (17)	〃	174,838	212,626	230,870	227,748	222,096	220,480	214,075	211,122	205,246	202,433
う　　　ち　　　家　　　族 (18)	〃	172,908	207,024	220,932	218,001	211,587	206,256	199,910	195,460	189,608	187,283
費　　　用　　　合　　　計 (19)	〃	610,623	649,358	710,973	703,560	694,928	697,014	700,420	722,697	733,491	744,276
副　　産　　物　　価　　額 (20)	〃	114,651	50,705	48,724	43,740	38,937	45,470	38,599	46,381	48,685	51,200
生産費（副産物価額差引） (21)	〃	495,972	598,653	662,249	659,820	655,991	651,544	661,821	676,316	684,806	693,076
支　　払　　利　　子 (22)	〃	…	3,723	4,180	4,845	4,067	3,693	3,554	4,020	3,854	3,745
支　　払　　地　　代 (23)	〃	…	4,435	3,667	3,942	4,131	4,106	4,229	4,315	4,549	4,339
支払利子・地代算入生産費 (24)	〃	…	606,811	670,096	668,607	664,189	659,343	669,604	684,651	693,209	701,160
自　　己　　資　　本　　利　　子 (25)	〃	27,935	18,211	16,974	17,178	17,483	17,938	18,273	18,322	18,735	21,719
自　　作　　地　　地　　代 (26)	〃	14,250	6,180	5,395	5,574	5,689	6,103	5,850	5,642	5,795	5,715
資本利子・地代全額算入 生産費（全算入生産費） (27)	〃	538,157	631,202	692,465	691,359	687,361	683,384	693,727	708,615	717,739	728,594
1経営体（戸）当たり											
搾乳牛通年換算頭数 (28)	頭	18.8	24.7	28.4	29.1	29.7	30.1	30.9	31.6	32.1	32.4
搾乳牛1頭当たり											
実　　搾　　乳　　量 (29)	kg	6,569	7,171	7,530	7,596	7,730	7,876	7,765	7,857	8,005	8,163
乳脂肪分3.5％換算乳量 (30)	〃	7,014	7,785	8,297	8,373	8,522	8,729	8,647	8,832	9,001	9,200
生　　乳　　価　　額 (31)	円	651,186	673,871	685,548	691,106	701,025	712,084	713,701	725,761	742,934	753,329
労　　　働　　　時　　　間 (32)	時間	146.1	141.22	135.04	134.25	133.54	132.01	130.79	129.96	128.88	128.60
自給牧草に係る労働時間 (33)	〃	…	10.07	8.74	8.61	8.31	7.96	7.86	7.65	7.37	7.38
所　　　　　　　　　　得 (34)	円	328,122	274,084	236,384	240,500	248,423	258,997	244,007	236,570	239,333	239,452
1日当たり											
所　　　　　　　　得 (35)	〃	18,166	15,934	14,558	14,922	15,600	16,684	15,939	15,596	15,950	16,094
家　　族　　労　　働　　報　　酬 (36)	〃	15,830	14,516	13,180	13,510	14,144	15,135	14,363	14,016	14,315	14,250

注：1　平成11年度～平成17年度は、既に公表した『平成12年　牛乳生産費』～『平成18年　牛乳生産費』のデータである。
　　2　「労働費のうち家族」について、平成3年までは調査対象経営体の所在するその地方の農村雇用賃金により評価し、平成4年から毎月勤
　　　労統計調査（厚生労働省）結果を用いた評価に改訂した。
　　3　平成7年から飼育管理等の直接的な労働以外の労働（自給牧草生産に係る労働、資材等の購入付帯労働及び建物・農機具の修繕労働）を
　　　間接労働として関係費目から分離し、「労働費」及び「労働時間」に計上した。

17	18	19	20	21	22	23	24	25	26	27	28	29	30	
(11)	(12)	(13)	(14)	(15)	(16)	(17)	(18)	(19)	(20)	(21)	(22)	(23)	(24)	
553,340	573,399	621,793	652,900	622,837	622,425	643,900	653,012	687,783	712,490	711,958	721,032	767,334	802,347	(1)
11,909	11,880	12,341	12,053	12,029	11,728	12,128	12,641	12,899	12,762	13,571	14,560	15,856	17,339	(2)
330,130	342,702	373,179	401,522	368,784	364,855	384,719	399,630	433,268	454,738	453,465	442,304	454,360	469,526	(3)
300,946	313,745	339,427	363,185	333,613	328,849	352,000	370,197	400,577	419,411	418,684	407,905	413,962	429,438	(4)
29,184	28,957	33,752	38,337	35,171	36,006	32,719	29,433	32,691	35,327	34,781	34,399	40,398	40,088	(5)
5,632	5,596	6,674	7,133	7,250	7,586	8,107	8,538	9,595	9,841	10,157	10,348	10,691	12,725	(6)
20,261	21,895	23,534	25,317	23,010	23,863	24,620	26,547	28,584	29,502	27,652	27,464	28,509	30,711	(7)
1,960	1,831	2,352	2,161	2,284	2,276	2,292	2,344	1,995	2,055	2,091	2,159	2,501	2,105	(8)
24,514	25,272	25,224	25,570	27,225	28,392	26,924	27,082	27,019	27,959	29,709	31,997	33,776	34,969	(9)
14,296	14,955	15,787	15,612	15,715	15,788	16,466	15,602	15,797	17,164	16,044	17,646	16,761	18,340	(10)
9,260	9,085	8,496	8,542	8,623	8,506	8,788	8,466	8,242	9,247	8,640	8,935	9,193	9,690	(11)
87,867	92,053	97,593	96,747	101,455	101,760	102,532	100,928	99,802	97,668	98,051	108,489	131,411	142,515	(12)
16,105	17,507	19,911	20,729	21,487	22,185	22,581	18,227	18,857	18,854	17,940	18,334	18,623	18,538	(13)
5,149	5,155	5,975	6,105	5,552	5,581	5,428	5,184	5,849	5,404	5,753	6,462	5,934	6,437	(14)
23,769	22,867	27,719	28,909	26,635	27,162	26,405	25,123	23,044	24,428	26,082	29,266	36,782	36,230	(15)
2,488	2,601	3,008	2,500	2,788	2,743	2,910	2,700	2,832	2,868	2,803	3,068	2,937	3,222	(16)
200,899	197,649	198,213	194,934	190,005	185,800	183,260	182,062	181,858	182,598	184,446	190,063	191,835	187,848	(17)
184,461	179,330	178,385	177,916	172,879	168,299	164,944	163,157	160,730	160,442	161,440	162,813	160,486	153,724	(18)
754,239	771,048	820,006	847,834	812,842	808,225	827,160	835,074	869,641	895,088	896,404	911,095	959,169	990,195	(19)
54,215	57,856	51,745	43,456	44,271	50,310	46,521	45,824	54,750	62,112	74,940	109,707	140,803	170,329	(20)
700,024	713,192	768,261	804,378	768,571	757,915	780,639	789,250	814,891	832,976	821,464	801,388	818,366	819,866	(21)
3,862	4,073	3,073	3,309	3,562	3,150	3,047	2,627	2,461	2,029	1,942	1,630	1,572	1,520	(22)
4,368	4,275	4,564	4,677	4,663	5,197	4,669	4,667	4,803	4,736	5,203	5,324	5,778	5,305	(23)
708,254	721,540	775,898	812,364	776,796	766,262	788,355	796,544	822,155	839,741	828,609	808,342	825,716	826,691	(24)
21,833	21,876	21,229	21,133	19,389	18,426	17,687	17,690	18,459	18,836	19,232	20,455	24,091	24,321	(25)
5,788	5,687	5,522	5,287	5,414	5,376	5,331	5,685	5,276	5,312	5,287	5,175	5,610	5,414	(26)
735,875	749,103	802,649	838,784	801,599	790,064	811,373	819,919	845,890	863,889	853,128	833,972	855,417	856,426	(27)
33.0	33.5	33.7	34.3	35.0	35.3	36.7	37.5	37.8	38.8	39.6	40.1	40.8	41.2	(28)
8,227	8,226	8,248	8,317	8,415	8,287	8,292	8,436	8,492	8,576	8,716	8,760	8,733	8,906	(29)
9,218	9,229	9,236	9,255	9,268	9,114	9,175	9,257	9,265	9,355	9,503	9,540	9,528	9,730	(30)
744,668	732,739	737,100	775,826	837,830	824,061	834,297	845,592	866,021	926,702	966,682	977,464	979,729	992,489	(31)
127.98	127.39	129.08	128.90	126.51	124.81	122.13	120.11	119.81	119.19	119.75	121.96	121.03	119.25	(32)
7.52	6.89	7.28	7.16	6.62	6.80	5.79	5.72	5.73	5.73	5.99	5.73	6.07	5.67	(33)
220,875	190,529	139,587	141,378	233,913	226,098	210,886	212,205	204,596	247,403	299,513	331,935	314,499	319,522	(34)
15,013	13,262	9,723	9,707	16,425	16,273	15,575	16,029	15,876	19,573	23,696	26,637	26,151	27,631	(35)
13,135	11,344	7,860	7,893	14,683	14,560	13,875	14,263	14,034	17,663	21,756	24,581	23,681	·25,060	(36)

4 　平成７年以降の「労働時間」は「自給牧草に係る労働時間」を含む総労働時間である。
5 　平成７年から、「光熱水料及び動力費」に含めていた「その他の諸材料費」を分離した。
6 　平成10年から、家族労働評価をそれまでの男女別評価から男女同一評価に改正した。
7 　平成16年度から、「農機具費」に含めていた「自動車費」を分離した。
8 　平成19年度は、平成19年度税制改正における減価償却計算の見直しを行った結果を表章した。

累年統計表（続き）

3 牛乳生産費（都府県）（続き）

区　　　　分	単位	平成2年	7	10	11	平成 11年度	12	13	14	15	16
		(1)	(2)	(3)	(4)	(5)	(6)	(7)	(8)	(9)	(10)
生乳100kg当たり（乳脂肪分3.5%換算乳量）											
物　　　　　財　　　　　費 (37)	円	6,213	5,610	5,786	5,685	5,548	5,458	5,623	5,792	5,869	5,889
種　　　　付　　　　料 (38)	〃	109	127	122	127	128	128	130	129	128	126
飼　　　　　料　　　　　費 (39)	〃	4,475	3,342	3,626	3,454	3,315	3,272	3,416	3,481	3,546	3,571
流　通　飼　料　費 (40)	〃	3,277	2,842	3,245	3,065	2,936	2,909	3,048	3,140	3,236	3,263
牧草・放牧・採草費 (41)	〃	1,198	500	381	389	379	363	368	341	310	308
敷　　　　　料　　　　　費 (42)	〃	68	62	56	65	64	67	67	61	59	61
光熱水料及び動力費 (43)	〃	178	173	181	180	177	184	182	·187	190	202
その他の諸材料費 (44)	〃	…	23	21	22	21	20	20	19	17	21
獣医師料及び医薬品費 (45)	〃	233	224	221	247	254	250	249	240	243	252
賃　借　料　及　び　料　金 (46)	〃	61	111	117	115	119	119	122	132	140	152
物件税及び公課諸負担 (47)	〃	…	98	101	103	102	101	99	101	102	101
乳　牛　償　却　費 (48)	〃	584	1,010	907	928	922	860	873	975	979	910
建　　　　　物　　　　　費 (49)	〃	175	152	136	138	144	145	153	150	159	169
自　　動　　車　　費 (50)	〃	…	…	…	…	…	…	…	…	…	53
農　　機　　具　　費 (51)	〃	330	268	271	281	276	286	285	288	278	247
生　産　管　理　費 (52)	〃	…	20	27	25	26	26	27	29	28	24
労　　　　　働　　　　　費 (53)	〃	2,493	2,731	2,782	2,721	2,606	2,526	2,476	2,390	2,280	2,200
う　　　ち　　　家　　　族 (54)	〃	2,465	2,659	2,663	2,604	2,483	2,363	2,312	2,213	2,106	2,035
費　　　用　　　合　　　計 (55)	〃	8,706	8,341	8,568	8,406	8,154	7,984	8,099	8,182	8,149	8,089
副　産　物　価　額 (56)	〃	1,634	651	587	522	457	521	446	525	541	557
生産費（副産物価額差引） (57)	〃	7,072	7,690	7,981	7,884	7,697	7,463	7,653	7,657	7,608	7,532
支　　払　　利　　子 (58)	〃	…	48	50	58	48	42	41	46	43	41
支　　払　　地　　代 (59)	〃	…	57	44	47	48	47	49	49	51	47
支払利子・地代算入生産費 (60)	〃	…	7,795	8,075	7,989	7,793	7,552	7,743	7,752	7,702	7,620
自　己　資　本　利　子 (61)	〃	398	234	205	205	205	206	211	207	208	236
自　作　地　地　代 (62)	〃	203	79	65	67	67	70	68	64	64	62
資本利子・地代全額算入 生産費（全算入生産費） (63)	〃	7,673	8,108	8,345	8,261	8,065	7,828	8,022	8,023	7,974	7,918

注：1 平成11年度〜平成17年度は、既に公表した『平成12年　牛乳生産費』〜『平成18年　牛乳生産費』のデータである。
　　2 「労働費のうち家族」について、平成3年までは調査対象経営体の所在するその地方の農村雇用賃金により評価し、平成4年から毎月勤労統計調査（厚生労働省）結果を用いた評価に改訂した。
　　3 平成7年から飼育管理等の直接的な労働以外の労働（自給牧草生産に係る労働、資材等の購入付帯労働及び建物・農機具の修繕労働）を間接労働として関係費目から分離し、「労働費」及び「労働時間」に計上した。

17	18	19	20	21	22	23	24	25	26	27	28	29	30	
(11)	(12)	(13)	(14)	(15)	(16)	(17)	(18)	(19)	(20)	(21)	(22)	(23)	(24)	
6,001	6,212	6,733	7,054	6,719	6,829	7,019	7,056	7,424	7,616	7,490	7,558	8,052	8,249	(37)
129	128	134	130	129	128	133	137	139	137	143	152	166	178	(38)
3,582	3,713	4,040	4,338	3,979	4,004	4,193	4,317	4,676	4,861	4,771	4,636	4,768	4,826	(39)
3,265	3,399	3,675	3,924	3,600	3,609	3,836	3,999	4,323	4,483	4,405	4,275	4,344	4,414	(40)
317	314	365	414	379	395	357	318	353	378	366	361	424	412	(41)
61	61	73	77	78	83	89	93	104	105	107	109	112	131	(42)
220	237	255	274	248	262	268	287	308	315	291	288	299	316	(43)
21	20	25	23	25	25	25	25	22	22	22	23	26	22	(44)
266	274	273	276	294	312	293	293	292	299	313	335	354	359	(45)
155	162	171	169	170	173	179	169	171	183	169	185	176	188	(46)
100	98	92	92	93	93	96	91	89	99	91	94	96	100	(47)
953	997	1,057	1,045	1,095	1,117	1,118	1,090	1,077	1,044	1,032	1,137	1,379	1,465	(48)
175	190	216	224	231	243	246	197	203	201	188	192	196	191	(49)
55	56	65	66	60	61	59	56	63	58	60	68	63	67	(50)
257	248	300	313	287	298	288	272	249	261	274	306	386	372	(51)
27	28	32	27	30	30	32	29	31	31	29	33	31	34	(52)
2,180	2,142	2,146	2,106	2,049	2,039	1,997	1,967	1,963	1,952	1,941	1,991	2,014	1,930	(53)
2,001	1,943	1,931	1,922	1,865	1,847	1,798	1,763	1,735	1,715	1,699	1,706	1,685	1,580	(54)
8,181	8,354	8,879	9,160	8,768	8,868	9,016	9,023	9,387	9,568	9,431	9,549	10,066	10,179	(55)
588	627	561	470	478	552	507	495	591	664	788	1,150	1,477	1,750	(56)
7,593	7,727	8,318	8,690	8,290	8,316	8,509	8,528	8,796	8,904	8,643	8,399	8,589	8,429	(57)
42	44	33	36	38	35	33	28	27	22	20	17	17	16	(58)
47	46	49	51	50	57	51	50	50	51	55	56	61	55	(59)
7,682	7,817	8,400	8,777	8,378	8,408	8,593	8,606	8,875	8,977	8,718	8,472	8,667	8,500	(60)
237	237	230	228	209	202	193	191	199	201	202	214	253	250	(61)
63	62	60	57	58	59	58	61	57	57	56	54	59	56	(62)
7,982	8,116	8,690	9,062	8,645	8,669	8,844	8,858	9,131	9,235	8,976	8,740	8,979	8,806	(63)

4 平成7年から、「光熱水料及び動力費」に含めていた「その他の諸材料費」を分離した。
5 平成10年から、家族労働評価をそれまでの男女別評価から男女同一評価に改正した。
6 平成16年度から、「農機具費」に含めていた「自動車費」を分離した。
7 平成19年度は、平成19年度税制改正における減価償却計算の見直しを行った結果を表章した。

累年統計表（続き）

4　子牛生産費

区　　　分	単位	平成2年	7	10	11	平成11年度	12	13	14	15	16
		(1)	(2)	(3)	(4)	(5)	(6)	(7)	(8)	(9)	(10)
子牛1頭当たり											
物　　財　　費 (1)	円	287,921	214,972	231,672	227,737	223,430	221,961	224,996	236,816	247,675	249,507
種　　付　　料 (2)	〃	10,308	11,667	13,338	14,639	14,403	13,610	13,438	14,890	15,260	16,062
飼　　料　　費 (3)	〃	178,694	103,197	114,754	108,827	106,705	105,610	108,698	111,944	118,710	122,474
うち流通飼料費 (4)	〃	78,138	72,487	82,983	74,703	71,250	70,341	73,453	74,659	78,765	81,087
敷　　料　　費 (5)	〃	15,883	12,108	9,526	9,727	9,279	9,068	9,121	8,467	8,557	8,172
光熱水料及び動力費 (6)	〃	3,312	3,116	4,256	4,055	4,135	4,261	4,352	4,562	4,848	5,255
その他の諸材料費 (7)	〃	…	641	555	581	506	509	501	611	647	613
獣医師料及び医薬品費 (8)	〃	8,074	8,585	10,590	11,130	10,981	10,914	11,155	12,068	12,331	12,918
賃借料及び料金 (9)	〃	7,588	7,491	8,421	8,224	8,316	8,567	8,806	9,343	9,471	10,291
物件税及び公課諸負担 (10)	〃	…	4,131	4,927	5,269	5,347	5,246	5,594	6,255	6,307	6,191
繁殖雌牛償却費 (11)	〃	45,582	46,719	45,663	45,324	43,850	44,470	42,259	46,241	47,746	44,015
建　　物　　費 (12)	〃	12,533	11,224	11,648	11,508	11,424	11,411	11,912	11,845	12,395	12,275
自　動　車　費 (13)	〃	…	…	…	…	…	…	…	…	…	3,605
農　機　具　費 (14)	〃	5,947	5,279	7,056	7,470	7,579	7,447	8,353	9,695	10,567	6,727
生　産　管　理　費 (15)	〃	…	814	938	983	905	848	807	895	836	909
労　　働　　費 (16)	〃	117,784	197,286	217,101	214,893	212,665	205,873	200,199	195,034	193,038	192,739
う　ち　家　族 (17)	〃	117,784	196,828	216,201	213,627	211,395	204,560	198,460	193,465	191,587	189,009
費　用　合　計 (18)	〃	405,705	412,258	448,773	442,630	436,095	427,834	425,195	431,850	440,713	442,246
副　産　物　価　額 (19)	〃	45,840	47,195	46,750	46,939	45,209	43,135	42,342	42,689	43,752	42,194
生産費（副産物価額差引） (20)	〃	359,865	365,063	402,023	395,691	390,886	384,699	382,853	389,161	396,961	400,052
支　払　利　子 (21)	〃	…	2,049	3,116	2,813	2,611	2,416	2,449	2,364	2,462	2,536
支　払　地　代 (22)	〃	…	2,856	3,840	3,955	3,980	3,897	4,216	4,100	3,808	3,502
支払利子・地代算入生産費 (23)	〃	…	369,968	408,979	402,459	397,477	391,012	389,518	395,625	403,231	406,090
自　己　資　本　利　子 (24)	〃	39,551	37,702	40,775	42,377	42,190	41,783	42,328	42,918	42,583	46,163
自　作　地　地　代 (25)	〃	22,449	15,881	14,898	14,511	13,740	13,372	13,092	11,939	11,440	11,078
資本利子・地代全額算入生産費（全算入生産費） (26)	〃	421,865	423,551	464,652	459,347	453,407	446,167	444,938	450,482	457,254	463,331
1経営体（戸）当たり											
繁殖雌牛飼養月平均頭数 (27)	頭	4.6	6.3	6.7	6.8	7.1	7.5	7.8	8.4	9.0	9.3
子牛1頭当たり											
販売時生体重 (28)	kg	287.2	276.3	280.9	283.0	285.7	288.4	284.6	282.5	280.4	278.6
販　売　価　格 (29)	円	467,025	318,300	347,581	352,525	355,528	360,880	308,892	356,539	392,320	437,408
労　　働　　時　　間 (30)	時間	130.7	159.04	154.66	153.41	152.14	144.64	143.32	142.63	141.28	140.40
計　　算　　期　　間 (31)	年	1.2	1.1	1.2	1.2	1.2	1.2	1.2	1.2	1.2	1.2
繁殖雌牛1頭当たり											
所　　　　　得 (32)	円	224,944	145,288	154,955	163,575	169,432	175,141	118,186	154,420	180,921	220,515
1日当たり											
所　　　　　得 (33)	〃	13,768	7,318	8,050	8,589	8,971	9,724	6,654	8,733	10,319	12,777
家　族　労　働　報　酬 (34)	〃	9,974	4,617	5,155	5,604	6,010	6,649	3,524	5,630	7,234	9,458

注：1　平成11年度～平成17年度は、既に公表した『平成12年　子牛生産費』～『平成18年　子牛生産費』のデータである。
　　2　平成3年から調査対象に外国種を含む。
　　3　「労働費のうち家族」について、平成3年までは調査対象経営体の所在するその地方の農村雇用賃金により評価し、平成4年から毎月勤
　　　　労統計調査（厚生労働省）結果を用いた評価に改訂した。
　　4　平成7年から飼育管理等の直接的な労働以外の労働（自給牧草生産に係る労働、資材等の購入付帯労働及び建物・農機具の修繕労働）を
　　　　間接労働として関係費目から分離し、「労働費」及び「労働時間」に計上した。

	17	18	19	20	21	22	23	24	25	26	27	28	29	30	
	(11)	(12)	(13)	(14)	(15)	(16)	(17)	(18)	(19)	(20)	(21)	(22)	(23)	(24)	
	251,797	259,302	289,061	337,195	335,321	344,498	356,136	358,838	376,129	381,831	377,010	377,890	390,050	410,599	(1)
	16,976	17,086	17,834	18,911	17,240	17,694	18,272	18,076	19,000	20,229	21,879	22,538	21,115	20,957	(2)
	123,236	128,829	149,593	178,616	171,771	176,385	186,126	189,527	208,274	213,612	215,489	219,716	228,586	237,620	(3)
	80,920	83,900	99,844	120,007	113,896	119,076	127,903	131,750	147,522	150,125	146,804	142,711	152,081	159,606	(4)
	7,761	7,624	7,533	7,490	7,737	7,907	7,712	8,367	7,811	8,192	8,472	8,688	9,196	8,517	(5)
	5,844	6,183	7,022	7,458	6,442	6,731	7,292	7,785	8,686	9,256	8,980	9,030	9,440	10,807	(6)
	677	529	618	531	636	658	624	604	645	765	448	599	581	522	(7)
	13,770	13,879	14,855	18,758	18,201	19,250	19,362	19,505	19,250	20,481	22,447	24,160	22,511	24,000	(8)
	10,914	10,761	10,845	10,873	11,085	11,772	11,913	11,387	12,406	12,598	13,473	12,255	13,525	15,126	(9)
	6,645	7,038	7,996	7,137	7,762	7,694	7,713	8,199	8,781	8,373	8,608	9,025	9,134	8,911	(10)
	41,335	43,307	41,090	53,850	61,481	64,351	64,181	65,365	60,740	57,560	43,059	35,659	38,266	45,300	(11)
	13,110	10,758	12,850	14,846	15,414	15,168	15,861	14,369	14,039	14,333	14,907	15,320	15,819	16,027	(12)
	3,720	3,963	6,123	5,504	6,004	5,597	6,010	5,466	5,751	5,518	6,360	6,829	6,905	7,080	(13)
	6,831	8,237	11,186	11,705	10,114	9,957	9,729	8,771	9,205	9,517	11,373	12,394	13,300	14,101	(14)
	978	1,108	1,516	1,516	1,434	1,334	1,341	1,417	1,541	1,397	1,515	1,677	1,672	1,631	(15)
	188,159	183,741	177,395	169,392	172,684	178,634	173,732	171,291	171,023	170,272	172,642	183,290	185,902	183,114	(16)
	183,486	180,049	173,582	165,794	169,851	175,696	170,928	168,380	167,854	166,373	169,233	178,485	180,281	177,635	(17)
	439,956	443,043	466,456	506,587	508,005	523,132	529,868	530,129	547,152	552,103	549,652	561,180	575,952	593,713	(18)
	39,903	39,129	33,208	31,118	30,530	30,940	29,932	28,165	26,858	25,951	26,578	28,062	24,844	22,364	(19)
	400,053	403,914	433,248	475,469	477,475	492,192	499,936	501,964	520,294	526,152	523,074	533,118	551,108	571,349	(20)
	2,647	2,956	3,063	2,024	1,835	1,854	1,764	1,841	1,659	1,748	1,788	1,796	1,685	1,660	(21)
	3,744	3,773	4,311	5,551	5,794	5,866	5,982	6,528	7,105	7,184	8,387	9,323	8,981	9,767	(22)
	406,444	410,643	440,622	483,044	485,104	499,912	507,682	510,333	529,058	535,084	533,249	544,237	561,774	582,776	(23)
	48,259	48,933	54,887	56,675	54,478	51,582	47,944	48,714	50,462	46,644	43,378	45,224	53,830	56,637	(24)
	11,203	13,490	14,098	12,802	12,588	12,779	13,504	13,229	13,476	13,951	13,713	15,273	13,169	11,556	(25)
	465,906	473,066	509,607	552,521	552,170	564,273	569,130	572,276	592,996	595,679	590,340	604,734	628,773	650,969	(26)
	9.5	9.9	10.5	11.9	11.3	11.9	12.1	12.3	12.6	12.9	13.6	13.9	14.5	15.7	(27)
	280.1	279.9	283.0	279.9	283.1	291.8	283.2	283.9	284.0	283.3	284.0	288.0	291.7	291.2	(28)
	466,151	481,065	467,958	375,320	350,796	373,635	385,497	402,523	483,432	552,157	668,630	784,652	754,495	740,368	(29)
	138.25	135.39	131.11	124.55	127.83	134.58	130.45	127.63	125.12	124.32	123.08	128.98	127.83	126.45	(30)
	1.2	1.2	1.2	1.2	1.2	1.2	1.1	1.2	1.2	1.2	1.2	1.2	1.2	1.0	(31)
	241,187	250,542	199,676	54,784	35,779	49,711	48,663	60,614	122,244	183,446	304,598	419,609	370,773	336,995	(32)
	14,432	15,101	12,595	3,729	2,273	3,006	3,041	3,875	8,016	12,178	20,281	26,825	24,094	22,013	(33)
	10,899	11,338	8,266	nc	nc	nc	nc	nc	3,823	8,155	16,480	22,951	19,764	17,538	(34)

5 平成7年から、「光熱水料及び動力費」に含めていた「その他の諸材料費」を分離した。
6 平成10年から、家族労働評価をそれまでの男女別評価から男女同一評価に改正した。
7 平成16年度から、「農機具費」に含めていた「自動車費」を分離した。
8 平成19年度は、平成19年度税制改正における減価償却計算の見直しを行った結果を表章した。

乳用雄育成牛生産費

累年統計表（続き）

5 乳用雄育成牛生産費

区　　　　　分	単位	平成2年	7	10	11	平成11年度	12	13	14	15	16
		(1)	(2)	(3)	(4)	(5)	(6)	(7)	(8)	(9)	(10)
乳用雄育成牛1頭当たり											
物　　財　　費 (1)	円	223,241	112,577	114,186	88,348	82,634	90,767	109,247	99,795	111,049	114,520
も　と　畜　費 (2)	〃	148,422	56,892	49,026	25,307	20,837	30,583	47,712	38,514	47,655	49,593
飼　　料　　費 (3)	〃	57,486	39,904	49,788	47,627	46,058	44,454	45,840	46,187	47,925	48,715
うち流通飼料費 (4)	〃	54,993	38,741	48,428	46,316	44,828	43,221	44,690	44,877	46,606	46,871
敷　　料　　費 (5)	〃	4,536	3,224	2,806	2,874	2,930	2,978	3,047	2,857	2,809	2,747
光熱水料及び動力費 (6)	〃	1,212	1,200	1,435	1,514	1,653	1,714	1,625	1,740	1,676	1,733
その他の諸材料費 (7)	〃	…	135	152	110	95	97	84	71	86	89
獣医師料及び医薬品費 (8)	〃	4,354	5,070	5,077	5,220	5,279	5,155	5,279	4,857	5,313	5,694
賃借料及び料金 (9)	〃	280	315	566	521	535	527	477	500	536	734
物件税及び公課諸負担 (10)	〃	…	628	587	599	594	617	597	629	591	698
建　　物　　費 (11)	〃	3,229	2,802	2,690	2,550	2,427	2,362	2,325	2,198	2,188	2,302
自　動　車　費 (12)	〃	…	…	…	…	…	…	…	…	…	423
農　機　具　費 (13)	〃	3,722	2,326	1,937	1,896	2,062	2,096	2,062	1,940	1,972	1,538
生　産　管　理　費 (14)	〃	…	81	122	130	164	184	199	302	298	254
労　　働　　費 (15)	〃	15,466	16,324	19,411	18,646	17,359	16,733	15,291	15,057	14,324	14,514
う　ち　家　族 (16)	〃	15,063	16,261	19,259	18,513	17,252	16,606	15,105	14,556	13,759	13,641
費　　用　　合　　計 (17)	〃	238,707	128,901	133,597	106,994	99,993	107,500	124,538	114,852	125,373	129,034
副　産　物　価　額 (18)	〃	5,750	3,233	3,270	3,062	2,884	2,898	2,451	2,566	2,454	3,067
生産費（副産物価額差引） (19)	〃	232,957	125,668	130,327	103,932	97,109	104,602	122,087	112,286	122,919	125,967
支　払　利　子 (20)	〃	…	786	1,098	1,136	1,104	1,004	916	999	929	1,183
支　払　地　代 (21)	〃	…	109	127	137	146	143	144	137	172	162
支払利子・地代算入生産費 (22)	〃	…	126,563	131,552	105,205	98,359	105,749	123,147	113,422	124,020	127,312
自　己　資　本　利　子 (23)	〃	3,484	1,906	1,539	1,405	1,328	1,447	1,608	1,411	1,491	1,779
自　作　地　地　代 (24)	〃	947	599	710	638	625	631	621	628	669	669
資本利子・地代全額算入生産費（全算入生産費） (25)	〃	237,388	129,068	133,801	107,248	100,312	107,827	125,376	115,461	126,180	129,760
1経営体（戸）当たり											
飼養月平均頭数 (26)	頭	51.5	78.2	83.2	86.1	94.5	100.7	115.6	140.6	176.5	162.8
乳用雄育成牛1頭当たり											
販　売　時　生　体　重 (27)	kg	268.7	247.4	281.0	281.5	282.9	279.4	291.8	288.7	287.2	273.9
販　　売　　価　　格 (28)	円	254,568	65,506	109,506	66,303	60,860	89,775	63,352	70,227	55,662	72,649
労　　働　　時　　間 (29)	時間	14.5	11.57	11.75	11.42	10.66	10.18	9.49	9.39	9.09	9.12
育　　成　　期　　間 (30)	月	6.6	5.7	6.6	6.6	6.7	6.4	6.6	6.5	6.4	6.1
所　　　　　　得 (31)	円	36,674	△ 44,796	△ 2,787	△ 20,389	△ 20,247	632	△ 44,690	△ 28,639	△ 54,599	△ 41,022
1日当たり											
所　　　　　　得 (32)	〃	20,957	nc	nc	nc	nc	501	nc	nc	nc	nc
家　族　労　働　報　酬 (33)	〃	18,425	nc	nc	nc	nc	nc	nc	nc	nc	nc

注： 1　平成11年度〜平成17年度は、既に公表した『平成12年　乳用雄育成牛生産費』〜『平成18年　乳用雄育成牛生産費』のデータである。
　　 2　「労働費のうち家族」について、平成3年までは調査対象経営体の所在するその地方の農村雇用賃金により評価し、平成4年から毎月勤労統計調査（厚生労働省）結果を用いた評価に改訂した。
　　 3　平成7年から飼育管理等の直接的な労働以外の労働（自給牧草生産に係る労働、資材等の購入付帯労働及び建物・農機具の修繕労働）を間接労働として関係費目から分離し、「労働費」及び「労働時間」に計上した。

17	18	19	20	21	22	23	24	25	26	27	28	29	30	
(11)	(12)	(13)	(14)	(15)	(16)	(17)	(18)	(19)	(20)	(21)	(22)	(23)	(24)	
118,032	116,304	127,227	119,072	107,390	110,869	128,474	121,673	136,925	146,178	155,561	203,139	204,775	233,042	(1)
52,520	48,320	49,088	30,533	30,034	29,735	44,012	37,061	46,525	50,622	58,911	112,465	116,405	145,356	(2)
48,215	50,558	61,099	71,066	61,405	61,267	64,150	64,804	71,162	74,606	72,593	63,406	64,396	64,840	(3)
46,290	48,675	58,742	66,607	58,994	57,933	61,021	62,950	69,186	72,573	69,615	62,189	60,900	61,924	(4)
2,651	2,980	3,191	3,645	4,599	6,150	6,439	6,334	6,124	5,974	6,337	7,432	8,744	9,038	(5)
1,841	2,032	2,273	1,560	1,667	2,098	2,338	2,407	2,569	2,678	2,545	2,308	2,514	2,612	(6)
99	44	50	26	56	51	100	66	44	67	87	76	23	7	(7)
6,215	5,566	5,553	6,432	4,076	5,207	5,030	5,180	5,008	5,804	6,571	8,797	5,507	5,103	(8)
802	901	884	634	703	1,125	1,261	1,287	872	1,058	1,087	1,369	828	828	(9)
770	846	789	638	727	879	958	771	784	792	859	774	939	953	(10)
2,593	2,469	1,878	2,016	2,084	2,295	2,072	1,720	1,971	2,400	3,139	2,928	2,511	1,583	(11)
496	587	430	515	454	576	552	467	437	505	970	860	708	559	(12)
1,614	1,784	1,853	1,858	1,424	1,250	1,363	1,419	1,255	1,519	2,239	2,552	2,020	1,968	(13)
216	217	139	149	161	236	199	157	174	153	223	172	180	195	(14)
13,447	13,106	11,878	11,773	9,893	11,053	10,243	9,666	9,802	9,881	10,499	9,341	11,257	10,639	(15)
12,294	11,629	11,265	11,643	9,432	10,198	9,390	8,633	8,809	8,572	9,209	7,052	10,111	9,080	(16)
131,479	129,410	139,105	130,845	117,283	121,922	138,717	131,339	146,727	156,059	166,060	212,480	216,032	243,681	(17)
2,785	2,831	2,298	1,761	2,971	3,740	3,338	2,219	2,499	1,738	2,285	1,125	3,911	3,168	(18)
128,694	126,579	136,807	129,084	114,312	118,182	135,379	129,120	144,228	154,321	163,775	211,355	212,121	240,513	(19)
1,223	1,283	1,311	261	1,397	906	821	1,023	1,011	917	797	521	632	563	(20)
156	138	158	113	58	52	137	110	121	131	151	173	181	173	(21)
130,073	128,000	138,276	129,458	115,767	119,140	136,337	130,253	145,360	155,369	164,723	212,049	212,934	241,249	(22)
1,809	1,850	1,662	2,384	942	1,110	1,297	1,063	1,042	1,576	1,719	2,007	1,327	1,441	(23)
714	721	498	645	453	621	565	407	383	417	478	384	477	397	(24)
132,596	130,571	140,436	132,487	117,162	120,871	138,199	131,723	146,785	157,362	166,920	214,440	214,738	243,087	(25)
178.2	176.1	180.5	165.3	225.5	177.2	212.8	225.4	217.7	200.2	170.9	258.6	226.8	236.9	(26)
273.3	272.3	270.6	276.4	299.2	300.9	300.0	298.4	299.0	301.5	304.0	303.4	300.4	299.9	(27)
107,251	124,625	110,500	95,583	99,601	97,178	107,037	109,577	145,390	152,673	228,788	241,333	234,811	257,965	(28)
8.63	8.80	8.08	7.72	6.60	7.52	6.75	6.39	6.48	6.50	6.73	5.67	6.64	6.12	(29)
6.0	6.0	6.0	6.0	6.4	6.6	6.5	6.3	6.3	6.4	6.6	6.3	6.2	6.4	(30)
△ 10,528	8,254	△ 16,511	△ 22,232	△ 6,734	△ 11,764	△ 19,910	△ 12,043	8,839	5,876	73,274	36,336	31,988	25,796	(31)
nc	8,734	nc	nc	nc	nc	nc	nc	12,787	8,836	102,841	69,377	44,274	41,523	(32)
nc	6,014	nc	nc	nc	nc	nc	nc	10,725	5,839	99,757	64,811	41,777	38,564	(33)

4 平成7年から、「光熱水料及び動力費」に含めていた「その他の諸材料費」を分離した。
5 平成10年から、家族労働評価をそれまでの男女別評価から男女同一評価に改正した。
6 平成16年度から、「農機具費」に含めていた「自動車費」を分離した。
7 平成19年度は、平成19年度税制改正における減価償却計算の見直しを行った結果を表章した。

累年統計表（続き）

6 交雑種育成牛生産費

区 分	単位	平成11年度	12	13	14	15	16	17	18
		(1)	(2)	(3)	(4)	(5)	(6)	(7)	(8)
交雑種育成牛1頭当たり									
物　　　財　　　費 (1)	円	133,672	140,966	177,367	158,889	194,005	198,071	209,387	227,516
も　　　と　　　畜　　　費 (2)	〃	67,207	76,932	110,827	92,339	126,636	128,454	139,783	156,533
飼　　　料　　　費 (3)	〃	49,538	47,257	49,561	49,939	50,428	52,034	51,260	53,499
う　ち　流　通　飼　料　費 (4)	〃	48,838	46,561	48,904	49,171	49,598	50,691	49,873	51,991
敷　　　料　　　費 (5)	〃	3,287	3,140	3,407	3,242	3,380	3,147	3,072	2,977
光 熱 水 料 及 び 動 力 費 (6)	〃	1,734	1,849	1,751	1,669	1,651	1,918	2,115	2,229
そ の 他 の 諸 材 料 費 (7)	〃	161	160	149	145	131	141	97	72
獣 医 師 料 及 び 医 薬 品 費 (8)	〃	5,127	4,995	4,999	4,901	5,104	5,107	5,191	4,760
賃 借 料 及 び 料 金 (9)	〃	405	408	439	465	478	715	814	898
物 件 税 及 び 公 課 諸 負 担 (10)	〃	684	699	754	690	660	960	1,058	887
建　　　物　　　費 (11)	〃	2,804	2,766	2,630	2,868	2,811	2,930	3,085	2,593
自　　　動　　　車　　　費 (12)	〃	…	…	…	…	…	1,440	1,534	1,444
農　　機　　具　　費 (13)	〃	2,567	2,598	2,683	2,494	2,581	1,016	1,138	1,333
生　産　管　理　費 (14)	〃	158	162	167	137	145	209	240	291
労　　　働　　　費 (15)	〃	19,444	18,716	16,570	15,992	15,552	16,431	16,381	14,849
う　　　ち　　　家　　　族 (16)	〃	18,079	17,383	14,125	13,522	12,416	13,721	12,729	11,854
費　　　用　　　合　　　計 (17)	〃	153,116	159,682	193,937	174,881	209,557	214,502	225,768	242,365
副　産　物　価　額 (18)	〃	2,921	2,865	2,509	2,352	2,523	2,913	2,560	2,631
生 産 費 （ 副 産 物 価 額 差 引 ） (19)	〃	150,195	156,817	191,428	172,529	207,034	211,589	223,208	239,734
支　　　払　　　利　　　子 (20)	〃	1,373	1,267	1,190	1,278	1,164	1,240	1,279	1,096
支　　　払　　　地　　　代 (21)	〃	109	107	92	160	171	234	237	197
支 払 利 子 ・ 地 代 算 入 生 産 費 (22)	〃	151,677	158,191	192,710	173,967	208,369	213,063	224,724	241,027
自　己　資　本　利　子 (23)	〃	1,960	1,862	2,048	1,734	1,863	2,070	2,273	2,368
自　作　地　地　代 (24)	〃	555	537	516	498	528	528	493	595
資 本 利 子 ・ 地 代 全 額 算 入 生 産 費 （ 全 算 入 生 産 費 ） (25)	〃	154,192	160,590	195,274	176,199	210,760	215,661	227,490	243,990
1経営体（戸）当たり									
飼 養 月 平 均 頭 数 (26)	頭	87.6	91.0	106.5	121.3	138.1	130.5	132.8	115.4
交雑種育成牛1頭当たり									
販　売　時　生　体　重 (27)	kg	261.4	254.6	262.0	259.3	262.9	261.8	265.4	265.8
販　　　売　　　価　　　格 (28)	円	136,402	170,936	151,810	187,667	210,900	232,393	250,303	261,000
労　　　働　　　時　　　間 (29)	時間	11.96	11.61	10.44	10.36	9.94	10.52	10.22	9.57
育　　　成　　　期　　　間 (30)	月	7.3	6.7	6.9	6.7	6.8	6.7	6.6	6.3
所　　　　　　　得 (31)	円	2,804	30,128	△ 26,775	27,222	14,947	33,051	38,308	31,827
1日当たり									
所　　　　　　　得 (32)	〃	2,023	22,674	nc	25,531	15,060	30,184	37,603	33,067
家　族　労　働　報　酬 (33)	〃	208	20,868	nc	23,437	12,651	27,811	34,888	29,989

注：1　平成11年度～平成17年度は、既に公表した『平成12年　交雑種育成牛生産費』～『平成18年　交雑種育成牛生産費』のデータである。
　　2　平成16年度から、「農機具費」に含めていた「自動車費」を分離した。
　　3　平成19年度は、平成19年度税制改正における減価償却計算の見直しを行った結果を表章した。

19	20	21	22	23	24	25	26	27	28	29	30	
(9)	(10)	(11)	(12)	(13)	(14)	(15)	(16)	(17)	(18)	(19)	(20)	
224,133	190,083	184,180	204,859	239,872	207,905	240,109	266,340	274,350	318,871	354,754	331,266	(1)
141,074	99,008	101,007	120,230	149,616	118,218	142,902	165,626	175,626	225,898	258,486	229,783	(2)
65,402	71,812	63,429	64,966	70,380	71,983	76,473	79,279	78,135	72,344	74,167	77,717	(3)
63,356	69,656	62,646	63,635	69,377	70,725	75,365	78,014	77,310	70,970	72,554	75,158	(4)
2,410	2,794	3,664	3,683	4,088	4,863	4,964	5,553	6,336	5,412	5,327	5,539	(5)
2,384	2,243	1,803	1,966	2,222	3,135	3,424	3,474	3,188	3,038	3,692	4,016	(6)
79	82	64	32	53	68	57	33	17	25	42	34	(7)
4,534	5,725	6,076	6,387	6,442	3,759	5,778	5,785	4,756	5,149	5,417	6,166	(8)
1,005	1,099	623	571	642	494	507	586	532	578	603	667	(9)
1,008	997	962	880	1,065	919	906	955	863	954	813	843	(10)
2,690	3,189	3,728	3,274	2,705	2,278	2,038	2,297	1,992	2,349	2,661	2,981	(11)
1,599	980	731	1,086	991	831	1,051	849	1,119	1,342	1,326	1,212	(12)
1,595	1,823	1,848	1,516	1,537	1,150	1,509	1,376	1,246	1,479	1,955	2,090	(13)
353	331	245	268	131	207	500	527	540	303	265	218	(14)
14,756	14,466	14,123	14,955	14,898	15,492	15,880	15,722	14,609	14,445	15,293	14,968	(15)
11,879	13,583	13,307	14,446	14,097	12,540	12,156	11,643	9,121	9,640	11,935	11,758	(16)
238,889	204,549	198,303	219,814	254,770	223,397	255,989	282,062	288,959	333,316	370,047	346,234	(17)
2,380	2,334	2,456	2,535	3,017	4,100	1,947	2,088	1,743	2,485	3,694	4,410	(18)
236,509	202,215	195,847	217,279	251,753	219,297	254,042	279,974	287,216	330,831	366,353	341,824	(19)
1,135	2,002	932	906	2,227	883	1,035	1,275	774	921	800	754	(20)
170	199	161	363	94	41	45	58	64	83	233	333	(21)
237,814	204,416	196,940	218,548	254,074	220,221	255,122	281,307	288,054	331,835	367,386	342,911	(22)
2,452	1,216	2,226	2,264	1,846	1,468	2,704	3,258	3,710	2,892	3,272	3,317	(23)
502	606	714	730	622	581	454	415	230	517	799	825	(24)
240,768	206,238	199,880	221,542	256,542	222,270	258,280	284,980	291,994	335,244	371,457	347,053	(25)
136.0	109.1	91.4	90.7	97.8	99.6	91.8	99.7	104.2	108.7	106.7	117.3	(26)
276.7	284.9	283.1	287.7	278.0	288.9	283.9	284.9	297.6	293.2	300.3	301.5	(27)
225,204	170,761	204,737	245,755	227,598	220,752	281,517	302,219	353,723	379,461	371,982	391,522	(28)
9.55	10.22	10.42	10.79	10.46	10.63	10.86	10.72	10.31	9.88	9.90	9.28	(29)
6.4	6.4	6.3	6.4	6.4	6.4	6.4	6.4	6.8	6.6	6.8	6.9	(30)
△ 731	△ 20,072	21,104	41,653	△ 12,379	13,071	38,551	32,555	74,790	57,266	16,531	60,369	(31)
nc	nc	17,923	32,541	nc	12,375	38,169	34,134	100,558	74,371	18,166	71,655	(32)
nc	nc	15,426	30,202	nc	10,435	35,043	30,283	95,261	69,944	13,692	66,738	(33)

累年統計表（続き）

7　去勢若齢肥育牛生産費

区　　　　　分	単位	平成2年	7	10	11	平 成 11年度	12	13	14	15	16
		(1)	(2)	(3)	(4)	(5)	(6)	(7)	(8)	(9)	(10)
去勢若齢肥育牛1頭当たり											
物　　財　　費 (1)	円	733,657	623,171	665,693	665,236	657,909	658,627	679,295	687,872	632,668	719,836
も　　と　　畜　　費 (2)	〃	473,675	385,928	403,001	412,988	413,431	415,671	429,837	434,010	364,453	437,530
飼　　　料　　　費 (3)	〃	212,143	184,537	207,657	197,166	188,725	187,526	193,222	198,060	208,707	221,686
うち　流　通　飼　料　費 (4)	〃	196,598	178,773	203,134	193,029	185,614	184,483	190,455	195,693	206,647	219,764
敷　　　料　　　費 (5)	〃	14,357	12,584	12,414	12,410	12,472	11,960	12,226	11,367	11,871	10,890
光 熱 水 料 及 び 動 力 費 (6)	〃	4,622	4,657	5,310	5,342	5,849	6,044	6,193	6,318	7,536	8,087
その他の諸材料費 (7)	〃	…	383	319	406	452	432	373	392	423	575
獣 医 師 料 及 び 医 薬 品 費 (8)	〃	5,097	5,331	5,744	6,011	6,155	6,153	6,135	5,859	6,823	6,811
賃 借 料 及 び 料 金 (9)	〃	1,280	1,709	2,040	2,217	2,298	2,385	2,512	2,321	3,044	3,458
物 件 税 及 び 公 課 諸 負 担 (10)	〃	…	4,271	4,982	5,242	5,249	5,313	5,388	5,213	5,207	5,456
建　　　物　　　費 (11)	〃	11,116	12,009	11,017	10,911	10,723	10,623	11,058	11,370	11,323	11,913
自　　動　　車　　費 (12)	〃	…	…	…	…	…	…	…	…	…	4,886
農　　機　　具　　費 (13)	〃	11,367	10,644	12,158	11,334	11,237	11,326	11,214	11,741	12,044	7,256
生　産　管　理　費 (14)	〃	…	1,118	1,051	1,209	1,318	1,194	1,137	1,221	1,237	1,288
労　　　働　　　費 (15)	〃	80,746	103,918	98,778	92,249	87,472	85,074	83,232	81,829	80,127	80,851
う　　ち　　家　　族 (16)	〃	80,632	102,358	96,555	90,269	85,555	83,103	81,278	78,610	74,791	76,787
費　　用　　合　　計 (17)	〃	814,403	727,089	764,471	757,485	745,381	743,701	762,527	769,701	712,795	800,687
副　産　物　価　額 (18)	〃	36,310	27,179	21,056	19,196	18,666	17,923	16,133	15,951	17,533	18,059
生産費（副産物価額差引）(19)	〃	778,093	699,910	743,415	738,289	726,715	725,778	746,394	753,750	695,262	782,628
支　　払　　利　　子 (20)	〃	…	8,492	10,024	10,836	11,746	12,102	12,995	13,409	12,393	12,907
支　　払　　地　　代 (21)	〃	…	547	401	332	360	334	315	376	527	442
支 払 利 子・地 代 算 入 生 産 費 (22)	〃	…	708,949	753,840	749,457	738,821	738,214	759,704	767,535	708,182	795,977
自　己　資　本　利　子 (23)	〃	22,950	17,283	16,421	15,239	14,297	13,583	13,839	10,868	11,186	10,802
自　作　地　地　代 (24)	〃	3,985	3,095	2,934	2,860	2,788	2,626	2,530	2,487	2,551	2,732
資本利子・地代全額算入 生産費（全算入生産費）(25)	〃	805,028	729,327	773,195	767,556	755,906	754,423	776,073	780,890	721,919	809,511
1経営体（戸）当たり											
飼　養　月　平　均　頭　数 (26)	頭	14.7	25.1	31.2	33.9	36.0	38.6	40.3	44.7	46.1	44.7
去勢若齢肥育牛1頭当たり											
販　売　時　生　体　重 (27)	kg	671.8	688.5	682.9	680.5	685.1	685.8	696.4	696.9	707.6	713.0
販　　売　　価　　格 (28)	円	875,792	721,243	770,745	738,234	719,032	714,577	611,607	705,686	787,591	867,486
労　　働　　時　　間 (29)	時間	78.3	75.90	65.69	62.25	59.12	57.27	56.29	55.98	55.63	55.89
肥　　育　　期　　間 (30)	月	19.8	20.2	20.2	20.1	20.2	20.2	20.5	20.5	20.0	19.5
所　　　　　得 (31)	円	178,331	114,652	113,460	79,046	65,766	59,466	△ 66,819	16,761	154,200	148,296
1日当たり											
所　　　　　得 (32)	〃	18,244	12,322	14,319	10,582	9,266	8,669	nc	2,548	24,207	22,671
家　族　労　働　報　酬 (33)	〃	15,488	10,132	11,876	8,159	6,859	6,306	nc	518	22,051	20,602

注：1　平成11年度～平成17年度は、既に公表した『平成12年　去勢若齢肥育牛生産費』～『平成18年　去勢若齢肥育牛生産費』のデータである。
　　2　「労働費のうち家族」について、平成3年までは調査対象経営体の所在するその地方の農村雇用賃金により評価し、平成4年から毎月勤労統計調査（厚生労働省）結果を用いた評価に改訂した。
　　3　平成7年から飼育管理等の直接的な労働以外の労働（自給牧草生産に係る労働、資材等の購入付帯労働及び建物・農機具の修繕労働）を間接労働として関係費目から分離し、「労働費」及び「労働時間」に計上した。

17	18	19	20	21	22	23	24	25	26	27	28	29	30	
(11)	(12)	(13)	(14)	(15)	(16)	(17)	(18)	(19)	(20)	(21)	(22)	(23)	(24)	
745,104	803,969	889,932	966,785	878,746	782,412	802,352	825,976	853,714	907,454	982,100	1,054,763	1,165,338	1,293,885	(1)
463,273	507,593	542,550	561,339	523,902	433,948	437,761	455,240	457,457	507,188	585,251	669,604	780,702	894,275	(2)
221,191	232,738	280,161	335,141	285,016	275,273	290,201	298,818	324,806	328,177	324,077	304,977	306,403	319,345	(3)
218,968	230,363	278,003	332,649	282,229	272,459	287,945	296,540	323,716	327,025	322,496	303,224	304,695	318,290	(4)
10,857	11,283	11,806	11,815	12,848	13,658	13,800	13,192	12,101	12,336	12,462	12,697	11,991	12,579	(5)
8,597	8,952	9,710	9,777	9,203	10,008	10,834	11,493	12,295	12,632	11,886	11,644	12,272	12,978	(6)
403	443	467	411	414	366	370	350	327	247	197	174	200	292	(7)
6,722	8,146	8,068	8,224	8,004	8,148	7,729	8,200	7,981	8,033	8,813	11,180	10,754	10,424	(8)
4,488	4,238	4,218	3,656	3,919	4,294	4,165	4,421	4,147	4,316	4,630	5,508	5,491	6,704	(9)
5,256	5,678	5,140	5,004	5,002	5,331	5,571	5,701	5,738	5,384	5,141	5,348	5,628	5,324	(10)
11,329	11,732	12,815	14,439	13,861	14,088	15,421	12,056	12,919	12,661	12,819	13,306	12,702	12,804	(11)
4,894	5,028	5,595	6,203	6,130	6,520	6,184	6,216	5,655	5,562	5,944	7,576	6,730	5,911	(12)
6,853	6,855	7,962	8,810	8,664	9,004	8,673	8,662	8,746	9,295	9,131	10,632	10,484	11,494	(13)
1,241	1,283	1,440	1,966	1,783	1,774	1,643	1,627	1,542	1,623	1,749	2,117	1,981	1,755	(14)
76,440	75,109	74,713	72,751	72,568	74,130	72,151	71,732	71,241	70,891	76,862	79,134	76,059	75,799	(15)
71,689	69,342	69,413	68,065	67,694	69,275	67,643	67,198	65,923	65,149	70,105	72,876	69,453	68,390	(16)
821,544	879,078	964,645	1,039,536	951,314	856,542	874,503	897,708	924,955	978,345	1,058,962	1,133,897	1,241,397	1,369,684	(17)
16,522	15,332	14,738	11,564	11,137	10,949	11,098	10,266	9,437	10,081	10,861	10,929	9,586	8,598	(18)
805,022	863,746	949,907	1,027,972	940,177	845,593	863,405	887,442	915,518	968,264	1,048,101	1,122,968	1,231,811	1,361,086	(19)
11,980	11,845	13,498	14,236	13,469	10,970	11,690	11,692	12,741	13,330	12,266	13,768	12,120	18,275	(20)
480	430	345	379	351	413	441	465	439	460	413	542	461	484	(21)
817,482	876,021	963,750	1,042,587	953,997	856,976	875,536	899,599	928,698	982,054	1,060,780	1,137,278	1,244,392	1,379,845	(22)
10,817	12,930	10,834	10,456	9,519	9,686	8,909	7,952	7,514	7,362	7,592	6,669	6,886	7,323	(23)
2,617	2,957	2,375	2,267	2,480	2,430	2,660	2,508	2,192	2,123	2,379	2,954	2,652	2,146	(24)
830,916	891,908	976,959	1,055,310	965,996	869,092	887,105	910,059	938,404	991,539	1,070,751	1,146,901	1,253,930	1,389,314	(25)
45.9	48.3	52.6	55.3	57.7	58.2	61.6	63.0	67.7	69.4	65.3	69.2	72.7	72.0	(26)
713.8	716.0	725.7	738.5	750.2	751.6	756.5	755.7	757.6	761.0	768.8	778.5	782.2	794.9	(27)
915,794	934,191	934,149	867,041	817,943	829,297	787,812	836,272	907,897	1,016,759	1,207,278	1,313,694	1,298,384	1,365,496	(28)
53.52	53.23	53.14	51.85	51.55	53.46	52.31	50.92	49.29	48.72	51.69	52.07	49.82	49.72	(29)
19.5	19.8	20.0	19.8	20.2	20.0	19.9	20.0	20.1	20.0	20.0	20.3	20.3	20.0	(30)
170,001	127,512	39,812	△ 107,481	△ 68,360	41,596	△ 20,081	3,871	45,122	99,854	216,603	249,292	123,445	54,041	(31)
27,592	21,195	6,587	nc	nc	6,816	nc	665	8,103	18,259	37,540	42,469	22,148	9,873	(32)
25,412	18,554	4,402	nc	nc	4,831	nc	nc	6,360	16,525	35,811	40,829	20,436	8,143	(33)

4 平成7年から、「光熱水料及び動力費」に含めていた「その他の諸材料費」を分離した。
5 平成10年から、家族労働評価をそれまでの男女別評価から男女同一評価に改正した。
6 平成16年度から、「農機具費」に含めていた「自動車費」を分離した。
7 平成19年度は、平成19年度税制改正における減価償却計算の見直しを行った結果を表章した。

累年統計表（続き）

7　去勢若齢肥育牛生産費（続き）

去勢若齢肥育牛生体100kg当たり

区　　分	単位	平成2年 (1)	7 (2)	10 (3)	11 (4)	平成11年度 (5)	12 (6)	13 (7)	14 (8)	15 (9)	16 (10)
物　財　費 (34)	円	109,210	90,509	97,475	97,764	96,024	96,031	97,543	98,712	89,408	100,955
も　と　畜　費 (35)	〃	70,508	56,052	59,011	60,692	60,343	60,607	61,722	62,282	51,504	61,363
飼　料　費 (36)	〃	31,579	26,803	30,407	28,976	27,545	27,341	27,746	28,422	29,494	31,091
うち　流通飼料費 (37)	〃	29,265	25,966	29,745	28,368	27,091	26,898	27,349	28,082	29,203	30,821
敷　料　費 (38)	〃	2,137	1,828	1,817	1,824	1,820	1,744	1,756	1,631	1,678	1,528
光熱水料及び動力費 (39)	〃	688	676	778	785	854	881	889	907	1,065	1,134
その他の諸材料費 (40)	〃	…	56	46	60	66	63	53	56	60	81
獣医師料及び医薬品費 (41)	〃	759	774	841	883	898	897	881	841	964	955
賃借料及び料金 (42)	〃	191	248	299	326	335	348	361	333	430	485
物件税及び公課諸負担 (43)	〃	…	620	730	770	766	775	774	748	736	765
建　物　費 (44)	〃	1,655	1,744	1,613	1,604	1,565	1,549	1,587	1,632	1,600	1,670
自　動　車　費 (45)	〃	…	…	…	…	…	…	…	…	…	685
農　機　具　費 (46)	〃	1,693	1,546	1,780	1,666	1,640	1,651	1,610	1,685	1,702	1,018
生　産　管　理　費 (47)	〃	…	162	153	178	192	175	164	175	175	180
労　働　費 (48)	〃	12,019	15,093	14,465	13,556	12,767	12,406	11,951	11,742	11,323	11,339
う　ち　家　族 (49)	〃	12,002	14,866	14,139	13,265	12,487	12,118	11,671	11,280	10,569	10,769
費　用　合　計 (50)	〃	121,229	105,602	111,940	111,320	108,791	108,437	109,494	110,454	100,731	112,294
副　産　物　価　額 (51)	〃	5,405	3,948	3,083	2,821	2,724	2,613	2,317	2,289	2,478	2,533
生産費（副産物価額差引） (52)	〃	115,824	101,654	108,857	108,499	106,067	105,824	107,177	108,165	98,253	109,761
支　払　利　子 (53)	〃	…	1,233	1,468	1,592	1,714	1,765	1,866	1,924	1,751	1,810
支　払　地　代 (54)	〃	…	79	59	49	53	49	45	54	74	62
支払利子・地代算入生産費 (55)	〃	…	102,966	110,384	110,140	107,834	107,638	109,088	110,143	100,078	111,633
自　己　資　本　利　子 (56)	〃	3,416	2,510	2,404	2,239	2,087	1,980	1,987	1,560	1,581	1,515
自　作　地　地　代 (57)	〃	593	449	430	420	407	383	363	357	361	383
資本利子・地代全額算入生産費（全算入生産費） (58)	〃	119,833	105,925	113,218	112,799	110,328	110,001	111,438	112,060	102,020	113,531

注：1　平成11年度～平成17年度は、既に公表した『平成12年　去勢若齢肥育牛生産費』～『平成18年　去勢若齢肥育牛生産費』のデータである。
　　2　「労働費のうち家族」について、平成3年までは調査対象経営体の所在するその地方の農村雇用賃金により評価し、平成4年から毎月勤労統計調査（厚生労働省）結果を用いた評価に改訂した。
　　3　平成7年から飼育管理等の直接的な労働以外の労働（自給牧草生産に係る労働、資材等の購入付帯労働及び建物・農機具の修繕労働）を間接労働として関係費目から分離し、「労働費」及び「労働時間」に計上した。

17	18	19	20	21	22	23	24	25	26	27	28	29	30	
(11)	(12)	(13)	(14)	(15)	(16)	(17)	(18)	(19)	(20)	(21)	(22)	(23)	(24)	
104,377	112,282	122,637	130,909	117,140	104,108	106,056	109,303	112,681	119,242	127,752	135,490	148,977	162,776	(34)
64,898	70,890	74,767	76,008	69,838	57,740	57,864	60,243	60,380	66,646	76,130	86,014	99,805	112,503	(35)
30,986	32,504	38,608	45,380	37,993	36,628	38,359	39,543	42,871	43,123	42,157	39,176	39,170	40,175	(36)
30,675	32,172	38,311	45,043	37,622	36,253	38,061	39,242	42,727	42,972	41,951	38,951	38,952	40,042	(37)
1,521	1,576	1,627	1,600	1,713	1,817	1,824	1,746	1,597	1,621	1,621	1,631	1,533	1,582	(38)
1,204	1,250	1,338	1,324	1,227	1,332	1,432	1,521	1,623	1,660	1,546	1,496	1,569	1,633	(39)
56	62	64	56	55	48	49	46	43	32	26	22	26	37	(40)
942	1,138	1,112	1,114	1,067	1,084	1,022	1,085	1,053	1,056	1,146	1,436	1,375	1,311	(41)
629	592	581	495	522	571	550	585	547	567	602	708	702	843	(42)
736	793	708	677	667	709	736	754	757	707	669	687	720	670	(43)
1,587	1,638	1,766	1,956	1,847	1,875	2,039	1,595	1,705	1,664	1,667	1,709	1,624	1,611	(44)
685	703	771	840	817	869	818	823	747	731	773	973	860	744	(45)
960	957	1,097	1,193	1,156	1,199	1,146	1,147	1,155	1,222	1,187	1,366	1,340	1,446	(46)
173	179	198	266	238	236	217	215	203	213	228	272	253	221	(47)
10,708	10,490	10,295	9,850	9,674	9,864	9,536	9,492	9,403	9,315	9,998	10,166	9,723	9,538	(48)
10,043	9,684	9,565	9,216	9,024	9,218	8,941	8,892	8,702	8,561	9,119	9,362	8,879	8,606	(49)
115,085	122,772	132,932	140,759	126,814	113,972	115,592	118,795	122,084	128,557	137,750	145,656	158,700	172,314	(50)
2,314	2,141	2,031	1,566	1,485	1,457	1,467	1,358	1,246	1,325	1,413	1,404	1,225	1,082	(51)
112,771	120,631	130,901	139,193	125,329	112,515	114,125	117,437	120,838	127,232	136,337	144,252	157,475	171,232	(52)
1,678	1,654	1,860	1,928	1,795	1,460	1,545	1,547	1,682	1,752	1,596	1,769	1,549	2,299	(53)
67	60	48	51	47	55	58	62	58	60	54	70	59	61	(54)
114,516	122,345	132,809	141,172	127,171	114,030	115,728	119,046	122,578	129,044	137,987	146,091	159,083	173,592	(55)
1,515	1,806	1,493	1,416	1,269	1,289	1,178	1,052	992	967	988	857	880	921	(56)
367	413	327	307	330	323	352	332	289	279	310	379	339	270	(57)
116,398	124,564	134,629	142,895	128,770	115,642	117,258	120,430	123,859	130,290	139,285	147,327	160,302	174,783	(58)

4 平成7年から、「光熱水料及び動力費」に含めていた「その他の諸材料費」を分離した。
5 平成10年から、家族労働評価をそれまでの男女別評価から男女同一評価に改正した。
6 平成16年度から、「農機具費」に含めていた「自動車費」を分離した。
7 平成19年度は、平成19年度税制改正における減価償却計算の見直しを行った結果を表章した。

累年統計表（続き）

8 乳用雄肥育牛生産費

区分	単位	平成2年	7	10	11	平成11年度	12	13	14	15	16
		(1)	(2)	(3)	(4)	(5)	(6)	(7)	(8)	(9)	(10)
乳用雄肥育牛1頭当たり											
物財費 (1)	円	472,981	315,463	365,019	352,365	318,332	290,072	312,790	332,674	299,089	298,361
もと畜費 (2)	〃	251,648	113,258	137,165	134,233	110,710	84,522	100,621	110,504	71,674	68,648
飼料費 (3)	〃	184,844	168,250	192,598	183,169	172,569	170,010	176,829	188,102	192,400	194,208
うち流通飼料費 (4)	〃	178,907	165,101	191,395	181,995	171,402	168,885	175,617	186,837	191,224	192,454
敷料費 (5)	〃	9,921	9,290	7,628	8,016	8,463	8,747	8,976	8,412	8,820	8,750
光熱水料及び動力費 (6)	〃	3,441	3,554	4,655	4,529	4,803	4,983	5,056	4,826	5,201	5,954
その他の諸材料費 (7)	〃	…	258	230	237	285	306	316	337	320	245
獣医師料及び医薬品費 (8)	〃	3,122	2,936	3,550	3,348	3,394	3,262	3,229	3,221	3,476	3,376
賃借料及び料金 (9)	〃	617	576	1,004	967	1,005	1,071	1,102	1,123	1,326	2,136
物件税及び公課諸負担 (10)	〃	…	2,322	2,725	2,655	2,521	2,546	2,531	2,542	2,250	2,433
建物費 (11)	〃	8,754	8,020	7,606	6,987	6,939	6,964	6,696	6,803	7,163	6,262
自動車費 (12)	〃	…	…	…	…	…	…	…	…	…	1,893
農機具費 (13)	〃	10,634	6,733	7,584	7,931	7,342	7,350	7,105	6,277	5,937	3,965
生産管理費 (14)	〃	…	266	274	293	301	311	329	527	522	491
労働費 (15)	〃	36,486	42,800	37,878	36,573	34,326	34,035	34,230	32,620	33,661	31,159
うち家族 (16)	〃	36,155	40,314	36,999	35,812	33,329	32,930	33,152	31,253	31,315	29,531
費用合計 (17)	〃	509,467	358,263	402,897	388,938	352,658	324,107	347,020	365,294	332,750	329,520
副産物価額 (18)	〃	16,324	12,680	8,342	7,552	7,694	7,294	7,146	6,982	7,052	9,071
生産費（副産物価額差引）(19)	〃	493,143	345,583	394,555	381,386	344,964	316,813	339,874	358,312	325,698	320,449
支払利子 (20)	〃	…	5,495	4,427	4,455	4,247	3,969	4,433	3,873	4,135	4,690
支払地代 (21)	〃	…	282	253	243	240	235	228	208	480	291
支払利子・地代算入生産費 (22)	〃	…	351,360	399,235	386,084	349,451	321,017	344,535	362,393	330,313	325,430
自己資本利子 (23)	〃	12,380	7,498	7,927	7,277	6,844	6,900	6,108	6,277	6,227	5,298
自作地地代 (24)	〃	2,790	1,522	1,388	1,319	1,362	1,404	1,340	1,437	1,552	1,549
資本利子・地代全額算入生産費（全算入生産費）(25)	〃	508,313	360,380	408,550	394,680	357,657	329,321	351,983	370,107	338,092	332,277
1経営体（戸）当たり											
飼養月平均頭数 (26)	頭	38.8	67.0	79.9	83.3	90.5	92.8	91.6	96.8	91.5	102.5
乳用雄肥育牛1頭当たり											
販売時生体重 (27)	kg	730.1	741.0	753.1	760.0	755.4	752.1	758.4	760.1	746.1	761.6
販売価格 (28)	円	556,319	338,645	371,246	309,608	299,989	339,679	248,222	231,984	273,694	353,077
労働時間 (29)	時間	30.4	27.60	23.17	22.40	21.14	20.89	21.39	20.50	21.51	20.05
肥育期間 (30)	月	14.2	14.9	15.2	15.4	15.4	15.3	15.6	16.0	15.4	14.9
所得 (31)	円	99,331	27,599	9,010	△ 40,664	△ 16,133	51,592	△ 63,161	△ 99,156	△ 25,304	57,178
1日当たり											
所得 (32)	〃	26,400	8,531	3,234	nc	nc	20,730	nc	nc	nc	24,344
家族労働報酬 (33)	〃	22,368	5,743	nc	nc	nc	17,393	nc	nc	nc	21,429

注：1 平成11年度〜平成17年度は、既に公表した『平成12年 乳用雄肥育牛生産費』〜『平成18年 乳用雄肥育牛生産費』のデータである。
2 「労働費のうち家族」について、平成3年までは調査対象経営体の所在するその地方の農村雇用賃金により評価し、平成4年から毎月勤労統計調査（厚生労働省）結果を用いた評価に改訂した。
3 平成7年から飼育管理等の直接的な労働以外の労働（自給牧草生産に係る労働、資材等の購入付帯労働及び建物・農機具の修繕労働）を間接労働として関係費目から分離し、「労働費」及び「労働時間」に計上した。

17	18	19	20	21	22	23	24	25	26	27	28	29	30	
(11)	(12)	(13)	(14)	(15)	(16)	(17)	(18)	(19)	(20)	(21)	(22)	(23)	(24)	
304,840	338,800	383,365	412,078	358,095	358,601	377,874	386,973	406,609	432,419	439,522	475,757	503,803	505,466	(1)
81,334	108,012	127,313	117,310	104,769	106,123	100,779	111,656	110,523	134,039	150,371	204,183	246,398	244,943	(2)
189,386	196,135	221,407	259,881	217,595	212,802	232,769	236,890	259,664	262,270	252,108	232,001	221,695	223,292	(3)
187,756	194,025	220,179	258,953	216,735	211,400	231,390	235,587	258,102	260,652	250,444	229,786	218,373	220,011	(4)
8,569	8,594	8,377	7,923	8,017	8,417	8,835	8,992	9,001	8,305	9,093	10,246	7,592	7,535	(5)
5,886	6,196	6,624	6,327	5,961	6,037	6,617	6,726	7,276	7,713	7,622	7,471	7,871	8,532	(6)
175	197	229	450	274	547	519	147	185	297	294	275	433	214	(7)
3,491	2,271	2,046	2,446	2,498	3,162	3,605	3,295	2,650	2,840	2,952	2,988	2,999	3,098	(8)
2,561	3,361	3,227	2,355	2,409	2,756	2,864	3,044	3,095	3,215	3,467	4,122	2,537	2,537	(9)
2,292	2,515	2,042	2,116	2,138	2,107	2,244	2,341	2,229	2,158	2,094	2,353	2,014	1,793	(10)
5,391	5,795	6,203	6,433	7,617	8,849	11,649	7,378	5,939	6,010	5,794	6,719	6,506	6,940	(11)
1,872	1,640	2,041	2,219	2,294	1,958	2,030	2,074	2,116	1,702	1,608	1,861	1,838	2,290	(12)
3,361	3,579	3,435	4,101	4,060	5,370	5,398	3,736	3,319	3,208	3,469	2,970	3,422	3,767	(13)
522	505	421	517	463	473	565	694	612	662	650	568	498	525	(14)
28,169	27,418	26,720	26,986	26,034	25,034	25,611	24,755	23,148	24,380	25,030	25,437	23,926	24,940	(15)
24,519	25,235	24,652	25,674	24,586	22,565	21,542	20,903	19,974	21,142	21,577	23,760	20,928	22,601	(16)
333,009	366,218	410,085	439,064	384,129	383,635	403,485	411,728	429,757	456,799	464,552	501,194	527,729	530,406	(17)
6,189	5,771	6,095	6,377	5,268	5,454	5,407	5,382	4,770	5,198	4,736	4,356	4,270	5,500	(18)
326,820	360,447	403,990	432,687	378,861	378,181	398,078	406,346	424,987	451,601	459,816	496,838	523,459	524,906	(19)
3,333	2,808	3,002	2,635	2,400	1,749	1,777	2,655	2,478	2,702	2,372	2,297	960	947	(20)
233	375	570	126	244	88	171	129	130	176	202	158	125	130	(21)
330,386	363,630	407,562	435,448	381,505	380,018	400,026	409,130	427,595	454,479	462,390	499,293	524,544	525,983	(22)
5,407	6,390	7,366	5,615	5,860	6,245	5,701	3,890	4,089	4,288	4,080	4,888	5,817	6,091	(23)
2,172	2,702	1,125	1,042	1,072	1,243	877	873	872	819	795	1,063	1,152	1,522	(24)
337,965	372,722	416,053	442,105	388,437	387,506	406,604	413,893	432,556	459,586	467,265	505,244	531,513	533,596	(25)
120.5	115.7	122.6	118.1	132.3	147.9	154.1	147.1	160.5	156.6	143.6	125.7	136.0	132.9	(26)
751.7	751.2	750.7	756.1	757.5	773.3	782.8	769.5	767.9	759.7	755.1	769.7	775.9	779.7	(27)
370,923	381,826	338,127	350,843	336,306	326,701	303,316	307,534	353,521	392,291	482,717	497,881	492,924	499,280	(28)
17.73	18.23	17.90	18.29	17.64	17.49	17.23	16.90	15.71	16.26	16.49	16.65	15.37	15.76	(29)
14.3	14.2	14.2	14.2	14.6	14.6	14.8	14.2	14.0	13.9	13.6	13.6	13.3	13.9	(30)
65,056	43,431	△ 44,783	△ 58,931	△ 20,613	△ 30,752	△ 75,168	△ 80,693	△ 54,100	△ 41,046	41,904	22,348	△ 10,692	△ 4,102	(31)
32,877	21,070	nc	nc	nc	nc	nc	nc	nc	nc	24,487	11,793	nc	nc	(32)
29,047	16,659	nc	nc	nc	nc	nc	nc	nc	nc	21,639	8,653	nc	nc	(33)

4　平成7年から、「光熱水料及び動力費」に含めていた「その他の諸材料費」を分離した。
5　平成10年から、家族労働評価をそれまでの男女別評価から男女同一評価に改正した。
6　平成16年度から、「農機具費」に含めていた「自動車費」を分離した。
7　平成19年度は、平成19年度税制改正における減価償却計算の見直しを行った結果を表章した。

累年統計表（続き）

8　乳用雄肥育牛生産費（続き）

区　　　分	単位	平成2年	7	10	11	平成11年度	12	13	14	15	16
		(1)	(2)	(3)	(4)	(5)	(6)	(7)	(8)	(9)	(10)
乳用雄肥育牛生体100kg当たり											
物　　財　　費 (34)	円	64,784	42,572	48,467	46,360	42,140	38,568	41,245	43,766	40,087	39,174
も　と　畜　費 (35)	〃	34,467	15,284	18,213	17,661	14,655	11,238	13,267	14,537	9,606	9,014
飼　　料　　費 (36)	〃	25,317	22,705	25,573	24,099	22,845	22,604	23,317	24,746	25,788	25,500
うち　流通飼料費 (37)	〃	24,504	22,280	25,413	23,945	22,690	22,454	23,157	24,580	25,630	25,270
敷　　料　　費 (38)	〃	1,359	1,253	1,012	1,055	1,120	1,163	1,183	1,107	1,182	1,149
光熱水料及び動力費 (39)	〃	471	479	618	596	636	662	667	635	697	782
その他の諸材料費 (40)	〃	…	35	31	31	38	41	42	44	43	32
獣医師料及び医薬品費 (41)	〃	428	396	471	440	449	434	426	424	466	443
賃借料及び料金 (42)	〃	85	78	133	127	133	142	145	148	178	280
物件税及び公課諸負担 (43)	〃	…	314	362	349	334	339	334	335	301	319
建　　物　　費 (44)	〃	1,200	1,083	1,011	919	918	926	883	895	960	822
自　動　車　費 (45)	〃	…	…	…	…	…	…	…	…	…	248
農　機　具　費 (46)	〃	1,457	909	1,007	1,044	972	977	937	826	796	521
生　産　管　理　費 (47)	〃	…	36	36	39	40	42	44	69	70	64
労　　働　　費 (48)	〃	4,997	5,776	5,028	4,811	4,545	4,524	4,513	4,292	4,512	4,092
う　ち　家　族 (49)	〃	4,952	5,440	4,912	4,711	4,413	4,378	4,371	4,112	4,197	3,878
費　用　合　計 (50)	〃	69,781	48,348	53,495	51,171	46,685	43,092	45,758	48,058	44,599	43,266
副　産　物　価　額 (51)	〃	2,236	1,711	1,108	994	1,019	970	942	918	945	1,191
生産費（副産物価額差引）(52)	〃	67,545	46,637	52,387	50,177	45,666	42,122	44,816	47,140	43,654	42,075
支　払　利　子 (53)	〃	…	742	588	586	562	528	585	510	554	616
支　払　地　代 (54)	〃	…	38	34	32	32	31	30	27	64	38
支払利子・地代算入生産費 (55)	〃	…	47,417	53,009	50,795	46,260	42,681	45,431	47,677	44,272	42,729
自　己　資　本　利　子 (56)	〃	1,696	1,012	1,053	957	906	917	805	826	835	696
自　作　地　地　代 (57)	〃	382	205	184	174	180	187	177	189	208	203
資本利子・地代全額算入 生産費（全算入生産費）(58)	〃	69,623	48,634	54,246	51,926	47,346	43,785	46,413	48,692	45,315	43,628

注：1　平成11年度～平成17年度は、既に公表した『平成12年　乳用雄肥育牛生産費』～『平成18年　乳用雄肥育牛生産費』のデータである。
　　2　「労働費のうち家族」について、平成3年までは調査対象経営体の所在するその地方の農村雇用賃金により評価し、平成4年から毎月勤労統計調査（厚生労働省）結果を用いた評価に改訂した。
　　3　平成7年から飼育管理等の直接的な労働以外の労働（自給牧草生産に係る労働、資材等の購入付帯労働及び建物・農機具の修繕労働）を間接労働として関係費目から分離し、「労働費」及び「労働時間」に計上した。

17	18	19	20	21	22	23	24	25	26	27	28	29	30	
(11)	(12)	(13)	(14)	(15)	(16)	(17)	(18)	(19)	(20)	(21)	(22)	(23)	(24)	
40,553	45,106	51,070	54,504	47,272	46,371	48,269	50,287	52,952	56,919	58,202	61,810	64,929	64,829	(34)
10,820	14,379	16,960	15,516	13,831	13,723	12,874	14,510	14,393	17,643	19,913	26,527	31,755	31,416	(35)
25,194	26,112	29,495	34,374	28,724	27,517	29,734	30,784	33,816	34,522	33,385	30,142	28,572	28,640	(36)
24,977	25,831	29,331	34,251	28,611	27,336	29,558	30,615	33,612	34,309	33,165	29,854	28,144	28,219	(37)
1,140	1,145	1,116	1,048	1,058	1,088	1,128	1,168	1,173	1,094	1,204	1,331	979	966	(38)
783	825	882	837	787	781	845	874	948	1,015	1,009	971	1,015	1,094	(39)
23	26	30	59	36	71	66	19	24	39	39	36	56	27	(40)
464	302	273	324	330	409	461	428	345	374	391	388	387	397	(41)
341	447	430	312	318	356	366	396	403	423	459	535	327	325	(42)
305	335	272	280	282	273	287	304	290	284	277	306	259	230	(43)
717	772	826	851	1,006	1,144	1,488	959	773	791	767	873	838	890	(44)
249	218	272	293	303	253	259	269	275	224	213	241	236	294	(45)
447	477	458	542	536	694	689	486	432	423	459	386	441	483	(46)
70	68	56	68	61	62	72	90	80	87	86	74	64	67	(47)
3,748	3,651	3,560	3,626	3,437	3,238	3,272	3,216	3,014	3,210	3,314	3,305	3,083	3,199	(48)
3,262	3,360	3,284	3,452	3,245	2,918	2,752	2,716	2,601	2,783	2,857	3,087	2,697	2,899	(49)
44,301	48,757	54,630	58,130	50,709	49,609	51,541	53,503	55,966	60,129	61,516	65,115	68,012	68,028	(50)
823	768	812	844	695	705	691	699	621	684	627	566	550	705	(51)
43,478	47,989	53,818	57,286	50,014	48,904	50,850	52,804	55,345	59,445	60,889	64,549	67,462	67,323	(52)
443	374	400	348	317	226	227	345	323	356	314	298	124	121	(53)
31	50	76	17	32	11	22	17	17	23	27	21	16	17	(54)
43,952	48,413	54,294	57,651	50,363	49,141	51,099	53,166	55,685	59,824	61,230	64,868	67,602	67,461	(55)
719	851	981	743	774	808	728	506	532	564	540	635	750	781	(56)
289	360	150	138	141	161	112	113	113	108	105	138	148	195	(57)
44,960	49,624	55,425	58,532	51,278	50,110	51,939	53,785	56,330	60,496	61,875	65,641	68,500	68,437	(58)

4 平成7年から、「光熱水料及び動力費」に含めていた「その他の諸材料費」を分離した。
5 平成10年から、家族労働評価をそれまでの男女別評価から男女同一評価に改正した。
6 平成16年度から、「農機具費」に含めていた「自動車費」を分離した。
7 平成19年度は、平成19年度税制改正における減価償却計算の見直しを行った結果を表章した。

累年統計表（続き）

9　交雑種肥育牛生産費

区　　　　分	単位	平成11年度	12	13	14	15	16	17	18	19
		(1)	(2)	(3)	(4)	(5)	(6)	(7)	(8)	(9)
交雑種肥育牛1頭当たり										
物　　　　財　　　　費　(1)	円	421,203	386,164	396,266	456,165	415,869	489,544	504,593	542,871	613,561
も　　と　　畜　　費　(2)	〃	193,507	158,782	156,909	203,612	151,280	220,635	237,357	257,565	277,908
飼　　　　料　　　　費　(3)	〃	186,261	185,460	196,431	209,270	218,374	223,221	222,745	240,535	289,483
う　ち　流　通　飼　料　費　(4)	〃	185,381	184,596	195,524	208,414	217,453	222,017	221,698	239,135	288,502
敷　　　　料　　　　費　(5)	〃	9,695	10,072	10,582	9,596	10,248	10,425	9,764	9,919	8,726
光　熱　水　料　及　び　動　力　費　(6)	〃	5,801	5,956	6,009	6,088	5,761	6,042	6,393	6,774	7,479
そ　の　他　の　諸　材　料　費　(7)	〃	159	168	172	295	378	380	366	292	265
獣　医　師　料　及　び　医　薬　品　費　(8)	〃	4,643	4,690	4,498	4,317	4,365	4,605	4,656	4,597	5,067
賃　借　料　及　び　料　金　(9)	〃	948	1,003	1,016	1,061	1,645	1,755	1,751	1,283	1,228
物　件　税　及　び　公　課　諸　負　担　(10)	〃	3,046	3,076	3,096	3,172	3,561	3,233	3,217	2,817	2,888
建　　　　物　　　　費　(11)	〃	9,250	9,057	9,182	10,369	10,771	11,223	9,436	9,875	11,185
自　　動　　車　　費　(12)	〃	…	…	…	…	…	2,687	2,765	3,122	2,553
農　　機　　具　　費　(13)	〃	7,518	7,544	8,008	7,901	8,751	4,785	5,452	5,157	5,863
生　　産　　管　　理　　費　(14)	〃	375	356	363	484	735	553	691	935	916
労　　　　働　　　　費　(15)	〃	43,471	43,082	42,275	41,552	43,077	44,385	44,048	43,264	43,013
う　　ち　　家　　族　(16)	〃	41,368	40,743	40,046	38,965	40,682	41,897	41,352	37,521	37,039
費　　　用　　　合　　　計　(17)	〃	464,674	429,246	438,541	497,717	458,946	533,929	548,641	586,135	656,574
副　　産　　物　　価　　額　(18)	〃	7,256	7,247	8,008	7,808	9,423	8,273	9,254	8,881	7,528
生　産　費　（　副　産　物　価　額　差　引　）　(19)	〃	457,418	421,999	430,533	489,909	449,523	525,656	539,387	577,254	649,046
支　　払　　利　　子　(20)	〃	6,390	5,847	6,138	8,489	9,430	6,639	6,967	6,206	6,277
支　　払　　地　　代　(21)	〃	197	201	217	219	269	290	239	161	148
支　払　利　子　・　地　代　算　入　生　産　費　(22)	〃	464,005	428,047	436,888	498,617	459,222	532,585	546,593	583,621	655,471
自　　己　　資　　本　　利　　子　(23)	〃	9,024	8,910	9,278	9,653	8,665	9,759	10,211	10,775	11,175
自　　作　　地　　地　　代　(24)	〃	1,774	1,813	1,850	1,930	2,187	2,102	2,037	2,079	1,860
資本利子・地代全額算入 生　産　費　（　全　算　入　生　産　費　）　(25)	〃	474,803	438,770	448,016	510,200	470,074	544,446	558,841	596,475	668,506
1経営体（戸）当たり										
飼　養　月　平　均　頭　数　(26)	頭	80.6	83.3	85.5	85.9	87.3	90.4	91.5	100.3	96.5
交雑種肥育牛1頭当たり										
販　売　時　生　体　重　(27)	kg	710.3	710.1	714.2	726.0	714.9	729.6	738.0	750.2	758.7
販　　売　　価　　格　(28)	円	453,059	488,338	378,501	446,589	486,554	582,878	622,952	604,195	575,160
労　　働　　時　　間　(29)	時間	27.07	26.68	26.84	26.61	27.47	28.39	28.82	28.76	28.77
肥　　育　　期　　間　(30)	月	18.4	18.5	18.8	19.4	19.0	19.3	19.1	19.2	19.2
所　　　　　　　　得　(31)	円	30,422	101,034	△ 18,341	△ 13,063	68,014	92,190	117,711	58,095	△ 43,272
1日当たり										
所　　　　　　　　得　(32)	〃	9,806	33,208	nc	nc	21,205	27,926	35,151	18,643	nc
家　　族　　労　　働　　報　　酬　(33)	〃	6,325	29,683	nc	nc	17,821	24,333	31,493	14,518	nc

注：1　平成11年度～平成17年度は、既に公表した『平成12年　交雑種肥育牛生産費』～『平成18年　交雑種肥育牛生産費』のデータである。
　　2　平成16年度から、「農機具費」に含めていた「自動車費」を分離した。
　　3　平成19年度は、平成19年度税制改正における減価償却計算の見直しを行った結果を表章した。

20	21	22	23	24	25	26	27	28	29	30	
(10)	(11)	(12)	(13)	(14)	(15)	(16)	(17)	(18)	(19)	(20)	
642,460	529,950	507,627	598,541	630,287	636,593	659,100	703,108	715,192	767,256	780,187	(1)
246,948	195,223	187,440	252,733	280,960	258,012	271,169	326,594	371,349	416,488	430,702	(2)
346,633	285,828	269,139	294,300	299,790	327,921	339,623	326,384	294,278	298,304	298,560	(3)
345,538	284,854	268,214	292,797	299,138	327,060	338,732	325,498	293,216	297,136	297,100	(4)
9,118	8,868	8,991	9,270	9,177	9,438	8,721	9,394	8,052	7,629	7,940	(5)
7,918	7,073	7,549	8,114	8,338	9,724	10,140	9,476	9,378	9,788	9,807	(6)
366	426	462	259	214	240	218	334	203	263	254	(7)
5,130	4,974	5,107	3,859	4,211	4,734	4,267	3,943	4,525	4,515	4,966	(8)
1,463	1,464	1,742	2,769	3,532	2,841	2,682	2,904	2,969	2,831	3,170	(9)
2,511	2,806	2,631	2,988	2,953	2,692	2,754	2,774	2,588	2,606	2,583	(10)
11,623	12,417	13,638	13,477	11,049	10,699	9,261	9,783	11,042	13,980	12,382	(11)
2,782	2,687	3,202	3,188	3,402	3,142	3,209	3,421	3,520	3,648	3,324	(12)
6,636	6,713	6,814	6,602	5,892	6,014	5,959	7,293	6,495	6,194	5,456	(13)
1,332	1,471	912	982	769	1,136	1,097	808	793	1,010	1,043	(14)
44,580	43,424	41,759	41,359	41,285	41,953	41,570	39,329	39,627	39,235	39,749	(15)
43,096	40,948	38,270	37,676	37,691	38,261	37,207	33,817	34,240	31,220	31,119	(16)
687,040	573,374	549,386	639,900	671,572	678,546	700,670	742,437	754,819	806,491	819,936	(17)
6,766	7,238	7,145	5,827	5,800	5,884	6,189	6,290	5,098	5,761	6,686	(18)
680,274	566,136	542,241	634,073	665,772	672,662	694,481	736,147	749,721	800,730	813,250	(19)
5,821	3,499	3,427	4,994	7,438	5,535	5,583	5,520	4,843	4,006	6,068	(20)
217	223	211	113	89	90	146	151	286	146	278	(21)
686,312	569,858	545,879	639,180	673,299	678,287	700,210	741,818	754,850	804,882	819,596	(22)
13,527	11,801	12,365	8,174	11,535	8,602	8,270	8,638	13,011	11,992	7,983	(23)
1,435	1,489	1,416	1,763	1,728	1,610	1,547	1,633	1,523	1,582	1,540	(24)
701,274	583,148	559,660	649,117	686,562	688,499	710,027	752,089	769,384	818,456	829,119	(25)
94.8	97.4	103.8	112.3	117.2	115.4	118.3	125.6	129.8	141.3	144.4	(26)
751.6	753.4	766.6	795.7	796.5	806.5	797.9	816.2	813.2	826.6	824.7	(27)
519,531	484,302	538,153	505,177	538,858	608,814	655,596	823,570	828,635	768,503	798,525	(28)
29.60	29.50	28.72	28.67	27.33	27.59	27.32	25.79	25.36	25.16	24.81	(29)
19.3	19.2	19.2	19.0	18.9	19.0	18.8	18.5	18.1	18.6	18.6	(30)
△123,685	△44,608	30,544	△96,327	△96,750	△31,212	△7,407	115,569	108,025	△5,159	10,048	(31)
nc	nc	9,445	nc	nc	nc	nc	41,892	39,807	nc	4,229	(32)
nc	nc	5,184	nc	nc	nc	nc	38,169	34,451	nc	221	(33)

累年統計表（続き）

9　交雑種肥育牛生産費（続き）

区　　　分	単位	平成11年度	12	13	14	15	16	17	18
		(1)	(2)	(3)	(4)	(5)	(6)	(7)	(8)
交雑種肥育牛生体100kg当たり									
物　　　財　　　費 (34)	円	59,300	54,381	55,485	62,832	58,176	67,091	68,337	72,368
も　　と　　畜　　費 (35)	〃	27,243	22,360	21,971	28,045	21,162	30,238	32,164	34,335
飼　　　料　　　費 (36)	〃	26,222	26,118	27,505	28,825	30,548	30,593	30,184	32,065
う　ち　流　通　飼　料　費 (37)	〃	26,098	25,996	27,378	28,707	30,419	30,428	30,042	31,878
敷　　　料　　　費 (38)	〃	1,365	1,418	1,482	1,322	1,434	1,428	1,323	1,323
光 熱 水 料 及 び 動 力 費 (39)	〃	817	839	841	839	806	828	866	903
そ の 他 の 諸 材 料 費 (40)	〃	22	24	24	41	53	52	50	39
獣 医 師 料 及 び 医 薬 品 費 (41)	〃	654	660	630	595	611	631	631	613
賃 借 料 及 び 料 金 (42)	〃	134	141	142	146	230	241	237	171
物 件 税 及 び 公 課 諸 負 担 (43)	〃	429	433	434	437	498	443	436	375
建　　　物　　　費 (44)	〃	1,303	1,275	1,285	1,428	1,507	1,538	1,278	1,316
自　　動　　車　　費 (45)	〃	…	…	…	…	…	368	375	416
農　　機　　具　　費 (46)	〃	1,058	1,063	1,121	1,088	1,224	656	739	688
生　産　管　理　費 (47)	〃	53	50	50	66	103	75	94	124
労　　　働　　　費 (48)	〃	6,120	6,067	5,919	5,723	6,026	6,083	5,969	5,768
う　　ち　　家　　族 (49)	〃	5,824	5,737	5,607	5,367	5,691	5,742	5,603	5,002
費　　用　　合　　計 (50)	〃	65,420	60,448	61,404	68,555	64,202	73,174	74,346	78,136
副　産　物　価　額 (51)	〃	1,021	1,021	1,121	1,076	1,318	1,134	1,254	1,184
生 産 費 （ 副 産 物 価 額 差 引 ） (52)	〃	64,399	59,427	60,283	67,479	62,884	72,040	73,092	76,952
支　　払　　利　　子 (53)	〃	900	823	859	1,169	1,319	910	944	827
支　　払　　地　　代 (54)	〃	28	28	30	30	38	40	32	21
支 払 利 子 ・ 地 代 算 入 生 産 費 (55)	〃	65,327	60,278	61,172	68,678	64,241	72,990	74,068	77,800
自　己　資　本　利　子 (56)	〃	1,270	1,255	1,299	1,330	1,212	1,337	1,384	1,436
自　作　地　地　代 (57)	〃	250	255	259	266	306	288	276	277
資 本 利 子 ・ 地 代 全 額 算 入 生 産 費 （ 全 算 入 生 産 費 ） (58)	〃	66,847	61,788	62,730	70,274	65,759	74,615	75,728	79,513

注：1　平成11年度〜平成17年度は、既に公表した『平成12年　交雑種肥育牛生産費』〜『平成18年　交雑種肥育牛生産費』のデータである。
　　2　平成16年度から、「農機具費」に含めていた「自動車費」を分離した。
　　3　平成19年度は、平成19年度税制改正における減価償却計算の見直しを行った結果を表章した。

19	20	21	22	23	24	25	26	27	28	29	30	
(9)	(10)	(11)	(12)	(13)	(14)	(15)	(16)	(17)	(18)	(19)	(20)	
80,875	85,476	70,341	66,221	75,224	79,137	78,929	82,606	86,145	87,944	92,820	94,599	(34)
36,632	32,855	25,912	24,452	31,763	35,276	31,990	33,986	40,014	45,663	50,386	52,224	(35)
38,156	46,118	37,938	35,110	36,986	37,640	40,659	42,566	39,988	36,187	36,088	36,201	(36)
38,027	45,972	37,809	34,989	36,797	37,559	40,552	42,454	39,880	36,057	35,947	36,024	(37)
1,150	1,213	1,177	1,173	1,165	1,152	1,170	1,093	1,151	990	923	963	(38)
986	1,053	939	985	1,020	1,047	1,206	1,271	1,161	1,153	1,184	1,189	(39)
35	49	57	60	33	27	30	27	41	25	32	31	(40)
668	682	660	666	485	529	587	535	483	556	546	602	(41)
162	195	194	227	348	443	352	336	356	365	342	384	(42)
381	334	373	343	375	371	334	345	340	318	315	313	(43)
1,475	1,547	1,648	1,779	1,694	1,388	1,326	1,161	1,199	1,358	1,691	1,501	(44)
336	370	357	418	401	427	389	402	419	433	442	403	(45)
773	883	891	889	830	740	746	747	894	799	749	661	(46)
121	177	195	119	124	97	140	137	99	97	122	127	(47)
5,670	5,932	5,764	5,447	5,198	5,184	5,202	5,210	4,818	4,873	4,746	4,821	(48)
4,882	5,734	5,435	4,992	4,735	4,732	4,744	4,663	4,143	4,211	3,777	3,775	(49)
86,545	91,408	76,105	71,668	80,422	84,321	84,131	87,816	90,963	92,817	97,566	99,420	(50)
992	900	961	932	732	728	729	776	771	627	697	811	(51)
85,553	90,508	75,144	70,736	79,690	83,593	83,402	87,040	90,192	92,190	96,869	98,609	(52)
827	774	464	447	628	934	686	700	676	595	485	736	(53)
19	29	30	28	14	11	11	18	19	35	18	34	(54)
86,399	91,311	75,638	71,211	80,332	84,538	84,099	87,758	90,887	92,820	97,372	99,379	(55)
1,473	1,800	1,566	1,613	1,027	1,448	1,067	1,037	1,058	1,600	1,451	968	(56)
245	191	198	185	222	217	200	194	200	187	191	187	(57)
88,117	93,302	77,402	73,009	81,581	86,203	85,366	88,989	92,145	94,607	99,014	100,534	(58)

累年統計表（続き）

10 肥育豚生産費

区　　　分	単位	平成2年	7	10	11	平成11年度	12	13	14	15	16
		(1)	(2)	(3)	(4)	(5)	(6)	(7)	(8)	(9)	(10)
肥育豚1頭当たり											
物　　財　　費 (1)	円	26,678	22,869	25,309	23,957	22,770	22,442	23,337	24,009	24,445	25,256
種　　付　　料 (2)	〃	…	21	22	34	43	50	54	54	51	51
も　と　畜　費 (3)	〃	13,547	57	91	91	35	41	29	27	25	23
飼　　料　　費 (4)	〃	10,816	17,281	19,469	18,072	16,811	16,476	17,235	17,651	18,239	19,139
うち 流通飼料費 (5)	〃	10,810	17,275	19,468	18,066	16,810	16,474	17,234	17,648	18,234	19,138
敷　　料　　費 (6)	〃	122	184	144	141	150	139	140	142	131	138
光熱水料及び動力費 (7)	〃	407	948	918	912	942	981	1,004	995	1,020	1,042
その他の諸材料費 (8)	〃	…	41	61	56	62	61	58	60	45	38
獣医師料及び医薬品費 (9)	〃	545	1,390	1,337	1,361	1,369	1,303	1,296	1,352	1,355	1,409
賃借料及び料金 (10)	〃	124	157	203	219	250	251	283	288	288	322
物件税及び公課諸負担 (11)	〃	…	174	171	179	172	170	175	170	186	161
繁殖雌豚費 (12)	〃	…	601	791	808	824	815	837	823	722	730
種雄豚費 (13)	〃	…	155	185	172	167	176	182	175	146	130
建　　物　　費 (14)	〃	594	1,106	1,149	1,131	1,147	1,184	1,238	1,352	1,366	1,189
自　動　車　費 (15)	〃	…	…	…	…	…	…	…	…	…	256
農　機　具　費 (16)	〃	523	694	700	712	710	699	700	808	769	539
生　産　管　理　費 (17)	〃	…	60	68	69	88	96	106	112	102	89
労　　働　　費 (18)	〃	3,365	5,135	5,215	5,036	4,912	4,920	4,799	4,676	4,638	4,581
う　ち　家　族 (19)	〃	3,180	4,621	4,771	4,690	4,545	4,568	4,386	4,136	4,069	3,916
費　　用　　合　　計 (20)	〃	30,043	28,004	30,524	28,993	27,682	27,362	28,136	28,685	29,083	29,837
副　産　物　価　額 (21)	〃	360	1,102	974	940	873	837	919	900	788	766
生産費（副産物価額差引）(22)	〃	29,683	26,902	29,550	28,053	26,809	26,525	27,217	27,785	28,295	29,071
支　　払　　利　　子 (23)	〃	…	349	280	288	260	262	271	193	195	182
支　　払　　地　　代 (24)	〃	…	18	19	9	12	11	10	10	10	10
支払利子・地代算入生産費 (25)	〃	…	27,269	29,849	28,350	27,081	26,798	27,498	27,988	28,500	29,263
自　己　資　本　利　子 (26)	〃	334	651	657	606	604	598	632	641	677	600
自　作　地　地　代 (27)	〃	61	89	93	93	94	87	85	83	82	80
資本利子・地代全額算入生産費（全算入生産費）(28)	〃	30,078	28,009	30,599	29,049	27,779	27,483	28,215	28,712	29,259	29,943
1経営体（戸）当たり											
飼養月平均頭数 (29)	頭	211.2	494.7	545.3	573.0	594.2	599.9	621.4	622.3	648.0	668.1
肥育豚1頭当たり											
販売時生体重 (30)	kg	108.0	107.9	109.2	109.7	109.6	109.8	110.7	110.7	111.7	111.1
販　　売　　価　　格 (31)	円	29,326	28,318	29,974	28,532	28,124	27,491	31,604	30,104	28,281	30,432
労　　働　　時　　間 (32)	時間	28.4	3.63	3.34	3.24	3.19	3.15	3.14	3.15	3.19	3.11
所　　　　　得 (33)	円	2,823	5,752	4,896	4,872	5,588	5,261	8,492	6,252	3,850	5,085
1日当たり											
所　　　　　得 (34)	〃	8,555	14,029	13,100	13,079	15,415	14,716	24,437	18,733	11,450	15,829
家　族　労　働　報　酬 (35)	〃	7,358	12,224	11,093	11,203	13,490	12,800	22,374	16,563	9,193	13,712

注：1　平成11年度～平成17年度は、既に公表した『平成12年　肥育豚生産費』～『平成18年　肥育豚生産費』のデータである。
　　2　平成2年の労働時間の表章単位は、肥育豚10頭当たりで表章した。
　　3　「労働費のうち家族」について、平成3年までは調査対象経営体の所在するその地方の農村雇用賃金により評価し、平成4年から毎月
　　　　勤労統計調査（厚生労働省）結果を用いた評価に改訂した。
　　4　平成5年より対象を肥育経営農家から一貫経営農家とした。
　　5　平成7年から、繁殖雌豚及び繁殖雄豚を償却資産として扱うことを取り止め、購入費用を「繁殖雌豚費」及び「種雄豚費」に計上した。
　　　　また、繁殖豚の育成費用は該当する費目に計上するとともに、繁殖豚の販売価額は「副産物価額」に計上した。

17	18	19	20	21	22	23	24	25	26	27	28	29	30	
(11)	(12)	(13)	(14)	(15)	(16)	(17)	(18)	(19)	(20)	(21)	(22)	(23)	(24)	
25,008	26,702	29,339	30,741	26,697	25,948	27,649	28,064	29,959	30,659	29,833	27,951	28,619	28,540	(1)
65	65	75	74	75	50	87	90	110	125	132	135	143	151	(2)
19	14	15	13	22	55	66	58	25	21	12	20	31	74	(3)
18,582	19,502	22,274	23,685	19,958	18,846	20,185	21,246	22,854	23,100	22,177	20,255	20,541	20,451	(4)
18,581	19,501	22,273	23,685	19,958	18,845	20,182	21,245	22,853	23,098	22,176	20,253	20,539	20,450	(5)
139	155	139	124	130	132	133	126	133	129	127	121	113	106	(6)
1,206	1,346	1,431	1,331	1,269	1,364	1,406	1,440	1,547	1,600	1,526	1,509	1,592	1,661	(7)
54	59	41	49	53	59	52	73	70	60	56	50	54	52	(8)
1,357	1,376	1,337	1,391	1,526	1,588	1,683	1,754	1,907	2,042	2,125	2,090	2,116	1,992	(9)
403	287	262	301	240	280	281	308	317	298	297	270	288	228	(10)
183	207	181	192	177	199	191	188	188	179	179	185	173	183	(11)
745	824	631	587	661	563	731	597	645	552	691	792	811	739	(12)
130	132	154	210	114	140	118	98	106	95	114	130	126	93	(13)
1,191	1,802	1,765	1,730	1,466	1,547	1,550	1,138	1,179	1,391	1,339	1,255	1,392	1,510	(14)
263	263	292	288	260	288	285	243	231	235	216	250	257	307	(15)
578	571	615	646	620	710	738	592	527	704	709	752	842	857	(16)
93	99	127	120	126	127	143	113	120	128	133	137	140	136	(17)
4,490	4,438	4,384	4,393	4,191	4,165	4,143	4,115	4,024	4,115	4,062	4,280	4,265	4,610	(18)
3,753	3,585	3,841	3,755	3,643	3,258	3,242	3,177	3,111	3,220	3,336	3,428	3,423	3,791	(19)
29,498	31,140	33,723	35,134	30,888	30,113	31,792	32,179	33,983	34,774	33,895	32,231	32,884	33,150	(20)
759	767	691	833	638	652	764	755	813	866	831	878	883	963	(21)
28,739	30,373	33,032	34,301	30,250	29,461	31,028	31,424	33,170	33,908	33,064	31,353	32,001	32,187	(22)
206	126	178	152	119	192	164	113	114	112	120	104	69	72	(23)
11	15	13	15	20	19	23	10	11	16	13	9	11	11	(24)
28,956	30,514	33,223	34,468	30,389	29,672	31,215	31,547	33,295	34,036	33,197	31,466	32,081	32,270	(25)
636	911	708	761	650	576	577	563	550	573	532	539	588	579	(26)
84	73	90	108	113	123	111	132	126	119	99	84	91	94	(27)
29,676	31,498	34,021	35,337	31,152	30,371	31,903	32,242	33,971	34,728	33,828	32,089	32,760	32,943	(28)
678.4	683.5	684.0	720.6	749.4	754.1	772.9	813.0	839.3	853.0	855.8	868.3	882.0	796.4	(29)
111.0	112.4	112.2	112.8	112.6	112.9	112.9	114.0	113.9	114.0	113.2	113.8	114.2	113.8	(30)
31,507	31,792	34,195	33,857	29,293	31,327	30,303	29,373	33,343	39,840	37,963	37,207	39,387	35,983	(31)
3.08	3.13	3.12	3.00	2.85	2.83	2.82	2.74	2.69	2.71	2.64	2.72	2.71	2.91	(32)
6,304	4,863	4,813	3,144	2,547	4,913	2,330	1,003	3,159	9,024	8,102	9,169	10,729	7,504	(33)
20,092	15,687	14,924	10,224	8,490	18,453	8,792	3,876	12,328	34,377	30,430	34,438	41,465	25,437	(34)
17,798	12,513	12,450	7,398	5,947	15,827	6,196	1,190	9,690	31,741	28,060	32,098	38,841	23,156	(35)

6　平成７年から飼育管理等の直接的な労働以外の労働（自給牧草生産に係る労働、資材等の購入付帯労働及び建物・農機具の修繕労働）を間接労働として関係費目から分離し、「労働費」及び「労働時間」に計上した。
7　平成７年から、「光熱水料及び動力費」に含めていた「その他の諸材料費」を分離した。
8　平成７年から、子豚の販売価額を「副産物価額」に計上するとともに、その育成費用は該当する費目に計上した。
9　平成10年から、家族労働評価をそれまでの男女別評価から男女同一評価に改正した。
10　平成16年度から、「農機具費」に含めていた「自動車費」を分離した。
11　平成19年度は、平成19年度税制改正における減価償却計算の見直しを行った結果を表章した。

累年統計表（続き）

10　肥育豚生産費（続き）

区　　　分	単位	平成2年	7	10	11	平成11年度	12	13	14	15	16
		(1)	(2)	(3)	(4)	(5)	(6)	(7)	(8)	(9)	(10)
肥育豚生体100kg当たり											
物　　財　　費 (36)	円	24,703	21,182	23,169	21,841	20,781	20,439	21,074	21,692	21,890	22,725
種　　付　　料 (37)	〃	…	19	20	31	39	46	49	49	46	46
も　　と　　畜　　費 (38)	〃	12,544	53	84	83	32	38	26	25	22	21
飼　　料　　費 (39)	〃	10,015	16,006	17,824	16,476	15,343	15,006	15,564	15,947	16,333	17,219
う　ち　流　通　飼　料　費 (40)	〃	10,009	16,001	17,823	16,471	15,342	15,004	15,563	15,944	16,329	17,218
敷　　料　　費 (41)	〃	113	171	132	129	137	127	125	128	116	124
光熱水料及び動力費 (42)	〃	377	877	840	832	860	894	907	899	913	938
そ の 他 の 諸 材 料 費 (43)	〃	…	37	56	51	56	55	52	54	40	34
獣医師料及び医薬品費 (44)	〃	505	1,288	1,224	1,241	1,249	1,187	1,170	1,221	1,214	1,267
賃 借 料 及 び 料 金 (45)	〃	115	146	185	199	228	228	255	260	259	290
物件税及び公課諸負担 (46)	〃	…	161	155	163	156	154	159	153	166	146
繁　殖　雌　豚　費 (47)	〃	…	557	724	737	752	742	756	744	646	657
種　雄　豚　費 (48)	〃	…	144	169	157	152	161	165	158	131	117
建　　物　　費 (49)	〃	550	1,025	1,053	1,031	1,047	1,079	1,117	1,222	1,223	1,070
自　　動　　車　　費 (50)	〃	…	…	…	…	…	…	…	…	…	230
農　　機　　具　　費 (51)	〃	484	643	641	648	649	635	633	731	689	485
生　産　管　理　費 (52)	〃	…	55	62	63	81	87	96	101	92	81
労　　　働　　　費 (53)	〃	3,115	4,758	4,776	4,590	4,484	4,482	4,334	4,224	4,154	4,121
う　　ち　　家　　族 (54)	〃	2,944	4,358	4,369	4,275	4,148	4,161	3,961	3,736	3,644	3,523
費　　用　　合　　計 (55)	〃	27,818	25,940	27,945	26,431	25,265	24,921	25,408	25,916	26,044	26,846
副　産　物　価　額 (56)	〃	333	1,021	890	857	797	763	830	812	706	690
生産費（副産物価額差引）(57)	〃	27,485	24,919	27,055	25,574	24,468	24,158	24,578	25,104	25,338	26,156
支　　払　　利　　子 (58)	〃	…	323	257	263	237	238	245	174	174	164
支　　払　　地　　代 (59)	〃	…	16	17	8	12	10	9	10	9	10
支払利子・地代算入生産費 (60)	〃	…	25,258	27,329	25,845	24,717	24,406	24,832	25,288	25,521	26,330
自　己　資　本　利　子 (61)	〃	309	603	602	553	551	545	571	579	607	540
自　作　地　地　代 (62)	〃	57	84	85	86	86	79	76	75	73	72
資本利子・地代全額算入生産費（全　算　入　生　産　費）(63)	〃	27,851	25,945	28,016	26,484	25,354	25,030	25,479	25,942	26,201	26,942

注：1　平成11年度～平成17年度は、既に公表した『平成12年　肥育豚生産費』～『平成18年　肥育豚生産費』のデータである。
　　2　平成2年の労働時間の表章単位は、肥育豚10頭当たりで表章した。
　　3　「労働費のうち家族」について、平成3年までは調査対象経営体の所在するその地方の農村雇用賃金により評価し、平成4年から毎月
　　　　勤労統計調査（厚生労働省）結果を用いた評価に改訂した。
　　4　平成5年より対象を肥育経営農家から一貫経営農家とした。
　　5　平成7年から、繁殖雌豚及び繁殖雄豚を償却資産として扱うことを取り止め、購入費用を「繁殖雌豚費」及び「種雄豚費」に計上した。
　　　　また、繁殖豚の育成費用は該当する費目に計上するとともに、繁殖豚の販売価額は「副産物価額」に計上した。

17	18	19	20	21	22	23	24	25	26	27	28	29	30	
(11)	(12)	(13)	(14)	(15)	(16)	(17)	(18)	(19)	(20)	(21)	(22)	(23)	(24)	
22,518	23,747	26,139	27,245	23,706	22,987	24,496	24,610	26,300	26,887	26,354	24,552	25,069	25,079	(36)
59	58	67	65	67	44	77	79	97	110	116	119	125	133	(37)
17	13	14	12	20	48	59	51	22	19	11	18	27	65	(38)
16,733	17,343	19,844	20,990	17,722	16,696	17,885	18,634	20,065	20,255	19,591	17,792	17,992	17,968	(39)
16,732	17,342	19,843	20,990	17,722	16,695	17,882	18,633	20,064	20,254	19,590	17,791	17,990	17,968	(40)
125	138	123	109	116	117	118	110	117	114	112	107	99	94	(41)
1,086	1,197	1,275	1,181	1,127	1,208	1,245	1,262	1,358	1,403	1,348	1,325	1,394	1,460	(42)
49	52	37	43	47	53	45	64	61	53	50	44	48	46	(43)
1,222	1,224	1,191	1,233	1,354	1,406	1,491	1,538	1,674	1,791	1,877	1,835	1,853	1,750	(44)
363	255	233	267	213	248	250	270	277	261	263	238	252	201	(45)
164	185	161	171	156	176	169	165	164	156	158	164	151	161	(46)
671	733	563	520	587	498	647	524	566	484	610	696	711	649	(47)
117	117	137	186	101	124	105	86	93	83	101	114	111	82	(48)
1,072	1,602	1,573	1,533	1,302	1,371	1,373	998	1,034	1,220	1,183	1,101	1,221	1,328	(49)
236	234	260	255	231	255	252	212	203	207	190	219	226	270	(50)
520	507	549	573	551	630	654	518	463	619	627	660	736	753	(51)
84	89	112	107	112	113	126	99	106	112	117	120	123	119	(52)
4,042	3,947	3,905	3,894	3,719	3,690	3,672	3,607	3,532	3,610	3,588	3,760	3,736	4,049	(53)
3,379	3,189	3,422	3,328	3,231	2,886	2,872	2,785	2,730	2,825	2,948	3,011	2,998	3,329	(54)
26,560	27,694	30,044	31,139	27,425	26,677	28,168	28,217	29,832	30,497	29,942	28,312	28,805	29,128	(55)
684	683	616	738	566	579	677	662	714	760	734	771	773	845	(56)
25,876	27,011	29,428	30,401	26,859	26,098	27,491	27,555	29,118	29,737	29,208	27,541	28,032	28,283	(57)
186	112	158	135	106	170	145	99	100	98	106	92	61	63	(58)
10	14	12	13	17	17	20	9	10	13	11	8	10	9	(59)
26,072	27,137	29,598	30,549	26,982	26,285	27,656	27,663	29,228	29,848	29,325	27,641	28,103	28,355	(60)
573	810	631	675	577	510	511	494	483	503	470	474	515	509	(61)
76	65	81	96	100	109	98	116	110	104	87	74	80	83	(62)
26,721	28,012	30,310	31,320	27,659	26,904	28,265	28,273	29,821	30,455	29,882	28,189	28,698	28,947	(63)

6 平成7年から飼育管理等の直接的な労働以外の労働（自給牧草生産に係る労働、資材等の購入付帯労働及び建物・農機具の修繕労働）を
　　間接労働として関係費目から分離し、「労働費」及び「労働時間」に計上した。
7 平成7年から、「光熱水料及び動力費」に含めていた「その他の諸材料費」を分離した。
8 平成7年から、子豚の販売価額を「副産物価額」に計上するとともに、その育成費用は該当する費目に計上した。
9 平成10年から、家族労働評価をそれまでの男女別評価から男女同一評価に改正した。
10 平成16年度から、「農機具費」に含めていた「自動車費」を分離した。
11 平成19年度は、平成19年度税制改正における減価償却計算の見直しを行った結果を表章した。

（付表）

個 別 結 果 表 （ 様 式 ）

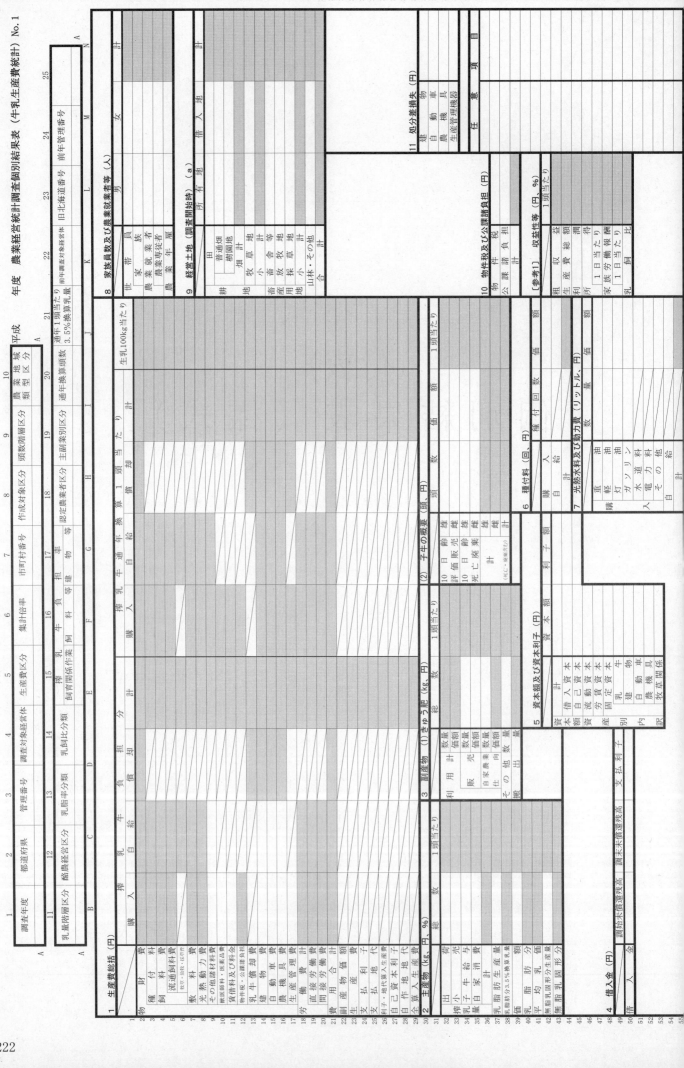

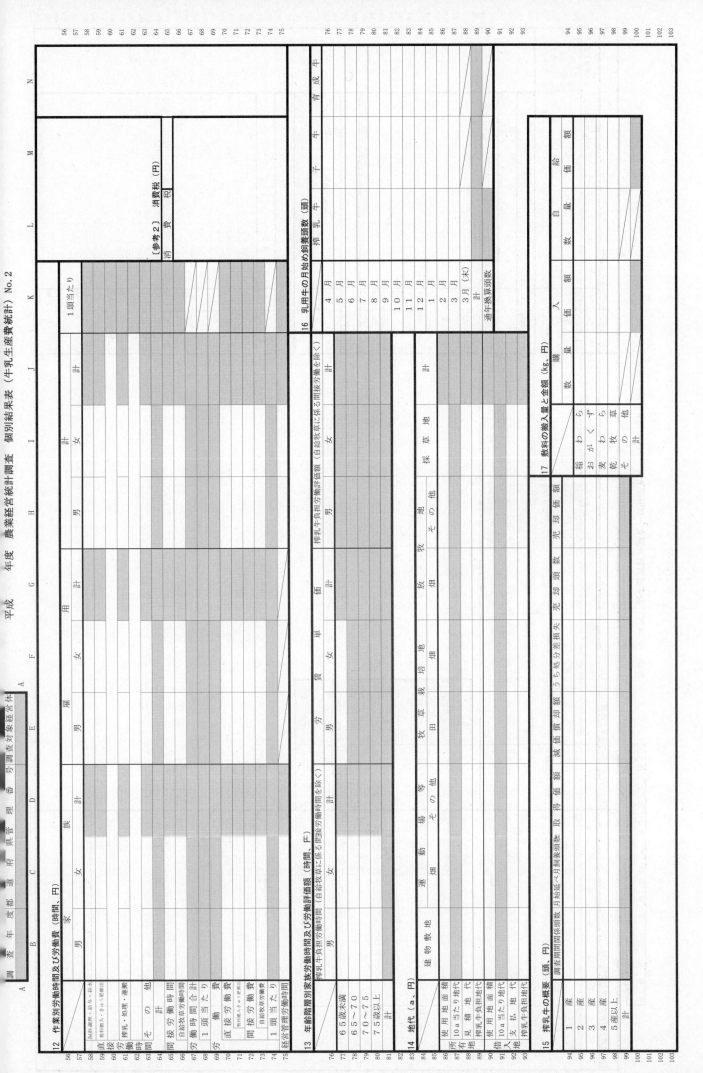

平成　年度　農業経営統計調査　個別結果表（牛乳生産費統計）No. 2

調　査　年　度　都　道　府　県　管　理　番　号　調査対象経営体

223

調査	年度	都	道	府	県	管	理	番	号	調査対象経営体
29		30				31		32		

18　流通飼料の給与量と価額（kg、円）

数量／価額／単価

No.	項目
104	大麦
105	殻類　その他の麦
106	とうもろこし
107	大豆
108	類　その他
109	小計
110	ぬか・まぶす　ふすま
111	かす・米ぬか・麦ぬか
112	類　その他
113	まめかす　大豆油かす
114	小計
115	植物性
116	ビートパルプ
117	かす類
118	その他
119	小計　穀類
120	配合飼料
121	ＴＭＲ
122	飼料用米
123	購入
124	入　いも類及び野菜類
125	牛乳脱脂乳
126	いも類及び野菜類
127	ぬかわら稲その他
128	飼料　わらその他の他
129	類他　その他
130	小計
131	合計

（参考3）ＴＤＮ換算飼料給与量（kg）　1頭当たり

No.	項目
132	濃厚飼料　計
133	粗飼料

19　自給牧草の給与量と価額（kg、円）

数量／価額／単価（労働費を除く）

生牧草／乾牧草／数量（サイレージ）／計（生換算）／価額（労働費を除く／労働費を含む）

No.	項目
104	デントコーン
105	イタリアン
106	ソルゴー
107	その他
108	小計
109	ね科青刈飼料
110	料　主まぜ
111	い　ね科
112	まぜその他
113	小計
114	その他
115	穀類

単価（労働費を除く）

No.	項目
116	デントコーン
117	イタリアン
118	ソルゴー
119	その他
120	小計
121	ね科青刈飼料
122	料　主まぜ
123	い　ね科
124	まぜその他
125	小計
126	その他
127	穀類

19　自給牧草の給与量と価額（つづき）（kg、円）

数量／価額（労働費を除く／搾乳牛負担分／牧草負担分／労働費を含む）／単価（労働費を除く）

No.	項目
104	いも類及び野菜類
105	野草　生草
106	乾草
107	放牧場費（時間）
108	合計

20　建物等（円）

所有状況／価額（労働費を除く／搾乳牛負担分／牧草負担分／労働費を含む）

No.	項目
109	畜舎（㎡）
110	納屋・倉庫（㎡）
111	乾牧草収納庫（㎡）
112	サイロ（㎥）
113	たい肥舎（㎡）
114	ふん尿貯留槽（基）
115	プラスチック利用（㎥）
116	給水管配管
117	電気　牧柵
118	浄化処理施設（基）
119	その他
120	計

21　自動車（台、円）

所有台数／価額（償却／搾乳牛負担分／牧草負担分／労働費を含む）

No.	項目
121	貨物自動車
122	その他
123	計

22　農機具（台、円）

所有台数／価額（償却／搾乳牛負担分／牧草負担分／労働費を含む）

No.	項目
124	ミルカー
125	バルククーラー
126	パイプライン
127	牛乳冷却機
128	バルククーラー
129	バーンクリーナー
130	トラクター
131	は種機
132	マニュアスプレッダー
133	切り返し機（ローダー）
134	プラウ
135	モーワー
136	中耕除草機
137	集草機
138	その他の牧草収穫機
139	カッター
140	積上げ機
141	ブロワー機
142	搬送・吹込機
143	トレーラー
144	運搬用機具
145	その他
146	計

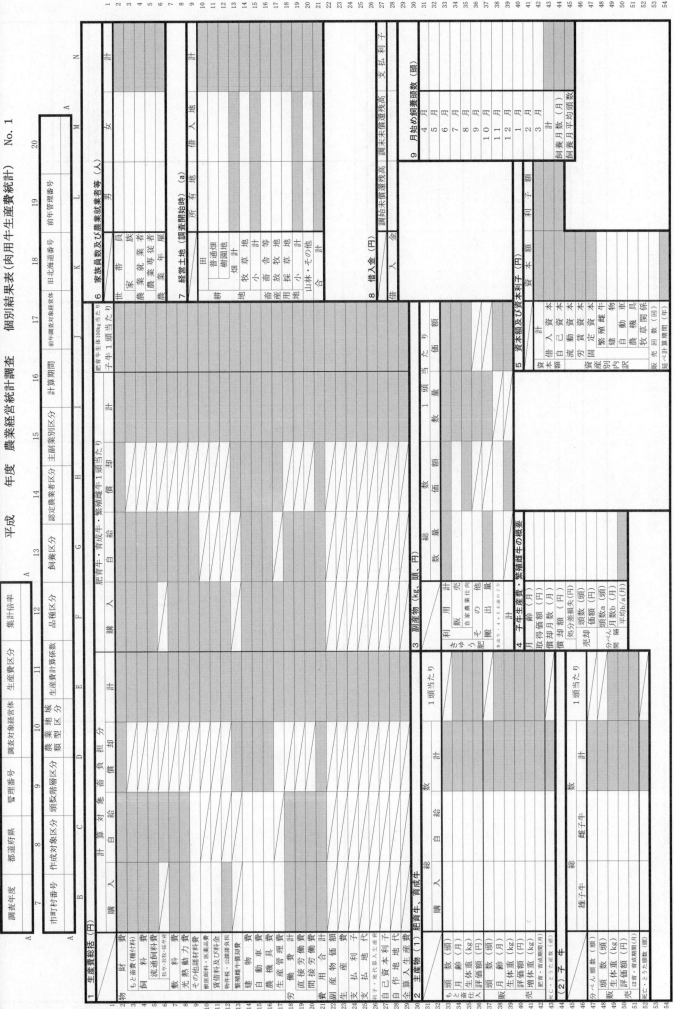

平成　年度　農業経営統計調査　個別結果表（肉用牛生産費統計）　No. 2

| | A | B | C | D | E | F | G | H | I | J | K | L | M | N |

10　作業別労働時間及び労働費（時間、円）

	家族			雇用			計			1頭当たり
	男	女	計	男	女	計	男	女	計	
直接労働時間　飼料調理・給与・給水										
敷料入れ・きゅう肥搬出										
その他										
計										
間接労働時間　自給牧草労働時間										
計										
労働時間計										
1頭当たり										
直接労働費（自給牧草労働費を除く）										
間接労働費（自給牧草労働費）										
1頭当たり										
経営管理労働時間										

11　年齢階層別家族労働時間及び労働評価額（時間、円）

	計算対象畜舎負担労働時間（自給牧草に係る間接労働時間を除く）			計算対象畜舎負担労働評価額（自給牧草に係る間接労働費を除く）		
	男	女	計	男	女	計
65歳未満						
65〜70						
70〜75						
75歳以上						
計						

12　地代（a、円）

	建物敷地	運動場等	牧草栽培地	放牧地	採草地	計
所有地面積						
10a当たり地代						
対象畜舎負担地代						
使用地面積						
借入地面積						
10a当たり地代						
支払地代						
対象畜舎負担地代						

13　出荷に要した費用（円）

材料費	
労働費	
計	

14　敷料の搬入量と金額（kg、円）

	購入			自給		
	数量	価額		数量	価額	
稲わら						
おがくず						
麦わら						
乾牧草						
その他						
計						

15　光熱水料及び動力費（リットル、円）

	数量	価額
購入　重油		
軽油		
灯油		
ガソリン		
水道料		
電力料		
その他		
自給		
計		

16　種付料（回、円）

	種付回数	価額
購入		
自給		
計		

17　販売肉用牛（計算対象繁殖雌牛）の品種別頭数（頭）

	実頭数	延べ頭数
黒毛		
褐毛		
日本短角		
乳用種		
その他		
計		

18　物件税及び公課諸負担（円）

物件税	
公課諸負担	
計	

【参考1】収益性（円）

	1頭当たり
粗収益	
生産費総額	
利潤	
所得	
1日当たり	
家族労働報酬	
1日当たり	

【参考2】消費税（円）

消費税	

調査番号　25　年度　26　都道府県　27　管理番号　28　調査対象経営体番号

19　流通飼料の給与量と価額（kg、円）

項目	数量	価額（単価／労働費を除く）	額（労働費を含む）
配合飼料			
TMR			
購入飼料			
牛乳			
脱脂乳			
いも類及び野菜類			
わら類 稲わら			
その他			
類小計			
その他			
計			

20　自給牧草の給与量と価額（kg、円）

項目	単価（労働費を除く）
デントコーン	
イタリアン	
ソルゴー	
稲発酵粗飼料	
その他	
小計	
まぜまき主	
まぜまき その他	
ねいね科 その他	
小計	

[参考3]　TDN換算飼料給与量（kg）1頭当たり

濃厚飼料	
粗飼料	

20　自給牧草の給与量と価額（kg、円）

項目	数量（乾牧草／生牧草／サイレージ／計（生換算））	価（単価／労働費を除く）	額（労働費を含む）
デントコーン			
イタリアン			
ソルゴー			
稲発酵粗飼料			
その他			
小計			
まぜまき主			
まぜまき その他			
ねいね科 その他			
小計			

20　自給牧草の給与量と価額（kg、円）

項目	数量	価（単価／労働費を除く）	額（労働費を含む）
穀類			
いも類及び野菜類			
野生草			
野乾草			
放牧場費（時間）			
合計			

21　建物等（円）

項目	所有状況	価 償却（対象畜負担分）	額 償却（牧草負担分）
畜舎（㎡）			
納屋・倉庫（㎡）			
たい肥舎（㎡）			
ふん尿貯留槽（基）			
プラスチック利用（㎡）			
飼料タンク（基）			
その他			
計			

22　自動車（台、円）

項目	所有台数	価 償却（対象畜負担分）	額 償却（牧草負担分）
貨物自動車			
その他			
計			

23　農機具（台、円）

項目	所有台数	価 償却（対象畜負担分）	額 償却（牧草負担分）
マニュアスプレッダー			
ふん尿搬出機（ローダー）			
切り返し機（ローダー）			
動力噴霧機			
トラクター			
飼料粉砕機			
飼料配合機			
自動給飼機			
自動給水機			
その他			
計			

24　処分差損失（円）

項目	
建物	
自動車	
農具	
生産管理機器	

注意　項目

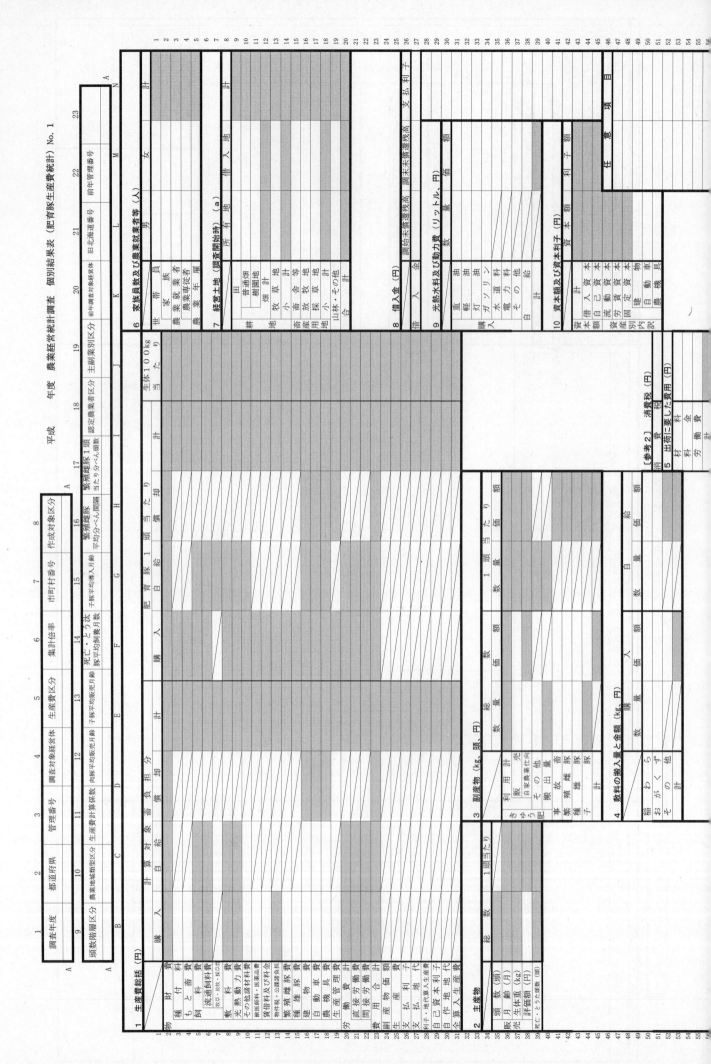

農業経営統計調査　個別結果表（肥育豚生産費統計）No. 1

平成　　年度

228

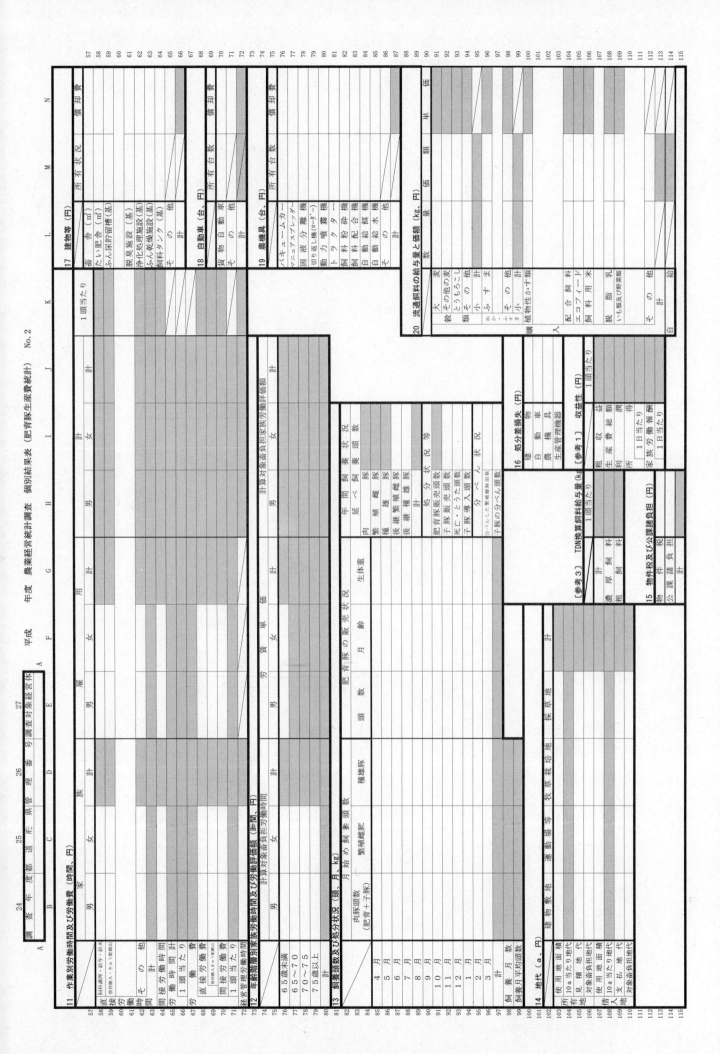

平成30年度　畜産物生産費

令和4年8月　発行　　　　　　　　定価は表紙に表示してあります。

編集　　〒100-8950　東京都千代田区霞が関1－2－1
　　　　　　農 林 水 産 省 大 臣 官 房 統 計 部

発行　　〒141-0031　東京都品川区西五反田7-22-17　TOCビル11階34号
　　　　　一般財団法人　農 林 統 計 協 会
　　　　　　振替　00190-5-70255　TEL 03(3492)2950

ISBN978-4-541-04375-7　C3061